P

LE SEXE, L'HOMME ET L'ÉVOLUTION

Pascal Picq
Philippe Brenot

LE SEXE, L'HOMME ET L'ÉVOLUTION

15, rue Soufflot, 75005 Paris

www.odilejacob.fr

ISBN : 978-2-7381-2651-1
ISSN : 1621-0654

Introduction

LE SEXE, L'HOMME ET L'ÉVOLUTION

Si, comme au XVIIIe siècle, un bon sauvage venait observer nos sociétés occidentales et leurs mœurs, il serait très étonné de cette obsession affichée pour le sexe, qu'elle soit du domaine du désir ou de la censure. Les médias associent volontiers dans un gentil désordre les livres de Michel Houellebecq et de Catherine Millet, le sexe des bonobos et les fresques de Pompéi, l'érotisme hindou et le fantasme des vahinés. À en croire la couverture des magazines, hommes et femmes découvrent enfin la plénitude du sexe après des siècles d'obscurantisme et, pour conforter cette « évolution », ils font référence à d'autres cultures, à d'autres sociétés, humaines ou animales, dans lesquelles se trouveraient les ressorts de leur intimité. La réalité est qu'aujourd'hui où il n'est plus tabou, le sexe fascine et rend confus, ce qui est aussi le cas d'une grande part des approches scientifiques et culturelles qui méconnaissent l'évolution de la sexualité humaine.

Le sexe a une histoire qui plonge ses racines au plus loin de notre origine. Nous, humains, sommes des vertébrés, mammifères, c'est-à-dire munis de vertèbres et de mamelles pour allaiter nos progénitures, et – à la différence de tous les autres mammifères – nous sommes dépourvus de queue (« anoures »). Mais cette définition, si naturaliste soit-elle, ne nous différencie guère de nos grands cousins primates que sont les chimpanzés, les gorilles et les orangs-outans – tous trois, comme nous, vertébrés, mammifères et anoures. Si certaines particularités, cérébrales et psychiques, nous sont uniques, nous nous distinguons également au plan de la sexualité – considérablement sur certains points, très peu sur d'autres. Le sexe fait donc la différence, car c'est l'un des moteurs de l'évolution.

« Si une évolution est devenue possible, nous dit François Jacob dans *La Logique du vivant*, c'est que les systèmes génétiques ont eux-mêmes évolué » et que « les deux inventions les plus importantes sont le sexe et la mort ». Nous savons ce que l'évolution doit à la sexualité : la grande diversité des formes du vivant qui crée des individus différents à chaque génération et des espèces successives qui croissent en complexité. Nous avons voulu savoir ce que la sexualité humaine devait à l'évolution.

Pour cela, nous proposons une approche ordonnée et systémique de la sexualité depuis ses origines jusqu'à ses problématiques actuelles. Ce livre n'est ni un traité, ni une encyclopédie du sexe ; il a la seule prétention d'éclairer la question de l'origine et de l'évolution de la sexualité humaine. L'association de nos compétences scientifiques et culturelles complémentaires, avec un socle commun fondé sur l'anthropologie, favorise cette mise au point des connaissances actuelles. Si notre approche est parfois polémique, elle sera toujours critique des lectures habituelles de la sexualité, trop souvent idéologiques ou mono-explicatives.

Le Sexe, l'Homme et l'Évolution développe deux interrogations fondamentales : existe-t-il une nature du sexe ? Qu'en est-il de l'évolution culturelle de la sexualité humaine ?

La réunion de nos compétences se veut aussi un hommage aux grands fondateurs de nos approches anthropologiques respectives, Charles Darwin, qui invente la sélection sexuelle dans son livre de 1871 consacré à l'homme et à son évolution, et Sigmund Freud, lecteur attentif du précédent, et qui fait du sexe et de la sexualité une question scientifique. En d'autres termes, le sexe et la sexualité comme facteurs constitutifs de la phylogenèse et de l'ontogenèse de l'homme, à la fois en tant qu'espèce et individu. Hélas, le rendez-vous entre les sciences de la nature et de la culture a été manqué. Il persiste, notamment en France, une franche aversion entre, d'un côté, l'évolution et la biologie et, de l'autre, les sciences humaines et de la culture. Il est grand temps de revenir au Darwin anthropologue et au Freud naturaliste. Ce livre se fonde sur cette rencontre trop longtemps oubliée.

Nous ne pouvons bien comprendre ce qu'il en est de la *nature du sexe* qu'en découvrant l'intimité de nos proches parents, leurs modes de vie et leurs stratégies de reproduction, la proximité et les différences de nos comportements respectifs. La paléoanthropologie fait alors des hypothèses sur la sexualité du dernier ancêtre commun avec les primates, sur celle des australopithèques et des premiers hommes. Nulle certitude, mais des idées fortes issues de notre meilleure connaissance de l'évolution biologique et culturelle de la lignée humaine.

La *culture du sexe* est une tout autre évolution qui soumet l'intimité des humains au filtre de la culture pour, tout d'abord, la réguler, la contrôler, l'institutionnaliser – ce que toute société a fait à l'origine –, puis la libérer des contraintes et des interdits traditionnels – ce que l'Occident expérimente depuis quelques décennies. Il s'agit bien sûr d'une régulation des pulsions mais le sexe des humains n'est pas uniquement physique et la libération actuelle est certainement une étape majeure de l'évolution humaine. « L'expérience de l'amour physique dépasse infiniment le corps », souligne Julien Green dans son *Journal*. Si la sexualité est un puissant moteur de l'évolution, peut-être le plus influent d'après Charles Darwin, elle est aussi au fondement du lien social et l'*avenir du sexe* conditionne celui de l'humanité.

PREMIÈRE PARTIE

La nature du sexe

« Après toi, l'ouistiti et le singe gorille,
le sage hamadryas et le galant babouin,
le subtil sapajou et le puissant mandrill,
jouent déjà le prélude à l'histouar des humains. »

Raymond QUENEAU,
Petite cosmogonie portative

Chapitre 1

LA SEXUALITÉ DES ANIMAUX

Sexe et sexualité

Le sexe et la sexualité sont deux choses trop souvent confondues. Le *sexe* a pour fonction de faire se rencontrer les patrimoines génétiques – les gènes donc – de deux organismes appartenant à la même espèce, avec la formation d'un individu ou d'individus qui, à la fois, ressemblent et diffèrent de leurs géniteurs. On retrouve la définition de l'espèce biologique qui se reconnaît par l'ensemble des individus susceptibles de se reproduire entre eux, l'interfécondité. Quant à la *sexualité*, c'est l'ensemble des mécanismes et des comportements qui favorisent ou non la reproduction entre les individus de la même espèce, mais aussi la séparation entre les espèces. On touche ici à l'une des questions les plus complexes de la biologie évolutionniste.

On a coutume de dire que la sexualité sert à la reproduction. Il n'y a pas de terme plus mal choisi. La reproduction, au sens le plus strict de ce terme, consiste à reproduire du même, des photocopies. C'est le clonage. Or la reproduction sexuée a pour fonction ou cause ultime de produire de la différence. Si on parle de « cause ultime », il ne s'agit aucunement d'évoquer une cause finale ou toute sorte d'invention de la vie née d'une nécessité. Le sexe et la sexualité auraient très bien pu ne jamais apparaître, comme il a émergé différents types de sexes et de sexualités au cours de l'histoire de la vie.

Quelle que soit la définition de la vie retenue par les biologistes, on retrouve deux fonctions, celle de duplication ou reproduction, et celle d'évolution. Même au niveau le plus élémentaire, si de grosses molécules se dupliquent, elles doivent nécessairement capter les constituants moléculaires inorganiques les plus simples dans leur environnement. Or il arrive un moment où ces ressources se restreignent. Tout pourrait s'arrêter là si toutes les molécules étaient rigoureusement identiques. Seulement des erreurs de duplication interviennent, ce qui donne des molécules différentes. Ces dernières se retrouvent alors en concurrence pour capter les constituants nécessaires à leur duplication, ce qui provoque de la compétition, de la sélection et donc de l'évolution. La sélection naturelle n'est pas la préservation du plus apte, comme on le lit et l'entend trop souvent, mais le succès reproducteur différentiel des individus, ce qui, aux commencements de la vie, se rapporte au succès différentiel de certaines molécules organiques par rapport aux autres.

Le sexe, dans sa fonction la plus simple et la plus moléculaire, consiste à capter des chapelets de molécules et à les incorporer dans le patrimoine génétique de l'entité reproductrice. Seulement, à ce petit jeu, des entités vivantes, comme les virus, en profitent pour s'installer et détourner la fonction de reproduction de l'organisme hôte à leur profit. Une des origines possibles du sexe aurait justement été d'éviter ce genre de parasitisme. Car, à la base, le sexe se ramène à du parasitisme. Le rôle de la sexualité est de contrôler ce parasitisme.

Sexe ou pas sexe ?

Des chercheurs ont récemment mis en évidence des supervirus d'une taille impressionnante pour ce type d'être vivant. Comme tout bon virus, ils se dupliquent, se reproduisent au vrai sens du terme, et très vite. Cependant, il leur arrive d'être parasités par d'autres virus et, face à cette menace, ils changent de mode de reproduction, optant pour une sorte de sexualité. Que la sexualité ait cette fonction, voilà qui est bien connu depuis fort longtemps pour des formes de vies plus complexes. Le fait d'en trouver les prémices chez des virus, même gros, indique que ses origines remontent très tôt dans l'histoire de la vie.

La masse dominante des êtres vivants continue de se reproduire de façon asexuée, par simple scission ou mitose : un individu en donne deux, et ainsi de suite. Puis, au hasard des mutations, apparaissent des êtres différents. Même si le taux de mutation reste faible, le nombre d'individus se comptant rapidement en milliards, cela suffit pour qu'apparaisse de la diversité, donc de la compétition et de la sélection. Les choses se compliquent avec l'émergence d'êtres plus complexes, comme les cellules eucaryotes, celles qui contiennent les chromosomes dans un noyau. Notre corps, comme celui de tous les organismes pluricellulaires, se compose de cellules eucaryotes.

Dans leur très grande majorité – 93 % –, les êtres pluricellulaires se reproduisent de façon sexuée et avec la rencontre des cellules sexuelles, ou gamètes, de deux sexes : les femelles et les mâles. Les femelles se reconnaissent par des ovules, des gamètes de grande taille, capables de se développer après ou sans fécondation. Les mâles possèdent de petits gamètes très mobiles, les spermatozoïdes, qui ne sont rien sans la rencontre avec un ovule. Cette différence, appelée anisogamie, explique pourquoi des femelles d'espèces sexuées arrivent à se passer de mâles, préférant la parthénogenèse. Comme nous ne nous intéressons qu'aux animaux sexués, et tout particulièrement à l'homme, point besoin d'évoquer la reproduction par bouturage, scissiparité, bourgeonnement, etc.

Les animaux complexes que nous sommes appartiennent au club assez restreint des espèces qui recourent systématiquement à la reproduction sexuée avec des individus dont le sexe est déterminé biologiquement au moment de la conception, les femelles portant deux chromosomes XX et les mâles les chromosomes XY chez les mammifères, alors que chez les oiseaux les femelles sont ZW et les mâles ZZ. Les mâles sont hétérogames chez les mammifères, alors que ce sont les femelles chez les oiseaux. Chez les poissons, 10 % des espèces changent de sexe tout à fait normalement au cours de leur vie, la majorité la commençant au masculin et la terminant au féminin, comme le mérou, et les autres inversement, comme le poisson clown. Chez les reptiles, c'est la température d'incubation des œufs qui donne le sexe chaud ou froid, avec de fortes variations selon les espèces : une faible température moyenne donne des mâles chez certains ou des femelles chez d'autres ou encore avec des plages de températures plus segmentées. La détermination chromosomique du sexe n'est pas qu'une simple affaire de chromosomes. On observe que les sexes sont d'autant plus biologiquement déterminés que les espèces sont complexes, c'est bien le cas des oiseaux et des mammifères.

Comme nous appartenons aux mammifères et que les animaux que nous connaissons le mieux sont les mammifères et les oiseaux, leur mode de reproduction sexuée nous semble le plus naturel du monde. Or il n'en est rien. Il arrive que des espèces, comme les célèbres lézards fouette-queue, se dispensent des mâles, revenant à une reproduction non sexuée, les femelles ne se fiant qu'à la parthénogenèse. D'un point de vue tout aussi théorique que féminin, pourquoi s'embarrasser des mâles ? Pourquoi disperser son patrimoine génétique dans des jeunes mâles plutôt que d'en assurer une diffusion plus efficace en ne faisant que des filles ? Bref, à quoi servent les mâles, ce qu'on appelle aussi le *fardeau des mâles* ?

La réponse se trouve chez des espèces qui alternent les reproductions sexuée et asexuée. Chez certaines éponges par exemple, la colonisation d'un espace vierge ou peu occupé s'effectue par reproduction asexuée, ce qui permet une occupation plus rapide et plus efficace de l'espace accessible. Puis arrive la saturation, ce qui suscite de la compétition pour les emplacements comme pour les ressources. Alors, les éponges optent pour la reproduction sexuée : cela permet d'avoir des individus différents, dont certains se retrouvent dotés de caractères avantageux. On peut admettre une règle simple et empirique, mais comptant nombre d'exceptions : plus les espèces se retrouvent dans un environnement compétitif, plus elles recourent à la reproduction sexuée. Le cas du lézard fouette-queue le confirme. Il s'agit d'espèces qui vivent dans des environnements désertiques relativement stables. Le comportement des femelles témoigne d'un passé sexué. En effet, la plupart des espèces pratiquant la parthénogenèse descendent d'espèces ancestrales sexuées. Quand arrive la saison de la reproduction, les femelles se livrent à des parades amoureuses, réminiscence de l'époque où il y avait des mâles, ces parades étant nécessaires pour stimuler l'ovulation. Chez certaines espèces, les femelles s'arrangent pour être courtisées par des mâles d'une autre espèce pour la même raison. La persistance de ces comportements provient de l'importance du choix des partenaires, en l'occurrence de la compétition intersexuelle, chez l'espèce ancestrale. De tels exemples restent rares et on constate que la reproduction sexuée, malgré le fardeau des mâles, reste le mode privilégié – disons sélectionné – chez les espèces pluricellulaires.

La reproduction sexuée favorise la diffusion et la fixation des caractères avantageux qui ont un support héréditaire : gènes ou combinaisons de gènes. C'est là que les mâles entrent en jeu. Ils représentent un réservoir de variabilité : si des individus présentent des caractères avantageux, ils peuvent les diffuser rapidement. Le rôle des mâles varie considérablement selon les grands groupes d'animaux : du simple géniteur qui dispense ses spermatozoïdes à l'éducateur et protecteur de sa progéniture.

C'est chez les insectes, animaux sexués, que le rôle des mâles se limite souvent à la seule fonction de dispensateur de spermatozoïdes. Les femelles les consomment dans tous les sens du terme pendant la période de reproduction : ils sont dévorés, ou bien meurent après l'accouplement. Il existe aussi beaucoup d'espèces où les mâles jouissent d'une condition masculine moins risquée. Les différences sont fortes selon les espèces de poisson, comme entre ces poissons de haut-fond où les mâles, très petits, s'accrochent au corps de la femelle comme des parasites, ou l'épinoche, connue pour ses parades amoureuses. On rencontre aussi diverses situations chez les oiseaux, avec des mâles plus grands que les femelles – faisans, tétras, etc. –, des femelles plus grandes que les mâles – rapaces, jacanas – ou de taille comparable – manchots, fauvettes, etc. Chez les mammifères, à part chez les hyènes, la règle est que les mâles sont le plus souvent plus grands que les femelles. Contrairement aux insectes, c'est la condition féminine qui est la plus contraignante. Nous verrons que ces différences de tailles corporelles entre les deux sexes ou *dimorphisme sexuel* dépendent des modalités de la sélection sexuelle. Nous les aborderons en détail dans le chapitre suivant consacré aux singes.

Avant de survoler la sexualité chez les animaux, on peut esquisser une tendance évolutive. Le sexe est le moyen par lequel un être vivant modifie ou échange une partie de son patrimoine génétique. La sexualité décrit l'ensemble des mécanismes et des comportements qui permettent ce type d'échange, autrement dit la rencontre des gamètes d'individus différents. La fonction fondamentale – la cause ultime – du sexe reste inchangée dans tout le monde du vivant. Ce qui change, se diversifie, évolue, ce sont les moyens d'y parvenir. Il existe une grande diversité d'unicellulaires qui donnent une idée des différentes innovations plus ou moins intermédiaires entre la simple scissiparité – un individu qui se divise pour donner deux individus identiques à lui-même ; c'est en partie le cas de la mitose – et la reproduction sexuée. Les paramécies offrent un exemple bien connu avec l'existence d'un *pilus*, sorte de cil qui pénètre le corps d'une autre paramécie avec l'échange de matériel génétique. Ce n'est pas une sexualité aussi complexe que la nôtre, mais cela donne une idée de la diversité des sexualités, même chez les unicellulaires.

On dit que la sexualité sert à fabriquer de la différence, ce qui est indéniable, mais elle sert aussi à contrôler l'ampleur de ces différences et même à réparer des erreurs dues à des mutations ou des réarrangements sur les chromosomes. C'est là toute la complexité de la formation de nos cellules sexuelles : les deux chromosomes hérités de chaque parent en profitent pour échanger des segments, créant ainsi un nouveau chromosome. Cela se passe au sein de l'organisme de l'individu. Puis arrive la rencontre des gamètes d'un individu avec le ou les gamètes d'un autre : il y a alors création à nouveau de diversité et d'un individu unique. Pour ce faire, les chromosomes doivent pouvoir s'apparier et, grâce à cette copie en double, si un élément correspondant présente une anomalie sur un chromosome, il peut être occulté par la partie correspondante viable de l'autre chromosome. Même avec une description aussi simplifiée, on apprécie toute la chaîne complexe des processus impliqués dans la reproduction sexuée. C'est certainement pour cette raison qu'il n'y a que deux sexes, car rien n'interdit une sexualité avec trois sexes et plus. C'est le cas chez des plantes comme le thym et le trèfle. Ce n'est jamais le cas chez les animaux.

Sexe et sexualité chez les animaux

On peut noter une tendance évolutive très générale de la sexualité chez les animaux, avec des femelles qui produisent de moins en moins d'ovules et le rapprochement des corps, jusqu'à la copulation, pour dispenser les spermatozoïdes au plus près d'un ou des ovules. Chez les poissons, les femelles et les mâles libèrent leurs gamètes dans l'eau, laissant les rencontres se faire au gré des flots. De nombreuses espèces se livrent à des parades sexuelles, pour assurer la simultanéité de la libération de gamètes. Chez les célèbres épinoches, les mâles aménagent une gravière et dansent autour en montrant de belles couleurs pour amener la femelle à déposer ses œufs dedans et les féconder rapidement. D'autres poissons s'arrangent pour que les femelles libèrent leurs œufs dans une moule, ce qui permet à la fois de les confiner pour les féconder et de les protéger. Les grenouilles se comportent de façons très diverses, mais manifestent une forte tendance à rapprocher les corps. Les pattes, contrairement aux nageoires, facilitent la retenue du partenaire, en l'occurrence le mâle qui s'accroche à la femelle. Ainsi, les cloaques des deux partenaires se trouvent très proches, ce qui facilite la rencontre des gamètes avant qu'ils ne se dispersent dans l'eau. On connaît un cas de grenouille, vivant dans des ruisseaux à fort courant, avec des mâles munis d'un pénis, moyen encore plus efficace d'éviter que la semence se perde dans les flots. (Les crapauds accoucheurs sont des mâles qui conservent et protègent les œufs fécondés dans leur bouche.) Tout commença donc dans l'eau, comme la vie, et les choses se compliquent considérablement en dehors.

Les gamètes ne peuvent pas survivre hors d'un milieu humide. Le rapprochement des corps et des parties génitales devient une nécessité. La copulation n'est évidemment pas apparue une fois que les animaux – insectes et vertébrés – sont sortis des eaux. Cette étape formidable de l'évolution des animaux, la sortie des eaux, s'est réalisée il y a environ 350 millions d'années. Les paléontologues ont découvert de nombreux fossiles avec une étonnante diversité de formes entre les « poissons » et les « amphibiens ». Il devait exister divers modes de fécondation, comme chez les grenouilles et d'autres amphibiens actuels, et probablement d'autres aujourd'hui disparus, dont certains aux copulations mettant en contact les parties génitales. Il est peu probable que ces vertébrés terrestres ancestraux aient utilisé la copulation interne à l'aide d'un pénis, tout en rappelant que le pénis comme des organes analogues sont apparus dans différents groupes : paramécies, insectes, requins et quelques rares espèces d'oiseaux.

Une des grandes innovations dans l'histoire de la vie est l'affranchissement définitif de la dépendance envers le milieu aquatique pour la reproduction. Cela passe par l'« invention » de l'œuf au sens large. Qu'il s'agisse de l'œuf des oiseaux ou de l'utérus des mammifères, la fonction est la même : emporter une « partie de la mare » pour maintenir un milieu humide offert par le liquide amniotique. Cela donne le très grand groupe des amniotes (serpents, reptiles, tortues, oiseaux, mammifères). La fécondation se passe forcément dans le corps de la femelle avec le rapprochement nécessaire des corps et l'acceptation, par la femelle, d'une étreinte avec un ou plusieurs mâles. Tous les jeux de la sexualité, déjà esquissés chez les animaux aquatiques, se tissent autour de cela. Car ce qui nous semble si naturel, le rapprochement et l'intimité de deux corps, le fait que la femelle accepte ce qui reste un acte violent puisque physique, physiologique, comportemental et cognitif, provient d'une évolution très complexe.

Dans le groupe ancestral commun des oiseaux et des mammifères, les contraintes de la reproduction imposent aux femelles une évolution avec la production d'un nombre restreint d'ovules. Les ovules se font aussi rares que précieux, alors que les mâles conservent la capacité de produire des dizaines de millions de spermatozoïdes. Le nombre d'œufs fécondés et donc de petits à chaque couvée ou portée dépend du nombre d'ovules fécondables proposé par la femelle. Cette caractéristique dépend des stratégies d'adaptation des espèces en fonction des conditions de l'environnement.

Les spécialistes de l'écologie comportementale distinguent deux stratégies opposées nommées r et K, d'après les coefficients d'équations les modélisant. Les stratégies r ou quantitatives se retrouvent chez des espèces vivant dans des environnements dont les ressources varient rapidement, que ce soit au fil des saisons ou de façon erratique. À l'exemple des rongeurs, les femelles mettent au monde des portées avec de nombreux individus qui naissent dans un état très immature. L'investissement éducatif et protecteur de la mère reste assez limité alors que les jeunes suivent une croissance rapide, atteignant la maturité somatique avant la maturité sexuelle. Toutes les périodes de la vie – gestation, enfance, sevrage, maturité et espérance de vie – sont courtes. À l'opposé, les stratégies K reposent sur un fort investissement qualitatif en termes d'élevage, de protection et d'éducation. La femelle met un seul petit au monde, qui naît dans un état assez mature ou précoce, après une longue gestation. Le sevrage se fait après une ou plusieurs années et un jeune aussi rare que précieux exige beaucoup d'attentions. On retrouve là les grands mammifères – éléphants, cétacés, bovidés, équidés, etc. – et surtout les singes et les grands singes, ces derniers pouvant être considérés comme super K, à l'instar de l'homme. Contrairement à ce qu'on entend ou lit si couramment, le petit humain ne vient pas au monde immature. Pour s'en convaincre, il suffit de comparer un chiot nouveau-né avec un petit humain ; l'un ressemble encore à un fœtus, certainement pas le second. Nous reviendrons sur cette fausse vérité si courante en sciences humaines à propos des origines de notre reproduction.

Entre les souris et les hommes, entre les stratégies r et K extrêmes, on observe toutes les situations possibles. Par exemple, les prédateurs comme les renards ou les chats ont des stratégies r tout en recevant une éducation et une protection maternelles soutenues. Comme ces prédateurs chassent des espèces, les rongeurs par exemple, on comprend qu'ils adoptent la même stratégie de reproduction. Mais ce n'est pas le cas des tigres, où les femelles mettent au monde plusieurs chatons qu'il faut protéger et éduquer pendant des années, alors que leurs proies sont des cervidés, des espèces K. À noter, et c'est très important, que moins les individus naissent nombreux, plus ils sont précoces et plus ils font l'objet d'une éducation et d'une vie prolongées, ce qui peut sembler quelque peu paradoxal.

Chez les oiseaux, la copulation se fait par la mise en contact des cloaques. La présence d'un pénis est rare, sauf chez certaines espèces de canards ou autres oiseaux aquatiques qui pratiquent la copulation dans l'eau. On retrouve l'éventail des stratégies de reproduction évoquées chez les mammifères, mais moins étendues. Parmi les stratégies r, il y a les couvées d'oisillons protégés dans un nid alors que chez les poules et les canards les jeunes marchent ou nagent très vite. Pour les stratégies K, on a les rapaces et, comme cas extrême, les manchots, chez qui l'investissement des deux parents est considérable.

De ce rapide survol se dégage une règle empirique : plus les espèces sont complexes, plus le sexe est déterminé biologiquement, comme les oiseaux et les mammifères. Ce sont des animaux sociaux, à l'espérance de vie assez longue et dont le succès reproducteur passe par un investissement parental conséquent, au moins de la part de la mère. (Les tortues et les crocodiles, par exemple, sont de grande taille et vivent très longtemps, mais leur sexe dépend de la température d'incubation, les femelles produisant un nombre considérable d'ovules et les couvées étant abandonnées à leur sort, sinon protégées comme chez quelques crocodiles.) Le succès reproducteur des femelles étant forcément quantitativement limité, surtout chez les espèces K, elles ont tout intérêt à sélectionner le ou les mâles. Tous les jeux de la sexualité proviennent de la diversité des stratégies de séduction, de sélection et de compétition déployées par les femelles et les mâles, ce qu'on appelle la sélection sexuelle, proposée par Charles Darwin en 1871 dans *La Filiation de l'homme et la sélection liée au sexe*.

La sélection sexuelle

D'emblée, faisons tomber quelques clichés éculés et trop répandus en éthologie et en sciences humaines. Ce n'est pas parce que les mâles produisent des millions de spermatozoïdes et les femelles des ovules beaucoup plus rares que ceux-là auraient une tendance naturelle à la multiplication des partenaires et celles-ci seraient contraintes à ne choisir que de rares partenaires. Il est piquant de noter que les sciences humaines, encore si ignorantes de ces choses du sexe chez les animaux, postulent que l'homme se comporte différemment des animaux tout en justifiant l'infidélité des mâles par des corrélations biologiques réductionnistes. Notons aussi que trop d'anthropologues évolutionnistes, qui tentent de comprendre les origines naturelles de notre sexualité, reprennent des considérations aussi naïves dans le cadre de ce qu'on appelle la psychologie évolutionniste. Devant de telles conceptions affligeantes, on comprend que les sciences humaines se montrent réticentes face aux évolutionnistes. Autre erreur, de penser que seul le mâle le plus brutal et le plus fort – le mâle dominant – s'approprie un droit de copulation exclusif envers des femelles admiratives, tout au moins soumises et consentantes, un vieux fantasme machiste.

La sélection sexuelle décrit la diversité des processus qui amènent des individus de sexe différent à s'accoupler et plus si affinités. Chez les oiseaux comme chez les mammifères, on trouve des espèces où les individus vivent solitairement, les mâles d'un côté et les femelles avec leur ou leurs petits de l'autre ; il y a des espèces monogames ; d'autres préférant les harems, soit polygynes avec un mâle associé avec plusieurs femelles, soit polyandres avec une femelle liée à plusieurs mâles ; ou encore des sociétés multimâles/multifemelles avec des relations plus ou moins préférentielles entre les représentants des deux sexes. Cette description épuise en fait toutes les possibilités imaginables de structures sociales de reproduction.

Quelques principes aident à comprendre les différents types de structure – le nombre d'individus des deux sexes présents ou pas dans le système social – et d'organisation – les relations filiales et préférentielles entre les individus du système social. Les femelles, surtout chez les mammifères, assurent presque toute la charge du développement, de la croissance et de l'éducation du ou des jeunes. Elles doivent accéder à de la nourriture pour elles-mêmes et aussi pour le ou les jeunes en gestation et, après la naissance, pour la lactation. En raison de toutes ces contraintes, on désigne les femelles comme le sexe écologique. Les mâles s'investissent assez peu, leurs préoccupations principales étant l'accès aux ressources et aussi aux femelles. Celles-ci s'arrangent pour contrôler les ressources, un territoire avec ses refuges qu'elles défendent – parfois de manière très agressive, individuellement ou collectivement selon les systèmes sociaux – et la possibilité d'obtenir de l'aide de leurs consœurs, qui peuvent être leurs sœurs, leurs mères et leurs cousines. Par conséquent, chez la très grande majorité des espèces de mammifères à systèmes sociaux composés de plusieurs femelles et d'un ou de plusieurs mâles, les femelles restent toute leur vie sur leur territoire natal – uxolocalité –, alors que les mâles s'en vont à l'adolescence pour se reproduire (endogamie des femelles ; exogamie des mâles). Les cas inverses, virilocalité des mâles et exode des femelles, sont très rares. Dans tous les cas, il n'y a pas d'inceste dans la nature.

Ces quelques règles empiriques concernent les mammifères. Elles se retrouvent chez les oiseaux, mais selon des modalités plus diverses, puisque le déséquilibre entre l'investissement reproductif des deux sexes est moins accentué grâce au fait que les femelles pondent un ou plusieurs œufs qui peuvent être protégés et couvés par le mâle. (Chez les jacanas, des oiseaux proches des canards, la femelle constitue un harem de mâles qui se chargent de couver les œufs.) L'investissement des mâles peut se limiter à la copulation – oiseaux de paradis, tétras, etc. –, à la séduction et à la protection – canards, coqs, paons –, à la quête de nourriture pour la femelle et la progéniture – éperviers, fauvettes, fous, etc. –, à un partage équilibré des tâches – cygnes, perroquets, manchots. Une telle diversité d'organisation des unités de reproduction, chez les oiseaux comme chez les mammifères, suffit à montrer qu'il n'existe pas de système

idéal ou plus apte. Cela dépend de l'histoire évolutive de chaque lignée et des composantes de la sélection sexuelle.

La sélection sexuelle comprend la compétition intrasexuelle entre les membres du même sexe et la compétition intersexuelle entre les membres de sexes opposés. Dans la compétition intrasexuelle, les membres d'un sexe s'efforcent d'écarter les membres du même sexe pour l'accès aux partenaires sexuels de l'autre sexe ; dans la compétition intersexuelle opère le choix du membre d'un sexe pour ceux de l'autre sexe, et réciproquement.

Les espèces à forte compétition intrasexuelle

Commençons par les exemples les plus connus, car tellement visibles, voire caricaturaux, d'autant qu'ils flattent les illusions machistes des hommes. C'est le cas des harems polygynes, au mâle vivant avec plusieurs femelles et s'efforçant par tous les moyens d'en écarter les autres mâles. On retrouve les cerfs, les lions, les chevaux, les éléphants de mer ou encore les coqs, les paons, les canards, etc. Le principal problème du mâle consiste à empêcher les autres mâles de l'évincer et surtout de courtiser et séduire ses femelles. La compétition intrasexuelle produit des mâles puissants, deux fois plus grands que les femelles, et munis parfois d'armes pour menacer et attaquer : bois des cerfs, canines des sangliers, cornes des bouquetins, canines des éléphants de mer et des singes. La différence de taille et de forme entre les deux sexes s'appelle le *dimorphisme sexuel.* Les différences entre mâles et femelles sont inversées chez les espèces avec des harems polyandres, avec une femelle et plusieurs mâles, comme chez les oiseaux jacanas. Il importe de préciser que le dimorphisme découle de la compétition intrasexuelle, et non pas de la compétition intersexuelle, même si celle-ci intervient secondairement. En effet, les mâles se parent de pelages magnifiques, comme chez les lions – mais pas ceux d'Asie –, les cerfs, le dos gris des gorilles ou les manteaux des babouins hamadryas ou geladas. Ces pelages et plumages participent des parades d'intimidation, renforçant leurs effets visuels, mais résultent plus certainement de la sélection intersexuelle.

En effet, il ne suffit pas à ces mâles d'écarter les autres ; il faut qu'ils soient acceptés par les femelles, le choix de celles-ci allant de la soumission à la sélection. De façon aussi empirique que générale, si les mâles d'une espèce polygyne se contentent d'être plus grands et plus forts sans présenter de caractères de séduction – comme les éléphants de mer –, leur stratégie repose principalement sur la force et un contrôle coercitif et agressif du harem. La vie est très contraignante pour les mâles – toujours sur le qui-vive et continuellement stressés avec des taux élevés de testostérone et d'ulcères – et très oppressante pour les femelles. Dès qu'elles font mine de s'écarter du harem elles se font agresser. Si une femelle arrive à s'éloigner un peu, un mâle sans harem tentera de la violer et, de retour, elle sera de nouveau agressée par le mâle résident, qui peut même la tuer (les plus odieux sont les éléphants de mer et… les hommes et leurs crimes d'honneur). Enfin, lorsque le mâle résident finit par être évincé par un autre, celui-ci s'empresse de tuer les jeunes non sevrés. Ainsi, la femelle cesse l'allaitement et reprend un cycle d'ovulation. Chez ces espèces, les relations sexuelles se réduisent au strict minimum. Le premier souci du mâle est d'assurer le plus rapidement possible son succès reproducteur de façon expéditive et souvent brutale ; l'intérêt des femelles réside dans la possibilité d'être protégées par un mâle suffisamment puissant pour les préserver des agressions des autres mâles, capable de retarder leur évincement, et si possible pas trop agressif envers elles.

Cette violence ne règne pas dans toutes les espèces polygynes. Chez beaucoup d'espèces, si le mâle doit toujours se préoccuper des autres mâles, il fait aussi l'objet d'un choix plus ou moins consentant de la part des femelles, comme chez les lions. La compétition intrasexuelle se fait toujours sentir, avec des mâles deux fois plus corpulents, à laquelle s'ajoute la compétition intersexuelle avec des mâles exhibant des parures et des ornementations, comme les bois des cervidés ou encore la couleur et la longueur du pelage chez les lions et certains singes. Ces mâles usent de la force d'un côté et de la séduction de l'autre, bien qu'il soit assez évident qu'une belle taille corporelle et des attributs de combat puissent séduire les femelles, alors que les ornements peuvent indiquer aux autres mâles une vigueur qu'il ne faut défier qu'avec prudence.

Ces quelques remarques amènent à la *théorie du handicap*. Si on s'attache à une conception optimale et parcimonieuse de l'adaptation et de la survie, on s'étonne que, chez tant d'espèces, les mâles – les femelles dans d'autres – investissent autant dans leur apparence corporelle. La plus grande taille, acquise à un âge plus avancé, et le développement comme l'entretien d'un beau pelage et des artefacts comme les bois ou les canines – les caractères sexuels secondaires – constituent autant de contraintes, de handicaps si on s'en tient à une conception fondée sur l'écologie optimale. Seulement, l'enjeu de la vie n'est pas que la viabilité – la capacité à survivre –, c'est surtout de se reproduire, l'évolution étant la descendance avec modification. Donc, si des individus arrivent à avoir un succès reproductif différentiel plus important grâce à des caractères qui les avantagent dans la sélection sexuelle, ces caractères se diffuseront dans la descendance. Ces handicaps, en termes de morphologie – la taille et la forme –, d'apparence et de comportements composent une palette polysémique de signes exprimant la vigueur et la qualité génétiques de ces individus. (L'évolution étant ce qu'elle est, puisqu'il n'existe pas de survie du plus apte, il arrive que ces handicaps conduisent à des extrêmes susceptibles de menacer la survie de l'espèce, avec ces magnifiques géniteurs se retrouvant désavantagés quand l'environnement change, comme ce fut le cas des cerfs géants de la préhistoire, les mégacéros aux ramures gigantesques devenus franchement handicapés dans des habitats de plus en plus arborés.)

L'effort est payant puisque, par exemple, chez les cervidés, les femelles préfèrent s'accoupler avec des mâles plus âgés, ce qu'indique clairement la taille de leurs bois ; ce que les autres mâles remarquent aussi, leur livrant un message tout autre ; envers les femelles – la compétition intersexuelle –, une grande ramure reflète l'aptitude de ce mâle à survivre, à défendre un territoire des intrusions des autres mâles et aussi ses ressources – comme les sels minéraux nécessaires au développement des grandes ramures et nécessaires aux femelles pour la gestation et l'allaitement ; envers les autres mâles, la compétition intrasexuelle, une telle prestance annonce la hauteur du défi à affronter.

Un fort dimorphisme sexuel, avec des mâles imposants, s'observe aussi chez des espèces vivant selon une organisation dite en noyau, le mâle résident défendant un territoire qui s'étend sur ceux de plusieurs femelles. La distribution des ressources contraint les femelles à se répartir sur des territoires individuels. C'est le cas chez les tigres, où le mâle se montre très agressif envers tout autre mâle qui tente une intrusion (sauf hors de période de reproduction et si le visiteur se contente de passer avec discrétion et sans intention de marquer une halte). Les femelles ne subissent pas le poids de la présence constante d'un mâle pour l'accès aux ressources, ce qui n'empêche pas des assemblées temporaires. Là aussi, l'éviction d'un mâle résident s'accompagne du meurtre des jeunes non sevrés. Les femelles auront donc tendance à favoriser l'installation d'un mâle puissant et protecteur, et ce le plus longtemps possible. Les tigres et les lions, deux espèces que l'on distingue très difficilement à partir du seul squelette, offrent une comparaison riche d'enseignement. Les tigres sont de grands prédateurs spécialisés dans la chasse aux cervidés, donc en milieu forestier. Les lions vivent dans des savanes ouvertes et traquent des antilopes. Dans les deux cas, les mâles contrôlent plusieurs femelles, apparentées chez les lions, le plus souvent aussi les femelles voisines chez les tigres. Mais, chez les lions, la chasse se pratique le plus souvent de façon collective (les gros lions n'étant pas des rois si fainéants puisque leur force les autorise à abattre de très grosses proies comme les buffles et les girafes) ; chez les tigres, la chasse est un exercice individuel qui consiste à approcher le plus possible de la proie de manière cryptique. On perçoit combien la distribution les caractéristiques de l'habitat et ses ressources imposent des contraintes sur les associations possibles des femelles et, dans un second temps, des mâles.

Pour revenir à la sexualité, chez les grands prédateurs comme dans bien d'autres espèces, la pérennité d'un mâle résident participe à la fois du succès reproducteur des mâles et des femelles, mais, de plus, les partenaires manifestent des comportements affectifs. Ils se retrouvent facilement pour les périodes d'accouplement et, pour les tigres, en diverses occasions pour partager une proie ou faire la sieste côte à côte au soleil. Il existe des relations affectives, mais dont les manifestations sont contraintes par la distribution des ressources et les caractéristiques de l'habitat, ce que l'on appelle la socio-écologie.

Les espèces à forte compétition intersexuelle

On connaît aussi de nombreuses espèces où la sélection sexuelle opère en deux temps bien séparés, d'abord intrasexuelle et ensuite intersexuelle. Les cas les plus connus sont les oiseaux, comme les tétras et les paradisiers, et les antilopes de Kobs chez les mammifères. Dans un premier temps, les mâles se disputent pour occuper un bout de territoire qu'on appelle un *lek* et qu'ils privilégient selon leurs critères, comme chez les antilopes et les tétras, ou un espace plus propice à leurs parades et à l'exhibition de leurs plumages et de leurs chants, comme une branche bien exposée au soleil chez les paradisiers. Les affaires étant réglées entre les mâles – avec, on l'a compris, des différences de taille corporelle d'autant plus marquées que cette phase de sélection est intense –, les femelles entrent en scène. Elles se déplacent d'un *lek* à l'autre ou d'un arbre à l'autre pour jauger la qualité de la prestation des mâles, choisissant plutôt celui-ci que celui-là. Les observateurs notent qu'en dépit d'un nombre parfois important de protagonistes s'exhibant sur des *leks* voisins, les femelles ont tendance à ne préférer que quelques individus, parfois un seul, parmi l'éventail de choix offert. (Elles font leur « marché reproductif », évoquant dans un registre nettement moins favorable pour les femmes, ces « marchés sexuels » de la prostitution avec des « femmes en vitrine » comme cela se pratique dans quelques villes du nord de l'Europe.)

Cette compétition intersexuelle sélectionne des mâles – ou des femelles comme chez les jacanas – affublés de magnifiques handicaps. C'est là une énigme pour beaucoup de naturalistes, qui décèlent un curieux paradoxe dans cette exubérance de formes, de couleurs, d'agitations et de chants qui, selon eux, devraient attirer les prédateurs. C'est oublier que les prédateurs ne sont guère sensibles à tous ces messages qui ne leur sont pas destinés et que par ailleurs, leur tâche n'étant pas des plus faciles, ils préfèrent s'attaquer aux individus les plus faibles ou les moins habiles, ce qui n'est pas le cas des plus beaux individus et de leurs « handicaps ».

La compétition intersexuelle est privilégiée chez les espèces monogames où les parades, les chants et les vocalisations jouent un rôle très important. La monogamie est très répandue chez les oiseaux – cygnes, perruches, aras, colombes, manchots, fous, rapaces, etc. – et assez peu chez les mammifères. La monogamie repose sur la nécessité d'être deux pour élever un petit (parfois plusieurs) qui exige beaucoup de soins, de nourrissage, de protection et d'éducation (stratégie K). Cela passe par l'investissement parental des mâles. (Dans de nombreuses espèces, les femelles s'arrangent pour bénéficier de l'aide et du soutien de leurs affiliées – sœurs, mères, cousines – comme entre les lionnes, les hyènes, les éléphantes, etc. Les choses sont plus complexes chez les canidés, les loups et lycaons par exemple, où la meute participe à l'élevage des jeunes issus de la portée du couple dominant. Il peut y avoir compétition au sein du groupe pour obtenir cette assistance, une femelle dominante pouvant tolérer ou tuer les portées de l'une de ses sœurs ou de ses filles – compétition intrasexuelle.)

Ces espèces respectent normalement l'exclusivité sexuelle, le coït pouvant intervenir pour renforcer la fidélité au sein du couple, en plus d'assurer la reproduction. Les biologistes et les neurobiologistes ont mis en évidence des réponses hormonales, comme la production d'ocytocine déclenchée par la copulation, la parturition et l'allaitement. Ce n'est pas la molécule de l'amour, bien qu'elle soit liée au processus d'attachement. On connaît deux espèces de campagnols, ceux des plaines et ceux des montagnes, les premiers étant monogames et fidèles, les seconds polygynes et pas du tout fidèles. Ces derniers se révèlent dépourvus de neurorécepteurs capables de fixer l'ocytocine, les rendant incapables de vivre en couple. (Cela ne signifie pas que leurs comportements sociaux et sexuels soient la conséquence d'un problème de neurorécepteur. Ces hormones sont moins la cause que les médiateurs de comportements complexes d'affiliation et d'attachement. Les campagnols des montagnes vivent dans des habitats à forte variation saisonnière des ressources, ce qui favorise des stratégies de reproduction de type r, qui ne requièrent pas un investissement parental soutenu, et donc pas la monogamie. Au cours de leur évolution, les individus porteurs de récepteurs incitant à la fixation de l'ocytocine ont fini par être éliminés en raison de leur faible succès reproducteur.)

La monogamie exige un soutien fort entre partenaires, ce qui passe souvent par des activités sexuelles qui réaffirment le lien entre les deux partenaires. Chez les ouistitis, les femelles suscitent des copulations pour apaiser leur partenaire stressé, ce qui renforce le couple (tout en produisant de l'ocytocine). Chez les fauvettes, les femelles se méfient des infidélités et prennent la précaution de copuler avec leur mâle qui pourrait devenir volage (rechargé en ocytocine, il risque moins de commettre des écarts). La monogamie exige de l'attachement, avec un choix circonspect du partenaire, la compétition intersexuelle passant par des parades et des danses qui les entraînent dans des ballets – plus précisément des pas de deux – qui les amènent à harmoniser leurs mouvements : les danses des grues sur l'eau, les vols à l'unisson des haras, les ondulations du cou chez les flamants roses ou encore deux éperviers se lâchant dans le vide – image sublimée du couple, qui, selon Faulkner, risque sa vie pour s'unir dans la vie. Hélas, les mammifères monogames se montrent bien ternes sur ce registre. Être monogame ne signifie pas que le couple vit ensemble toute l'année, comme chez les cygnes, les perruches et autres. C'est forcément le cas pour la parade, la reproduction et l'éducation du jeune – monogamie oblige –, puis ils se séparent comme chez les fous de Bassan ou les manchots. Plus tard, quand revient la saison des amours, ils font souvent le choix de retrouver le même partenaire, mais pas toujours. Les fous de Bassan choisissent un autre partenaire pour une saison ou deux avant de retrouver un partenaire plus habituel ; des années sabbatiques en quelque sorte. C'est le cas aussi des manchots. (Il s'agit d'un cas extrême, comme le montre si bien le film *La Marche de l'empereur*. Le succès du film aux États-Unis vient de là : dans cette société puritaine, le manchot empereur représente le modèle idéal de monogamie : un maximum de fidélité et d'investissement du couple pour un minimum de parades et de copulations.)

De ce rapide survol au-dessus de la sexualité des animaux, et plus particulièrement des oiseaux et des mammifères, on découvre une belle diversité de comportements qui composent les jeux de la sélection sexuelle. (Pour une connaissance plus approfondie, *cf.* P. Picq, *Les Animaux amoureux*.) Chez les animaux les plus complexes et les plus sexués, les femelles subissent des contraintes très lourdes, produisant peu d'ovules, devant accepter le contact du corps du mâle jusqu'à la pénétration de leur corps, qu'elles facilitent par leur position au moment de l'accouplement. Même si des médiateurs chimiques motivent et facilitent le rapprochement des partenaires et la copulation, de nombreux comportements d'approche, de parade et de séduction sont nécessaires, parfois pour déclencher l'ovulation et/ou faciliter la rencontre des gamètes – en tout cas pour amener les femelles à susciter, accepter et accomplir des relations sexuelles. (Chez de nombreuses espèces, comme les félins, l'ovulation est provoquée par les copulations, nombreuses ; chez d'autres, comme les singes, c'est l'ovulation qui entraîne la réceptivité sexuelle de la femelle.) Cela explique pourquoi les viols restent peu fréquents. D'un point de vue théorique, les mâles nantis de leurs réserves abondantes de spermatozoïdes pourraient se livrer au viol systématique des femelles. Or, si on observe parfois le viol – éléphants de mer, dauphins doués pour le harcèlement sexuel, canards colverts, jeunes orangs-outans, etc. –, cela reste assez rare : la compétition intrasexuelle entre les mâles assure une exclusivité sexuelle qui, aussi coercitive qu'elle puisse être, protège des autres mâles ; les femelles font des choix, et on a vu que ce sont elles qui choisissent leurs partenaires chez de très nombreuses espèces, et elles savent aussi se défendre et, dans le cas d'un viol, on sait que les chances de fécondation sont faibles, les femelles étant peu réceptives. Même si les stratégies de reproduction des mâles et des femelles sont soumises à des intérêts et des investissements parfois très divergents, il est exagéré de parler de « guerre des sexes » selon une mode qui vient des États-Unis. (On n'a pas à transposer en éthologie les malaises d'une société malade du harcèlement sexuel, du viol et du puritanisme corrélés avec le plus fort taux de grossesse des jeunes filles.) Comme nous le verrons plus en détail chez les singes, la sexualité et la reproduction ne passent pas que par des stratégies égoïstes de l'individu (ou du gène), même si dans les théories de l'évolution on en revient toujours au succès reproductif différentiel des individus. Il y a confusion entre ce qu'on appelle les causes ultimes et les moyens mis en œuvre pour assumer un succès reproducteur.

Bien que les fonctions élémentaires, mais néanmoins complexes, du sexe existent depuis plusieurs milliards d'années, les moyens de les réaliser passent par l'évolution d'une diversité à peine esquissée dans ces pages. Les espèces les plus complexes, les oiseaux et les mammifères, sont les plus sexuées, d'autant que le sexe des individus est fortement déterminé génétiquement au moment de la fécondation. L'évolution de ces animaux complexes passe par de fortes contraintes pesant sur le succès reproducteur des femelles, qui produisent peu d'ovules au cours de leur vie, et qui investissent considérablement dans l'élevage des jeunes. D'une manière ou d'une autre, elles exercent un choix parmi les mâles, ces mâles nécessaires pour proposer de la diversité génétique et diffuser les meilleurs caractères. De telles espèces, avec parfois de faibles taux de reproduction comme pour les stratégies K, ont une sexualité complexe dont les composantes se retrouvent dans les jeux de la sélection sexuelle. Cette diversité comportementale montre combien la reproduction ne se limite pas qu'à l'acte sexuel, même suscité par des phéromones. On entend et lit trop souvent, notamment en sciences humaines, que le sexe est ce qu'il y a de plus instinctif – ce qui est vrai – et qu'il est par conséquent figé dans des comportements stéréotypés, les mâles s'efforçant de féconder le plus grand nombre possible de femelles – ce qui supposerait qu'elles seraient soumises, ce qui est très loin d'être le cas dans la grande majorité des espèces. Ce serait le plus fort ou le dominant qui assurerait la plupart des fécondations : c'est complètement faux, en raison d'une confusion entre les facteurs de sélections intra- et intersexuelles, sans oublier tous les moyens subtils mis en œuvre par les femelles pour tromper les mâles coercitifs. Comme on trouve toutes les formes possibles d'unités de reproduction et de systèmes sociaux chez les singes, et que l'homme fait partie de ce grand groupe des simiens, le plus simple est de continuer avec la sexualité chez les singes.

Chapitre 2

SEXE ET SOCIÉTÉ CHEZ LES SINGES ET LES GRANDS SINGES

Les singes ne sont guère appréciés dans la culture occidentale. Longtemps, on leur a attribué tous les travers réprouvés par notre bonne morale, à commencer par leurs penchants libidineux. Les chimpanzés doivent leur nom scientifique *Pan* à cette croyance, Pan étant l'une des très rares divinités du panthéon grec mi-homme mi-animal et particulièrement porté sur la chose. Beaucoup de singes ont été qualifiés de « satyres » et, sans surprise, le chimpanzé a reçu comme nom *Pan satyrus*. Cette réputation légendaire est présente dans un épisode célèbre du *Candide* de Voltaire, lorsque deux jeunes femmes sont poursuivies par des anthropoïdes velus. Elles s'enfuient en criant et en gesticulant. On abat les deux individus et, à la grande surprise des protagonistes, les jeunes filles pleurent et expliquent qu'on a tué leurs amants. Le cinéma a renoué avec ce mythe libidineux dans un film où jouait la superbe Charlotte Rampling, *Max mon amour*. Entre-temps, le tristement célèbre Dr Voronoff proposait ses bons soins aux hommes en panne de vigueur dans une clinique près de Paris au début du XXe siècle. Il leur greffait des testicules de chimpanzés selon divers procédés qui, on s'en doute, avaient plutôt pour effet de poser des problèmes d'inflammation que de réveiller les feux de l'amour. On n'a pas oublié la chanson de Georges Brassens qui, manifestement, n'était pas au fait de la libido très modeste des gorilles (ce qui n'enlève rien à son génie). Aujourd'hui, quarante ans après l'année érotique dont l'un des airs les plus sensuels écrits par Serge Gainsbourg résonne encore dans notre mémoire collective, les bonobos campent le bon sauvage libéré de tout tabou moralisateur. Depuis les années 1960, beaucoup de choses ont changé autour du sexe et de la sexualité dans les sociétés occidentales. Ce qu'on ignore, hélas, c'est que, entre *Le Singe nu* de Desmond Morris – publié en français en 1968 – et aujourd'hui, les connaissances sur l'éthologie des singes et des grands singes décrivent une diversité étourdissante de comportements sexuels, ce qui fait perdre la tête à trop d'anthropologues et de sexologues empressés dans leur quête d'analogies simplistes. En fait, les plus érotiques des singes ne sont ni les chimpanzés – graciles ou robustes –, ni les gorilles, mais les orangs-outans.

Sexe et sociétés chez les singes

Les singes ou simiens appartiennent à l'ordre des primates. Dans la nature actuelle, ils réunissent 130 à 140 espèces, dont une quarantaine en Amérique du Sud et une centaine dans l'« Ancien Monde » composé par l'Afrique, l'Asie et l'Europe. Ce sont des mammifères adaptés à la vie dans les arbres. La nécessité d'accéder à des nourritures végétales tout au long de l'année les contraint à vivre là où les arbres ne perdent pas leurs feuilles en hiver, ce qui les confine aux forêts de la bande des tropiques. Il existe quelques exceptions, comme l'homme, et des espèces de babouins capables de survivre dans des régions semi-désertiques –, mais toujours dans la bande des tropiques –, ou quelques espèces de macaques dans des forêts tempérées d'altitude comme les magots de l'Atlas ou encore les macaques du Tibet et du Japon. Ces conditions de vie influent sur la sexualité et la reproduction puisque les femelles n'ont pas de saison de reproduction. C'est une observation assez générale que l'on vérifie, par exemple, chez les tigres. Ceux de la bande des tropiques ne manifestent pas de période annuelle de reproduction, alors que les populations vivant sous des latitudes plus hautes, comme en Sibérie, donc avec des disponibilités saisonnières en nourriture très variables, respectent une période limitée de reproduction corrélée avec des naissances dans les mois les plus favorables à l'accès aux ressources pour les mères. Ces pressions sélectives affectent sévèrement le succès reproducteur des femelles, représentant non pas le sexe faible mais le « sexe écologique ». Sans surprise, les espèces de singes vivant dans des conditions plus extrêmes et plus saisonnières, comme les macaques du Tibet et du Japon, présentent une période plus saisonnière de reproduction. (Seules les populations humaines, vivant sous toutes les latitudes, échappent à ces contraintes grâce à leurs innovations techniques et culturelles.) Ces précisions étant faites, les sociétés de singes se caractérisent par la présence permanente des mâles qui peuvent, difficilement, contrôler la sexualité des femelles.

On rencontre toutes les sortes de sociétés chez les singes : des solitaires, des monogames, des harems polygynes (un mâle et plusieurs femelles) et polyandres (une femelle et plusieurs mâles) et des communautés multifemelles et multimâles. Pour s'y retrouver, il faut revenir aux quelques principes de base de la sélection sexuelle : la compétition intrasexuelle entre les femelles et entre les mâles ; la compétition intersexuelle entre les deux sexes.

Les espèces « solitaires »

Ce n'est pas la règle chez les singes, loin s'en faut. Il n'existe aucune espèce dans laquelle les unités de productions sont isolées de toute relation avec les autres. (Il arrive que des individus, le plus souvent des mâles en mal ou en attente de harem, passent plusieurs années plus ou moins isolés, entre la fin de l'adolescence et un âge adulte affirmé, comme chez les gorilles. Mais le plus souvent ces mâles forment des groupes multimâles qui rôdent en attendant leur tour.) Les orangs-outans vivent dans des structures sociales dites en « noyau ». Le territoire du mâle recouvre celui de plusieurs femelles. Comme ce mâle s'efforce de maintenir une exclusivité sexuelle, il est confronté à une forte compétition intrasexuelle avec les autres mâles, ce qui aboutit à un fort dimorphisme sexuel, les mâles orangs-outans étant deux fois plus corpulents que les femelles.

Dès qu'une occasion se présente, les femelles et le mâle se retrouvent pour maintenir leurs liens affectifs. Le mâle résident se montre très farouche envers les autres mâles. Parmi ceux-ci, des petits malins conservent une morphologie de jeune adulte et en profitent pour visiter les femelles. Cela conduit à quelques liaisons interdites et, parfois aussi, à des viols. Chez les orangs-outans, le sexe s'associe au désir avec ses petites trahisons et ses violences. Il suscite aussi des actes sexuels très élaborés. Les orangs-outans pratiquent la copulation face à face et, ce qui peut nous surprendre, s'amusent de divers préliminaires : caresses, attouchements, masturbation réciproque, fellation, baisers sur les parties génitales et tout cela à plusieurs dizaines de mètres au-dessus du sol.

Ces observations relativement récentes en disent beaucoup sur les capacités cognitives de ces grands singes, par ailleurs connus pour leurs facultés à développer des traditions culturelles. La cognition et ce qu'on appelle la « théorie de l'esprit » se manifestent là où on les attendait le moins, tant on persiste à croire que le sexe reste lié à nos « instincts animaux » d'après les théologiens et tant de philosophes, tous pétris de textes péremptoires plutôt que de sciences naturelles. Or, si le sexe n'était qu'un acte purement limité à la reproduction, comment expliquer ces comportements érotiques ? La recherche du plaisir et surtout la capacité de donner du plaisir au partenaire supposent une représentation des états mentaux de l'autre, de ses attentes, et réciproquement – c'est la théorie de l'esprit, en précisant que les orangs-outans ne pensent pas qu'à cela. Les orangs-outans ne sont pas si solitaires, et surtout pas en matière de sexe.

Les espèces monogames

La monogamie est très peu répandue chez les mammifères, à peine 4 % des espèces. Cette proportion s'élève à 17 % chez les singes. On l'a vu, l'association durable entre une femelle et un mâle relève de la nécessité d'être à deux pour protéger, élever et nourrir le plus souvent un seul petit. On décompte beaucoup d'espèces monogames chez les petits singes d'Amérique du Sud et centrale – ouistitis, tamarins, marmousets, pinchés, etc., et, plus proches des grands singes, chez les gibbons et les siamangs de la péninsule indonésienne. (La monogamie est exceptionnelle chez les cercopithécoïdes, et récente comme chez les colobes rouges d'Afrique puisqu'on observe encore un dimorphisme sexuel marqué.) Comme il y a, normalement, exclusivité sexuelle, les périodes d'accouplement se limitent à une période brève.

Chez les gibbons, chaque couple vit avec ses enfants sur un territoire bien délimité. À cet effet, ils produisent des vocalises puissantes, comme le font les oiseaux (à noter que chez les oiseaux, il existe des espèces monogames qui vivent en groupes et d'autres sur des territoires séparés ; chez les singes monogames, la règle semble être la territorialité exclusive pour le couple et sa progéniture). Les partenaires se montrent vigilants à l'encontre de leurs voisins, les mâles redoutant que leur femelle ait une relation avec les mâles d'à côté ; la femelle craignant que le mâle aille offrir son assistance ailleurs. Donc, même si ces espèces manifestent une faible activité sexuelle, celle-ci intervient dans la solidité du couple et, comme le sexe procure aussi du plaisir, il suscite des tromperies, ce que mettent en évidence les études avec des tests de paternité. La monogamie s'accommode de quelques infidélités.

On retrouve des comportements analogues avec les quelques espèces polyandres, une femelle avec plusieurs mâles. La polyandrie des petits singes d'Amérique du Sud correspond plus à une multimonogamie qu'à la vraie polyandrie connue chez les oiseaux. Chez ces petits singes, la période de reproduction est saisonnière, ce qui suscite une vive compétition entre les mâles. La femelle copule avec plusieurs d'entre eux, éludant la certitude de la paternité. Les effets des hormones se calmant rapidement chez les mâles, ils se transforment en gentils pères dégagés de toute rivalité. On n'observe pas de dimorphisme sexuel, ce qui signifie une faible compétition intrasexuelle entre les mâles comme entre les femelles. Il en va autrement, comme on l'a vu, chez les espèces vivant en harem polygyne ou polyandre.

Les espèces polygynes

Le harem polygyne est un des fantasmes qui excite le plus l'imaginaire libidineux du mâle occidental, depuis que l'Occident a rencontré l'Orient, depuis les conquêtes d'Alexandre le

Grand jusqu'aux romans de Pierre Loti en passant par les croisades. Pourtant, cela n'a rien de vraiment excitant d'un point de vue sexuel chez les singes – entelles, colobes, nasiques, etc. – ou les grands singes, comme les gorilles. Le harem polygyne n'a rien du paradis des délices et du sexe.

Pour mieux appréhender les subtilités des comportements sociaux et sexuels des singes, il devient utile de préciser que la description d'un système social exige de donner sa structure et son organisation. La *structure* décrit le nombre d'individus adultes des deux sexes, étant entendu que les jeunes sont toujours aux côtés de leur mère. Un système monogame est une structure composée d'une femelle et d'un mâle adulte ; une structure de harem polyandre réunit une femelle et plusieurs mâles adultes alors qu'un harem polygyne rassemble un mâle et plusieurs femelles adultes ; une structure multifemelles/multimâles comprend plusieurs femelles et plusieurs mâles adultes. L'*organisation* donne les relations privilégiées entre les individus adultes.

Les harems polygynes chez les singes offrent de bonnes illustrations des différences entre structures et organisations. Les babouins hamadryas, les geladas et les gorilles vivent dans des harems polygynes – structures composées d'un mâle et de plusieurs femelles adultes. Mais leurs organisations se révèlent très distinctes. Chez les hamadryas, le mâle accapare de jeunes femelles à peine adultes et les place sous sa coupe et sa protection. Les femelles du harem ne sont pas apparentées et, quoi qu'il en soit, le mâle est au centre de l'organisation sur laquelle il exerce une coercition parfois agressive. Cependant, il existe des codes précis entre les mâles adultes, qui évitent de courtiser une femelle à partir du moment où ils savent qu'elle appartient à un harem connu, évitant en cela des bagarres sanglantes. Chez les geladas, les femelles du harem sont apparentées, donc solidaires, et le mâle « dominant » n'est pas franchement au centre de leurs intérêts sociaux. Il est protecteur, géniteur et toléré. Chez les gorilles, ce sont des femelles non apparentées qui choisissent de se mettre sous la protection d'un mâle puisant et protecteur, capable d'assurer la paix nécessaire à la survie et à l'éducation de leurs petits.

Le harem présente deux inconvénients lourds de conséquences pour le succès reproducteur des deux sexes. Pour les mâles, la capacité de s'approprier un harem et de le conserver le plus longtemps possible. Il doit se montrer dissuasif et, au besoin, combatif et puissant, d'où un fort dimorphisme sexuel pour la taille corporelle et souvent des armes qui vont avec, en l'occurrence les canines chez les singes. Ces mâles sont d'autant plus assurés d'avoir une descendance qu'ils doivent se reproduire rapidement. Pour ce faire, ils tuent les petits non sevrés afin que les mères cessent d'allaiter et reprennent un œstrus, les rendant fécondables à nouveau. Quant aux femelles, elles ont tout intérêt à se lier à un mâle assez puissant capable de reculer à une échéance la plus lointaine possible son éviction. Le harem polygyne n'a rien d'une sinécure, puisque les mâles sont souvent stressés – taux de testostérone élevé, ulcères, etc. –, ce qui se traduit par une agressivité plus (hamadryas) ou moins (gorilles) marquée. Il y a peu de place pour la libido et les jeux du sexe. Dès qu'une femelle est en œstrus, elle est fécondée par le mâle résident. On est bien loin des clichés de l'érotisme oriental.

Cependant, quelques observations montrent que ces organisations rigides et stressantes n'évitent pas quelques petits écarts sexuels. Les hamadryas apparaissent comme les plus stricts – un cauchemar pour les anthropologues féministes américains. L'un des grands spécialistes des hamadryas, Hans Kummer, raconte cette petite histoire digne du *Décaméron* : une femelle s'amuse avec un objet qu'elle lance et rattrape, tout cela sous le regard du mâle dominant qui surveille ses femelles depuis une position élevée. Ce faisant, la femelle se déplace de telle sorte qu'elle se retrouve à moitié cachée par un rocher. Elle continue à jouer alors que son corps s'agite de mouvements réguliers. L'observateur fait le tour – ce que ne fait heureusement pas le grand mâle – et s'aperçoit qu'un autre mâle entreprend la femelle. Il y a manifestement anticipation, complicité, manipulation et tromperie. Toujours chez les hamadryas, les observations à l'aide de jumelles à visée nocturne révèlent des amours illicites à la faveur de la nuit car, en la matière, les singes n'ont pas une meilleure perception que les hommes de ce qui se passe dans l'obscurité. La faible libido des singes polygynes n'annihile pas toute recherche de plaisir sexuel.

En dépit de la légende et de la geste chansonnière de Georges Brassens, les gorilles se distinguent par une libido très restreinte. Les femelles, non apparentées, décident de s'associer à un mâle, mais peuvent très bien le quitter par la suite si un autre leur convient mieux, comme chez les gorilles des plaines.

Les sociétés multifemelles/multimâles

Les groupes se composent de plusieurs femelles et mâles adultes, selon deux types d'organisation connus, des femelles apparentées et des mâles venant d'autres groupes, ou bien des mâles apparentés et des femelles issues d'autres groupes. (Rappelons que chez toutes les espèces connues, un des deux sexes est exogame, presque toujours les mâles.) Dans le premier cas, comme chez les macaques et les babouins, les mâles n'étant pas apparentés sont plus en compétition, ce qui induit un dimorphisme sexuel assez important. Dans l'autre cas, les mâles, se connaissant depuis l'enfance et partageant une majorité de leurs gènes, admettent une certaine tolérance, bien que rivaux, ce qui se traduit par un dimorphisme sexuel modéré. C'est dans ces groupes que l'on observe les activités sexuelles les plus complexes, la sexualité entrant souvent dans les jeux sociaux.

Chez les macaques, comme les magots d'Afrique du Nord, ou les babouins des savanes arborées, les femelles sont apparentées et solidaires. Lorsque l'œstrus se manifeste, la vulve enfle de façon spectaculaire et prend une couleur vive rose, rouge ou pourpre. Le signal est d'une évidence éclatante pour les mâles. Le ou les mâles dominants peuvent difficilement imposer leur seul désir, d'une part parce que les femelles affichent des préférences pour un ou plusieurs partenaires, d'autre part parce qu'il y a toujours des petits malins pas faciles à contrôler dans un groupe multimâle et il arrive souvent que plusieurs femelles soient en œstrus en même temps.

En ayant des relations avec plusieurs mâles, dont les plus dominants, les femelles éludent la certitude de la paternité, ce qui conduit ces mâles à être tolérants et protecteurs envers les jeunes. D'ailleurs, les femelles sélectionnent des mâles souvent amicaux et attentifs envers les jeunes. Ainsi, contrairement à ce qui se passe dans des harems polygynes, les jeunes mâles adultes réservent leur agressivité à l'encontre des mâles déjà résidents – compétition intrasexuelle entre les mâles –, alors qu'ils se montrent très attentifs avec les femelles et leurs petits. Ils consacrent des semaines et des mois à courtiser une ou plusieurs femelles, leur offrant de partager une proie – lièvre ou antilope –, les épouillant et en se montrant joueurs et tolérants avec des jeunes qui ne sont évidemment pas les leurs. Les femelles finissent par accepter leur compagnie, d'établir des relations amicales et, ensuite, d'en faire des partenaires sexuels privilégiés. À ce jeu, certaines sociétés de singes, comme celle des magots, incluent des mâles doux et affectueux avec les jeunes, résultat de la sélection intersexuelle exercée par les femelles.

Ces sociétés de macaques et de babouins respectent aussi des règles complexes entre la hiérarchie des femelles – très stable –, celle des mâles – beaucoup plus instable – et les relations hiérarchiques plus subtiles entre les deux sexes. L'apparente promiscuité sexuelle respecte ces règles – quand les copulations se font au vu de tous – ou en prenant des précautions pour éviter des agressions.

Les chimpanzés et les bonobos

Il existe deux espèces de chimpanzés dans la nature actuelle : les chimpanzés robustes *Pan troglodytes* et les chimpanzés graciles *Pan paniscus*. Nous les appellerons respectivement chimpanzés et bonobos. Chez ces deux espèces multifemelles/multimâles, les mâles sont patrilocaux et les femelles exogames, ce qui est très rare pour l'ensemble des mammifères et aussi chez les singes, avec une autre exception connue, les singes araignées d'Amérique du Sud. Une autre caractéristique de ces sociétés réside dans leurs relations de type fusion/fission : les individus se retrouvent pour maintenir leurs relations sociales – fusion – et se séparent en sous-groupes plus ou moins petits pour rechercher des nourritures – fission.

Commençons par les bonobos, dont la frénésie sexuelle excite tant les médias, entre les nostalgiques des communautés des années hippies et la mode Houllebecq-Millet-Breillat. Ces « singes Kamasutra » se livrent moins à des activités sexuelles par recherche du plaisir que pour faire tomber leur niveau de stress. À première vue, il semble plus agréable, voire plus civil, d'engager des relations sexuelles plutôt que de se disputer ; donc « faire l'amour et pas la guerre ». Par la grâce de leurs mœurs (apparemment) douces et libertaires, les bonobos ont remplacé les bons sauvages de Jean-Jacques Rousseau, les Tahitiens de Paul Gauguin et les Samoans de Margaret Mead. Retour, sexe en avant, de l'anthropologie naïve répercutée par des pseudo-éthologues de zoos télévisés et de médias libérés : tristes tropismes !

Les copulations entre les mâles et les femelles se font dans différentes positions, et notamment face à face. Comme les conflits apparaissent à différents âges et entre membres du même sexe, ces jeux d'apaisement et de plaisir s'observent chez les jeunes et entre des individus de même sexe. Ce sont des relations homoérotiques, limitées au frottement des parties génitales chez les femelles et aussi chez les mâles. (Il n'est pas avéré qu'il y ait pénétration anale entre les mâles.) Ils pratiquent couramment la masturbation. La facilité des relations sexuelles ne s'accommode d'aucun préparatif, de caresses ou de préliminaires. C'est d'une simplicité biblique et il est évident que les bonobos n'ont pas lu le magnifique Cantique des cantiques. Toutes ces péripéties exigent une longue réceptivité sexuelle chez les femelles. Le sexe fait aussi l'objet d'échanges contre d'autres avantages, comme de la nourriture. Inévitablement, on a évoqué une sorte de « prostitution naturelle », oubliant que les femelles bonobos, étant dominantes, ne sont pas obligées d'avoir recours à ce type de négociation.

En fait, rien de plus stressant que la vie des bonobos, non pas dans leur quête de sexe, mais dans l'angoisse d'apaisement par le sexe, évacué comme ils éjaculent, après de courtes copulations de quelques secondes, avant de renouer avec l'inquiétude. (Lors du bombardement de Berlin par les Alliés à la fin de la Seconde Guerre mondiale, tous les bonobos sont morts de crise cardiaque. Même si les Alliées n'envoyaient pas des bombes sexuelles, cela montre qu'ils ont le cœur bien fragile.) Entre le stress sexuel des bonobos et le sinistre avenir des particules élémentaires, il existe d'autres façons d'avoir du sexe et du plaisir.

Les chimpanzés (*Pan troglodytes*) ont été détrônés du statut d'espèce de singe la plus libidineuse par les bonobos. Pourtant, chez eux, les jeux du sexe et du pouvoir s'avèrent plus subtils. Quand une femelle est en œstrus, ses parties génitales enflent et se colorent comme chez les bonobos et les femelles des autres espèces des sociétés multifemelles/multimâles. Les mâles dominants se montrent tolérants quand ces femelles sont en début d'œstrus, mais deviennent bien plus chatouilleux, et parfois menaçants, quand l'œstrus arrive à son paroxysme. Ils se montrent d'autand moins tolérants que les femelles sont de haut rang et âgées, manifestant une nette préférence à la fois pour leur expérience sexuelle et, surtout, leur aptitude à bien élever un jeune.

Les femelles présentent une période de réceptivité sexuelle de plusieurs semaines autour de l'œstrus, ce qui permet de susciter bien des jeux et des intrigues. D'une manière générale, le mâle dominant tient à son privilège au moment apparemment le plus propice pour la fécondation. Mais c'est sans compter sur le plaisir. Il décerne la permission de copuler aux autres mâles en fonction des relations d'amitié et d'inimitié, et avant tout selon la situation politique. Il arrive que le mâle numéro 1, dit alpha, ne détienne un pouvoir formel que s'il est soutenu par un autre mâle, formellement le mâle numéro 2 ou bêta. Le mâle alpha négocie en octroyant des privilèges, comme celui de copuler en toute liberté. Cela suscite, on l'imagine, quelques frustrations chez le mâle alpha, mais aussi chez le mâle bêta si, comme cela ne manque pas d'arriver, des mâles de rangs inférieurs jouissent aussi des femelles. Ceux-ci peuvent s'amuser à courtiser ouvertement les femelles par pure provocation mais, le plus souvent, s'arrangent pour ne pas être vus (ou bien les mâles dominants font semblant de ne pas voir, préférant économiser un conflit si l'autre a respecté les formes de soumission). Pour éviter des désagréments, un mâle et une femelle s'éclipsent pour quelques jours, ce qu'on appelle partir en safari chez les chimpanzés (ou en week-end chez les humains).

Les femelles mènent aussi leurs affaires comme elles l'entendent, laissant aux mâles dominants comme aux autres leurs illusions. (À cet égard, les illusions des éthologues du sexe masculin semblent bien plus naïves que celles des chimpanzés ; les femmes éthologues ont mis en évidences des observations inquiétantes pour le « mâle humain naïf et standard ».) Les femelles ont des préférences pour certains partenaires. Si c'est un mâle dominant, pas de problème, mais ce n'est pas le cas le plus fréquent. Si le ou les mâles préférés ne sont pas dominants, les choses se compliquent. Alors, par des regards et de petits signes, ils se donnent rendez-vous dans un coin discret. Les femelles usent de leurs avantages quand elles sont en œstrus, n'hésitant pas à chaparder de la nourriture à un mâle ou à quémander un morceau de viande d'une proie, même si elles n'ont pas participé à la chasse. (Les jeunes femelles adultes se servent de cet avantage pour migrer d'une troupe à l'autre, ayant d'autant plus de chances d'être acceptées par les mâles de la communauté d'accueil.) Elles négocient aussi leur attirance et leur charme dans des échanges sexe contre nourriture, il va sans dire de nourriture très prisée, un petit jeu auquel les mâles se prêtent volontiers. Enfin, le sexe intervient aussi dans les intrigues politiques, les femelles se laissant séduire et interférant indirectement dans les conflits de dominance entre les mâles en favorisant certains partenaires.

Les attouchements sexuels et amicaux sont courants chez les chimpanzés, pour se rassurer, se stimuler et aussi dans des situations d'excitation sociale, comme la découverte d'une source de nourritures appétissantes. Il s'agit de baisers simulés en approchant les lèvres, mais sans contact, de baisers sur la main, de petites tapes sur l'épaule ou la croupe, d'accolades, parfois de faux actes de copulation.

Ce survol au-dessus du nid de coucou de la sexualité des bonobos et des chimpanzés, malgré sa brièveté, suffit à dénoncer la naïveté confondante de trop d'éthologues – sans oublier les journalistes plus ou moins spécialisés – qui se contentent de ne prendre que quelques observations pour les intégrer, hors contexte social et spécifique, dans les affaires humaines. Une erreur de discernement bien connue puisque dénoncée il y a déjà plusieurs siècles par le philosophe David Hume : l'« erreur du naturaliste ». Encore faut-il se donner la peine de posséder un minimum de culture naturaliste, en l'occurrence éthologique, avant de se livrer à ces petits exercices qualifiés en épistémologie d'« empirisme archaïque », ce qui reste, hélas, la règle en sciences humaines justifiant leur « statut scientifique » en revendiquant une séparation viscérale avec les sciences naturelles. Les chimpanzés et les bonobos sont ce qu'ils sont et pour reconstituer les origines de la sexualité humaine, il y a une méthode. Avant cela, il est utile de rappeler quelques faits généraux et d'autres plus précis sur la sexualité des singes.

Quelques généralités sur la sexualité des singes et des grands singes

La reproduction

Les singes ont un faible taux de reproduction. Les femelles mettent un seul petit au monde – très rarement des jumeaux –, et ne possèdent qu'une seule paire de mamelles. Le petit naît après une gestation de plusieurs mois – 5 à 9 selon les espèces – et dépend de sa mère jusqu'au sevrage, qui arrive entre 2 et 5 ans, ce qui correspond aussi aux intervalles entre les naissances. Le succès reproducteur des femelles dépend de leur capacité à s'occuper des jeunes, aussi rares que précieux. Dès lors, les femelles sont attentives aux comportements tolérants et protecteurs du ou des mâles et, évidemment, de la qualité de leur groupe social. Les femelles constituent le « sexe écologique » car ayant besoin d'accéder à des nourritures à la fois pour elles et pour le jeune en gestation ou pas encore sevré. D'où le fait qu'elles ont tendance à contrôler un territoire en formant des sociétés matrilocales. Les mâles n'ont pas d'autre choix que de migrer à la fin de l'adolescence (avec l'avantage, du point de vue de l'espèce, de diffuser de la variabilité génétique).

L'inceste

Le risque d'inceste est régulé automatiquement par l'exogamie de l'un des deux sexes, presque toujours les mâles, sauf dans de rares cas, comme les chimpanzés et les bonobos. Les cas d'inceste s'observent en captivité si on ne prend pas la précaution de retirer les jeunes mâles (ce que pratiquent les parcs zoologiques depuis fort longtemps). Pour autant, on connaît de rares cas dans la nature où des individus du sexe normalement exogame ne quittent par leur troupe natale, comme les femelles du clan F de Gombe Stream en Tanzanie, ceux étudiés depuis plus de quatre décennies par Jane Goodall et son équipe. Pourquoi ce non-respect de la règle ? Tout simplement parce que les mâles et les femelles de ce clan sont dominants. De ce fait, les femelles n'ont guère d'intérêt à quitter leur communauté, avec les risques d'inceste que cela suppose. (Le pouvoir corrompt les règles chez les chimpanzés comme chez les hommes. L'inceste, pourtant tabou dans les sociétés humaines, est au cœur des dynasties – le mariage divin – et des sociétés de la Méditerranée depuis l'Égypte pharaonique jusqu'aux tragédies grecques.) Les membres du clan F s'efforcent d'éviter l'inceste, les femelles refusant de copuler avec des mâles apparentés.

L'éducation sexuelle

Les jeunes singes assistent aux jeux de séduction et aux ébats des adultes, donc de leur mère et, dans des systèmes monogames et polygynes, de leur père. Dans les systèmes sociaux multifemelles/multimâles, leur appartenance à un clan dominant ou dominé – ce qui, dans le premier cas, les habitue à avoir des relations sociales aisées avec les autres ou, dans l'autre cas, plus stressées – facilite l'acquisition de « compétences sexuelles ». On s'est assez peu intéressé à cette question puisqu'on a cru trop longtemps, et encore aujourd'hui, que le sexe demeure instinctif chez les animaux et, comme du point de vue des sciences humaines, les singes sont des animaux comme les autres... Les singes sont des espèces qui ont une longue espérance de vie – plusieurs dizaines d'années – avec ce qu'on appelle des « paramètres d'histoire de vie » – gestation, sevrage, enfance, adolescence – longs, voire très longs, comme chez les grands singes. La maturité sexuelle se manifeste avant d'atteindre l'âge adulte, ce qui n'est pas le cas chez la plupart des mammifères. Les jeunes sont sensibilisés à la sexualité avant d'atteindre la maturité somatique, ce qui laisse du temps pour leur éducation, le plus souvent par imitation. Un magnifique cas d'initiation sexuelle a été filmé chez les chimpanzés (P. Picq et N. Botgers, *Du rififi chez les chimpanzés*, 1998). Un mâle copule avec une femelle alors que le jeune fils de celle-ci les taquine, ce que font couramment les jeunes placés dans ce genre de situation. L'affaire conclue, le jeune mâle chahute l'ami de sa mère, qui lui répond par de petites tapes ludiques.

Ce faisant, il comprend la demande du jeune et l'entraîne entre deux gros arbres, à l'abri des regards. Là, il prend le sexe du jeune et le sollicite. Puis, après un coup d'œil circulaire, le grand mâle prend la position habituelle des femelles en se couchant en avant et en présentant sa croupe, incitant le jeune à simuler un accouplement. Il n'y a pas copulation, mais simulation explicite. C'est une scène assez rare et difficile à saisir. Pour deux raisons : on ne s'est pas intéressé sérieusement à cette question ; de plus, les protocoles les plus courants en éthologie ne favorisent pas ce type d'observation.

Les signaux sexuels

On préfère parler d'*œstrus* chez les singes plutôt que de *chaleurs* quand les femelles sont fécondables. Les mammifères qui nous entourent – chiens, chats, chevaux, etc. – ne manifestent des comportements sexuels que pendant de courtes périodes, ce qui les rend complètement « obsédés », leur état d'excitation étant suscité par des molécules sexuelles appelées phéromones. (Elles se retrouvent chez tous les animaux et restent un des moyens les plus efficaces de faire connaître son état sexuel à tous les partenaires potentiels alentour.) Les phéromones interviennent dans les invites sexuelles chez les singes, mais ce n'est pas le seul signal chez certaines espèces. Chez les espèces monogames et polygynes, l'exclusivité sexuelle du mâle limite les jeux de séduction au strict minimum. Jouent aussi certainement des signes visuels subtils, des changements de comportement plus explicites de la part de la femelle et, bien évidemment, les effets des phéromones qui éveillent l'intérêt du mâle.

Les femelles des espèces multifemelles/multimâles passent par des modifications physiologiques et morphologiques considérables. Le gonflement de la vulve et sa couleur vive excitent visuellement les mâles. L'excitation sexuelle ne passe plus que par l'odorat et les phéromones – dont les effets sur le cerveau et l'action sont pas ou peu conscients –, mais aussi par les aires visuelles, le sens le plus développé chez les singes, qui est traité par les aires corticales, avec des niveaux conscients. Les neurophysiologistes décrivent différents circuits neuronaux pour le désir et le plaisir chez l'homme, qui, on s'endoute, se manifestent aussi chez les singes, les mammifères les plus encéphalisés. Autrement dit, chez les singes, le cerveau devient l'organe sexuel le plus important. Les jeux du sexe interviennent dans les attentes entre partenaires et aussi dans les interactions sociales.

Les actes sexuels

Les singes pratiquent la copulation *ad canum*, la femelle se tenant campée sur ses quatre membres alors que le mâle la monte et la pénètre. L'adoption de la position couchée par la femelle, comme chez les félins, ne se pratique apparemment pas. Au contraire, chez les macaques et les babouins, le mâle se hisse en posant ses pieds sur l'arrière de la saillie des genoux pour se retrouver à la bonne hauteur. Les copulations sont brèves et répétées, l'éjaculation n'arrivant qu'après plusieurs coïts. (À noter que chez les singes, l'ovulation provoque l'œstrus alors que chez de nombreuses espèces, comme les félins et d'autres, les chaleurs annoncent l'ovulation, l'ovule n'étant libéré qu'après les copulations.) Globalement, les actes sexuels sont simples, si ce n'est qu'ils interviennent dans des échanges sociaux et de petits arrangements sexe contre nourriture chez les espèces multifemelles/multimâles, les femelles se jouant des partenaires, privilégiant ceux qui surent les courtiser, et cédant habilement aux mâles dominants s'ils ne font pas partie de leurs favoris.

Les actes sexuels chez les grands singes, mis à part les gorilles, s'intègrent dans un ensemble de comportements affectueux, sociaux et libidineux plus complexes. La position la plus courante est assise ou couchée. Dans le premier cas, la femelle venant se placer sur le mâle, qui se tient assis, les jambes écartées et le pénis en érection. L'autre option est la femelle couchée, la croupe sensiblement relevée et le mâle en position semi-redressée. Toutes ces positions sont en fait des variantes de la même position fondamentale.

La position dite *ad hominem* ou ventro-ventrale, autrement dit la copulation face à face, se pratique, par ordre de fréquences observées, chez les bonobos, les chimpanzés et les orangs-outans. Les deux partenaires s'accordent sur la position choisie, la femelle prenant apparemment la décision en se couchant sur le dos, mais on sait bien peu de choses sur ce qui précède ce choix, si ce n'est des attouchements sur l'épaule et d'autres signes, certainement au niveau du regard, qui nous échappent. (La copulation face à face s'observe chez d'autres espèces, comme les cétacés, ce qui semble contraint par les positions anatomiques des organes génitaux.)

Autour de l'acte sexuel

Les singes ont des mains, habiles et sensibles, qu'ils mobilisent peu dans les actes sexuels (sauf parfois pour se tenir au corps de la femelle). Chez les espèces multifemelles/multimâles, il arrive que les mâles touchent les parties génitales enflées des femelles en œstrus, sans pour autant les caresser, mais, semble-t-il, pour vérifier leur état réceptif et, parfois, sentir l'odeur laissée sur les doigts. La masturbation se pratique souvent, mais pas de façon réciproque.

Nonobstant leur réputation, les bonobos se montrent plutôt directs, engageant rapidement des rapports sexuels excités, les individus poussant des cris aigus et se regardant face à face quand la position adoptée le permet, avec des mimiques de jouissance. Ils ne se donnent pas de baisers, le baiser avec le contact des lèvres se limitant aux relations sociales de salut, d'amitié et de soumission. Les mâles et les femelles se masturbent couramment. En revanche, si les mains interviennent forcément pour l'épouillage, il n'y a pas de caresses du visage, du corps ou des parties génitales du partenaire pendant ou autour des relations sexuelles. Les bonobos pratiquent le *fast sex* comme d'autres s'adonnent au *fast food* : du consommable rapidement et sans manières.

Chez les chimpanzés, les actes sexuels s'inscrivent dans des jeux relationnels et sociaux complexes. Indéniablement, certaines préférences interviennent entre partenaires et des individus femelles et mâles plus désirables que les autres. Ces actes sexuels restent assez simples, sans préliminaires particuliers, sans caresses ni baisers. Les copulations face à face sont peu fréquentes. Les baisers et les contacts entre les corps, notamment pendant l'épouillage, participent des relations sociales générales. (Les échanges sexe contre nourriture ne sont pas des préliminaires au sens sexuel, bien que cela prépare et engage les partenaires.)

Les orangs-outans sont les plus placides et les moins connus des grands singes, et pourtant, ce sont les plus « sensuels ». Les quelques observations réalisées dans les parcs zoologiques ont paru dans des magazines people avec les commentaires que l'on imagine. Une fois de plus, sans parler de sujet tabou, peu d'éthologues ont abordé cette question. Il suffit de voir ou de revoir la scène sublime de l'amour entre deux orangs-outans dans le film *Les Animaux amoureux*. Confortablement installés sur une grosse branche à plusieurs dizaines de mètres de hauteur, la femelle est allongée sur le dos et le mâle est assis devant ses jambes ouvertes. Ils prennent leur temps, se caressent avant de copuler face à face. D'autres observations font état de caresses sur les parties génitales du partenaire, de masturbation réciproque, de cunnilingus et de fellation. Il s'agit certainement de partenaires se connaissant bien et le système social des orangs-outans, où les individus sont dispersés, isole les relations sexuelles de toutes les contraintes liées à la présence de tiers.

La question du plaisir et de l'infidélité

Les singes femelles ont-elles du plaisir au cours de leurs relations sexuelles ? Leur violence et leur brièveté ont longtemps laissé croire que seuls les mâles en éprouvaient du plaisir, puisque tous éjaculent à un moment ou un autre, mais pas les femelles. Encore une réminiscence d'un machisme archaïque.

On entend et lit aussi trop souvent une autre triste vérité : que les mâles auraient une tendance naturelle à l'infidélité – car toujours prêts et nantis d'un trop-plein de spermatozoïdes –, alors que les femelles auraient tendance à privilégier de rares partenaires de bonne qualité génétique pour s'unir à leurs précieux ovules. Si c'était le cas, pourquoi autant d'espèces monogames impliqueraient-elles un fort investissement parental des mâles ? Le succès reproducteur n'est pas corrélé au nombre de copulations et de partenaires. Autrement dit, ce n'est pas le nombre de nouveau-nés qui compte pour le succès reproductif individuel, mais le nombre d'enfants qui arrivent à l'âge adulte et qui sont aptes à se reproduire, ce qu'on appelle la viabilité. On cite hâtivement le succès des mâles à harems polygynes. C'est oublier que fort peu en jouissent, et encore s'ils ne sont pas évincés trop tôt par un autre mâle, sans oublier les petits malins qui, plutôt que de se lancer dans les affres de la conquête et de la conservation d'un harem, s'arrangent pour copuler en douce avec des femelles de différents harems. On retrouve des cas similaires chez les orangs-outans. Le sexe donne du plaisir et, de ce fait, suscite des infidélités, même chez les espèces monogames, de la part des mâles aussi bien que des femelles.

D'un point de vue évolutionniste, et par principe, un comportement doit, d'une manière ou d'une autre, présenter un avantage reproductif. Sinon, il disparaît. Grâce à l'apport conceptuel de la sociobiologie – qui s'intéresse tout particulièrement au succès reproductif des individus – et à l'usage de tests de paternité, on a mis au jour que l'infidélité des femelles se manifeste dans toutes les espèces, quel que soit le système social contrôlé par un mâle (monogame comme les gibbons, en noyau comme l'orang-outan et polygyne comme les hamadryas, les entelles) ou par plusieurs mâles (multimâles/multifemelles comme chez les chimpanzés). L'explication la plus admise est que cela favorise la variabilité génétique. Mais les femelles, courant parfois des risques graves d'agression, n'agissent pas ainsi pour le devenir de l'espèce, mais parce qu'elles sont motivées par le plaisir. C'est tout à fait évident d'un point de vue comportemental : participation active pendant la copulation, mimiques faciales, cris, ahanements, recherche du regard du partenaire, sans oublier la masturbation.

Le découplage sexe/reproduction

Nonobstant ce qui précède, le nombre et la fréquence des relations sexuelles sont d'autant plus limités qu'un mâle s'efforce d'assurer son exclusivité. Chez les espèces monogames et polygynes, les mâles fécondent les femelles pendant leur courte période de réceptivité sexuelle. Le nombre de copulations et de fécondations assurées au cours de cette période brève est donc réduit.

Chez les espèces multimâles/multifemelles, ces dernières jouissent d'une période de réceptivité sexuelle qui dépasse largement celle de la fécondation. Elles enchaînent les rapports sexuels et, dans ce cas, il y a donc bien une activité sexuelle active en partie découplée de la fonction de reproduction (babouins, macaques). Les bonobos ont adopté les comportements les plus banalisés en matière de sexe, l'ayant ramené à une fonction qui évite les tensions sociales.

Les chimpanzés se montrent à la fois plus réfléchis et plus simples en matière de relations sexuelles. Sans parler d'interdit, il est évident que les individus ne font pas n'importe quoi, n'importe comment et à n'importe quel moment. Tout acte sexuel s'inscrit dans un cadre social, allant de la franche tolérance au risque d'agression. Il y a anticipation, échanges et parfois négociation autour du désir sexuel. Le plaisir escompté, le plaisir recherché suscitent des relations bien plus complexes que chez les bonobos, le sexe étant offert aux partenaires préférés ou apprécié en échange de nourriture et en fonction d'enjeux sociaux et politiques.

Les jeux de séduction, de tromperie et d'attirance entre les partenaires interviennent au sein des relations sociales essentiellement chez les espèces multifemelles/multimâles. Chez les babouins et les macaques, ils paraissent encore liés aux stratégies de reproduction des femelles, qui sélectionnent leurs partenaires. Même lorsqu'elles doivent accepter une relation sollicitée par des mâles plus dominants ou coercitifs, il n'est pas évident que le succès reproducteur de ces derniers soit assuré pour autant puisqu'il n'y a pas forcément coïncidence entre le paroxysme de l'œstrus et la possibilité de féconder un ovule.

Dans l'état actuel des connaissances, c'est chez les chimpanzés et les bonobos que les relations sexuelles s'avèrent les plus découplées des fonctions de reproduction, le sexe intervenant dans les intrigues sociales et aussi dans les processus de résolution de conflit et, ce qui est important, au cours de simulations de relations sexuelles dans des actes de soumission (trop souvent confondus avec des relations homosexuelles).

Homosexualité et fidélité

La plus belle expression du découplage entre sexualité et reproduction se manifeste dans l'homosexualité. On a vu qu'il existe chez les espèces multimâles/multifemelles des relations préférentielles entre des partenaires de sexe opposé. Il y a préférence sexuelle, mais pas de fidélité, bien que le sexe soit l'indicateur de cette relation. En fin de compte, la femelle s'assure une forme de protection, parfois d'attachement, du ou des mâles favoris envers ses enfants. On pense aussi aux espèces monogames, mais les liens du couple reposent essentiellement sur la nécessité d'être à deux pour élever un jeune, les relations sexuelles étant très restreintes. Cela n'exclut évidemment pas des liens affectifs, mais ils ne passent pas, ou peu, par la sexualité.

L'homosexualité reste un sujet assez mal perçu, et pour beaucoup de raisons. Les principales ne proviennent pas des comportements sexuels des singes – et de tant d'autres espèces de mammifères et d'oiseaux – que de la difficulté de parler de tels sujets selon le contexte culturel. D'un point de vue scientifique, le sexe ayant été strictement rattaché à la reproduction, l'homosexualité paraissait incongrue dans une perspective darwinienne étriquée, c'est-à-dire mal comprise. Et puis, les relations homosexuelles relevaient tout au plus de l'anecdote et de petites déviances. (Dans un excellent livre collectif de synthèse datant de 2004, intitulé *Sexual Selection in Primates*, le terme *homosexualité* ne figure même pas dans l'index !) Par ailleurs, on assiste à une tendance inverse qui répertorie de l'« homosexualité » chez plus de trois cents espèces d'animaux, insectes, mammifères et surtout oiseaux ; ces relations dites *homosexuelles* étant anecdotiques ou plus habituelles, comme chez diverses espèces d'oiseaux. Sans nier ces observations, beaucoup reposent sur des animaux en captivité ; et si on relève des actes sexuels, ils répondent à de fortes excitations suscitées par les phéromones de l'autre sexe, sans recherche de liens affectifs ou pérennes ; d'où la différence entre homosexualité et homoérotisme. Car peut-on parler d'homosexualité comme chez l'homme ?

Une fois de plus, c'est la frénésie des bonobos qui a éveillé cette question, surtout pour l'homosexualité féminine, qu'il convient plutôt d'appeler *homoérotisme*. Depuis, on l'a observée chez différentes espèces, comme chez les macaques du Japon (*Macaca fuscata*), où des femelles forment des couples homosexuels durables, ce qui ne les empêche pas d'avoir des petits avec les mâles nécessaires. Le couple se fonde sur une relation sexuelle et affective. Les actes sexuels passent par le frottement des parties génitales croupe contre croupe (macaques) et aussi face à face chez les bonobos.

La question de l'homosexualité masculine est plus complexe. Si des mâles bonobos simulent une copulation, cela se limite le plus souvent aux frottements des parties génitales et il ne semble pas qu'il y ait pénétration anale. On dispose de très peu d'observations sur les comportements des mâles au sein de groupes composés uniquement d'individus de ce sexe, où on ne peut exclure de l'homosexualité, par amitié et aussi pour l'apprentissage des comportements sexuels. Dans les deux cas, on n'a pas rapporté d'usage de la bouche et des lèvres ou de caresse manuelle sur les parties génitales du partenaire, ni de masturbation réciproque.

Bien que les études et les observations manquent, l'homosexualité ne paraît pas évidente chez les singes et les grands singes. Cette question a suscité trop peu d'intérêt et les critères précis sur ce que sont ces « relations homosexuelles » et leur contexte diffèrent selon les espèces, les populations, les individus et les périodes de leur vie. Par exemple, quand un macaque ou un chimpanzé mâle dominant « monte » un autre mâle, simulant une copulation, cela n'a rien d'une relation sexuelle et affective ; c'est un acte de domination formel très marqué. Dans tous les cas d'« homosexualité » supposée – relations affectives, initiation, réassurance, domination –, on note de toute façon un découplage entre sexe et reproduction, ce qui implique que des actes sexuels réels ou simulés interviennent aussi bien dans des relations affectives que sociales, ces dernières n'étant pas toujours amicales.

Harcèlement et abus sexuels

L'observation comparée des systèmes sociaux et surtout de leur organisation, chez les différentes espèces de singes, met à mal le cliché aussi erroné qu'archaïque du mâle dominant, seul maître en son petit royaume d'illusion machiste et de misère sexuelle. Les mâles dominants des structures polygynes se comportent très souvent de façon agressive, et cela se comprend en raison même de la stratégie de reproduction très tendue dans laquelle ils se retrouvent. On l'a vu, un mâle attendra d'être assez adulte et puissant pour se constituer ou prendre un harem. Il tue les jeunes non sevrés afin de pouvoir se reproduire au plus vite avec toutes les femelles. Il se trouve constamment sur le qui-vive à la fois pour féconder les femelles dès qu'elles sont fécondables et écarter les autres mâles de ces mêmes femelles. Les rapports sexuels se réduisent à l'efficacité. Dans de telles conditions, pas de négociation et encore moins de séduction. Les femelles subissent plusieurs menaces : celle du mâle dominant qui peut se montrer agressif – ce n'est pas la généralité, comme on l'a vu en comparant les hamadryas et les gorilles – et avec le risque qu'une femelle, si elle s'écarte un peu du groupe, soit violée par un mâle périphérique. En retour, si le mâle résident s'aperçoit de cela, il peut agresser sévèrement la femelle et la forcer à son tour. Néanmoins, de tels cas de violences sexuelles restent assez peu observés chez les singes et chez les grands singes comme les orangs-outans. (Chez les mammifères, une des espèces les plus coercitives est l'éléphant de mer, qui peut aller jusqu'à tuer des femelles.) Ces situations subies par les femelles sont du seul fait des mâles, qui se mettent eux-mêmes dans un contexte de stress et de brutalité.

Sur cette question du viol, on se heurte ici à un vrai problème d'observation. Si le mâle résident force une femelle de son harem, est-ce perçu comme un viol ou comme un « bon droit » machiste, selon les clichés archaïques qui dominent encore dans trop de sociétés humaines ? Une femelle violée n'a pas forcément intérêt à crier, au risque de se faire molester méchamment, à la fois par le violeur, mais aussi en retour par le mâle résident qui, dans son petit esprit étriqué, ne manque pas de la considérer comme en partie responsable. Enfin, si un observateur est dans les parages, un violeur potentiel hésitera à agir. (C'est un problème plus large en éthologie car, les hommes étant le plus souvent redoutés, les prédateurs évitent d'attaquer en leur présence. Cela peut surprendre car trop de mythes repris par la philosophie – comme celui d'Épiméthée et de Prométhée – perpétuent l'idée d'un homme nu et sans défense dans la nature. Les animaux n'ont pas du tout cette expérience. À noter cependant que cette situation change rapidement puisque, d'une part, les hommes chassant de moins en moins, les animaux les craignent de moins en moins et, d'autre part, toutes les mesures de protection des animaux retournent cette situation. Aujourd'hui, des chimpanzés attaquent des hommes et des femmes en Afrique, de même que des chevreuils agressent des hommes et des femmes en France. On n'avait pas vu cela depuis des centaines de milliers d'années de mémoire d'animal.)

Les cas de harcèlement sexuel sont beaucoup plus fréquents. À partir de quand commence le harcèlement ? Là aussi, la culture des éthologues influe sur la nature de l'observation : une éthologue anglo-saxonne, formée dans le cadre des *gender studies* marquées par la « guerre des sexes », ne verra pas une relation entre une femelle et un mâle de la même façon qu'une éthologue du sud de l'Europe pour qui les jeux de séduction – non pour autant dénués de machisme – font partie de faits culturels courants. Pour la première, toute tentative de séduction un peu insistante de la part d'un mâle se traduit par du harcèlement ; dans l'autre cas, le harcèlement commence quand le mâle sort de la séduction pour devenir inopportun, voire agressif.

Chez les babouins et les macaques, les mâles déploient divers modes de séduction en offrant de la nourriture ou une proie à une femelle, en l'épouillant, la protégeant et en étant attentif à ses petits, même s'il n'est pas le géniteur. Quand la femelle se retrouve en œstrus, il n'a guerre besoin de la harceler. C'est une autre affaire avec le ou les mâles dominants, qui finissent souvent par faire valoir ce qu'ils considèrent comme leur droit. Il en va de même chez les chimpanzés, une femelle pouvant choisir des relations sexuelles avec un ou plusieurs partenaires préférés mais, s'ils ne sont pas les mâles de haut rang, elle finit par subir une sorte de harcèlement de ces derniers, qui peut s'exprimer de façon très autoritaire ; elle se soumet alors.

Les stratégies de reproduction des mâles et des femelles

Les exemples évoqués à partir de quelques espèces de singes et de grands singes suffisent à dénoncer les affirmations les plus courantes sur les stratégies sexuelles des mâles et des femelles.

On avait construit une analogie simpliste entre le fait que les mâles produisent beaucoup de spermatozoïdes et les femelles peu d'ovules, ce qu'on appelle l'anisogamie. Ainsi, tout naturellement pourrait-on dire, les mâles auraient avantage à féconder le plus grand nombre de femelles possible, tandis que celles-ci gagneraient à choisir un ou de rares partenaires jouissant des bons caractères. Cette situation ne se rencontre que chez les espèces organisées en harems polygynes, tout en rappelant que le succès reproducteur des mâles repose sur un ensemble de conditions aussi fragiles que stressantes. Les espèces monogames multimâles/multifemelles décrivent une diversité de stratégies qui montrent que le succès reproducteur ne se limite pas à la fécondation, donc à l'acte sexuel, mais mobilise d'autres facteurs, obligeant les mâles à opter pour diverses attitudes : tolérance, protection et investissement parental.

Par principe, le succès reproducteur des femelles repose plus sur la possibilité de contrôler les ressources alimentaires (le sexe écologique), ce qui explique la règle de l'exogamie des mâles à l'adolescence, avec de rares exceptions comme les chimpanzés. Les mâles doivent aussi accéder aux ressources et aux femelles, d'autant qu'ils doivent migrer à l'adolescence. Reste une grande question, assez mal résolue : pourquoi, d'un point de vue féministe, les femelles acceptent-elles la coercition des mâles ? Les babouins hamadryas vivent dans des harems polygynes organisés autour de mâles agressifs, très attentifs à l'exclusivité sexuelle ; les babouins de savane vivent dans sociétés multimâles/multifemelles avec des femelles ayant plusieurs partenaires plus ou moins choisis. Il se trouve que des populations de ces deux types de babouins vivent dans des régions voisines. Ils et elles se rencontrent, ce qui donne de petits babouins hybrides. Arrivés à l'âge adulte, ces hybrides peinent à se reproduire, car leurs comportements sont mal perçus par des partenaires potentiels des deux espèces (ce qui n'a pas troublé les parents de ces hybrides).

Quand un mâle hamadryas s'approche de son allure machiste vers une femelle babouin, celle-ci peut se montrer complètement insensible, même s'il menace d'être agressif. Elle se détourne et les choses en restent là. D'autres femelles peuvent l'accepter. Les comportements ne sont donc pas figés et le choix des femelles infléchit le comportement des mâles. La soumission des femelles hamadryas peut surprendre, mais leurs mâles savent se montrer très protecteurs en cas de danger, ce qui est beaucoup moins le cas chez les autres babouins, plus séducteurs que protecteurs. Enfin, le découplage entre l'œstrus, la période de réceptivité sexuelle et celle de la fécondation – quand c'est le cas – autorise les femelles à choisir un mâle nanti des bons caractères pour la féconder et user de ses charmes pour copuler avec d'autres mâles, s'assurant leur attachement et leur soutien pour leurs jeunes. La sexualité et la reproduction ne se limitent pas qu'à la fécondation, le sexe servant aussi bien la nécessité de procréer que la possibilité de s'attacher un ou des partenaires, en éludant ou non la certitude de la paternité.

Anatomie comparée du sexe

Les études comparées les plus récentes dégagent quelques corrélations entre, d'un côté, les types de sociétés et de sexualités décrits jusque-là et, d'un autre côté, entre la taille et la forme des organes génitaux chez les deux sexes. Une règle empirique simple apparaît. Quand l'exclusivité sexuelle est assurée, la femelle présente une courte période de réceptivité sexuelle autour du pic d'ovulation et ne manifeste pas ou peu de transformation physique ou physiologique de l'anatomie de ses parties génitales, tandis que le mâle possède un pénis peu développé et de petits testicules. C'est le cas des espèces monogames et polygynes.

À l'autre extrême de cette règle empirique, on retrouve les espèces multimâles/multifemelles. La réceptivité sexuelle a une durée qui déborde largement celle de la fécondation. La vulve enfle de façon spectaculaire et prend une couleur rosée, rouge ou pourpre. Les mâles font tout pour copuler avec ces femelles attirantes. La promiscuité plus ou moins tolérée influe sur la taille du pénis et des testicules. La plus grande taille du pénis est corrélée avec le choix du ou des partenaires et aussi avec des copulations qui durent sensiblement plus longtemps. Tous les singes mâles, à l'instar des autres mammifères mâles, possèdent un os pénien, le baculum, dont la longueur est corrélée avec celle du pénis. (Les seules exceptions connues se trouvent chez des singes d'Amérique du Sud, les atèles ou singes araignées, le tarsier et l'homme.)

Les corrélations les mieux établies et les mieux expliquées concernent la taille relative des testicules. Ils sont petits chez les espèces monogames et polygynes, très développés chez les espèces multifemelles/multimâles, cela d'autant plus que la promiscuité est admise. À ce jeu, les bonobos et les chimpanzés sont les mieux pourvus.

La compétition sexuelle avant et après la copulation

Les mâles suivent différentes stratégies pour assurer leur succès reproducteur. Certains s'efforcent de contrôler les femelles et de s'assurer l'exclusivité sexuelle. Leurs activités principales sont dédiées à la vigilance alors que les relations sexuelles sont aussi limitées que brèves. Dans ce cas, on l'a vu, cela favorise un fort dimorphisme sexuel, avec des mâles puissants et armés de formidables canines, mais affublés de pénis et de testicules de petite taille. (C'est le cas des gorilles, dont le mythe, mis en chanson par Brassens, s'écroule. King Kong propose une variante émouvante d'une forme d'amour platonique entre la belle et la bête.)

Dans les sociétés multimâles/multifemelles, celles-ci jouent de leur attirance et copulent avec plusieurs partenaires. Comme chaque mâle cherche à assurer sa descendance, la sélection sexuelle intervient après la copulation. C'est là que l'on retrouve la compétition pour le sperme. Un mâle vivant dans un système social dans lequel se pratique la promiscuité aura d'autant plus de chances de se reproduire qu'il peut multiplier les copulations ; inséminer un plus grand nombre de spermatozoïdes ; posséder des spermatozoïdes de meilleure qualité et/ou des « spermatozoïdes tueurs » capables de détruire les spermatozoïdes concurrents – ceux des autres partenaires qui sont déjà là – tandis que les « amis », ceux du même individu, se précipitent vers l'ovule. La grande taille des testicules s'explique par tous ces facteurs : capacité d'enchaîner les copulations ; capacité de fournir des éjaculats plus abondants ; capacité de se débarrasser des spermatozoïdes des concurrents. La fréquence des copulations, souvent brèves et répétées, et une éjaculation retardée s'expliquent ainsi : en réitérant les copulations, le pénis du mâle a d'autant plus de chances d'évacuer mécaniquement le sperme déjà présent dans le vagin de la femelle. Chez ces espèces, les mâles déposent des « tampons » de spermatozoïdes qui coagulent vite après l'éjaculation, obstruant le vagin ; la parade consiste à copuler pour évacuer ce tampon en n'éjaculant qu'après plusieurs copulations, le terrain est en quelque sorte nettoyé et il ne gaspille pas son sperme ; le combat entre les spermatozoïdes fait le reste. C'est aussi chez ces espèces que l'on observe les spermatozoïdes les plus longs et les plus vigoureux. Ces jeux du sexe entre les mâles et les femelles passent par le plaisir, les désagréments étant pour les spermatozoïdes.

Les femelles usent de divers moyens. On a vu comment elles peuvent favoriser certains mâles de différentes manières : amitié, proximité, partir en safari, favoriser l'un ou l'autre au cours du cycle de l'œstrus et l'orgasme. L'orgasme des femelles demeure encore un sujet peu étudié. Il semble qu'il n'existe que chez les femelles des espèces de singes multimâles/multifemelles. Sa fonction, plausible mais encore hypothétique, serait que les contractions ascendantes du vagin et de l'utérus favoriseraient l'accès des spermatozoïdes au cervix du vagin et aux follicules. Par ce moyen, les femelles peuvent favoriser certains mâles et aussi limiter le succès reproducteur de mâles moins désirés. Le clitoris est très développé chez des espèces de lémuriens, un caractère associé à la dominance des femelles ; il est long et pendant chez des espèces de singes araignées d'Amérique du Sud, qui vivent dans des sociétés multimâles/multifemelles ; d'une manière générale, il reste de petite taille chez les singes et les grands singes. On ignore quels sont les effets de son excitation sur l'orgasme des femelles, tant cette question a été occultée, même chez la femme.

À propos du plaisir sexuel, il n'existe pas de différence entre le pénis de l'homme et le clitoris de la femme. Les deux sont dépourvus d'os pénien ou clitoridien ; les deux possèdent un prépuce avec une innervation très sensible là où il s'insère, sur le gland du pénis ou le clitoris. D'un point de vue anatomique, ces organes ont des fonctions excitatrices. On note que, chez l'homme, le gland du pénis est moins richement innervé – divers corpuscules sensibles à la pression, aux frottements et à la chaleur – que chez les autres singes et que, par ailleurs, il n'y a ni épine ni villosité susceptibles de favoriser l'excitation. (On attribue plusieurs rôles possibles à ces épines : exciter à la fois le pénis et le vagin, favoriser l'adhésion de ces deux parties féminine et masculine pendant le coït ou, chez les espèces admettant de la promiscuité, dégager les spermatozoïdes des autres mâles, qui forment parfois un tampon.) Le gland du pénis ne présente pas de coloration particulière, comme chez les orangs-outans, les cercopithèques, les mandrills et quelques autres babouins. Si le pénis de l'homme a acquis une grande taille, il apparaît bien « nu » comparé à celui des espèces les plus proches. (À noter que les chimpanzés ont un pénis relativement long et filiforme, car bâti avec un seul *corpus cavernosum* – deux chez l'homme et la plupart des singes – et qu'il n'a pas de gland.) À cette relative simplicité du pénis humain correspondent des organes génitaux féminins également relativement simples, si ce n'est des petites lèvres plus développées, avec de fortes variations interindividuelles ; comme c'est le cas pour la taille du pénis.

Quelques règles empiriques

Avant d'aborder ce que l'on peut reconstituer des origines de la sexualité humaine, il est utile de se munir de quelques éléments d'anatomie et d'éthologie comparées.

• Il n'existe pas d'inceste chez les animaux, et pas plus chez les singes ou les grands singes. Un des deux sexes est exogame et, dans la très grande majorité des cas, ce sont les mâles qui migrent à l'adolescence.

• Plus la compétition intrasexuelle est intense, plus le dimorphisme sexuel est important. Chez les singes, il s'observe chez les espèces dont les unités de reproduction se composent de harems polygynes avec des mâles dont la corpulence fait au moins deux fois celle des femelles et portant des canines très saillantes.

• Il n'existe pas de période de reproduction saisonnière régulière chez les singes, les femelles pouvant être en œstrus à tout moment de l'année. Précisons que la période menstruelle varie de 28 à 31 jours, les menstrues se succédant tant que la femelle n'est pas fécondée. Cependant, plusieurs femelles des sociétés multimâles/multifemelles se présentent en œstrus simultanément, ce qui limite les chances de contrôle par les mâles.

• La période de réceptivité sexuelle est le plus souvent brève autour de la période d'ovulation, sauf chez les espèces multifemelles/multimâles, ce qui permet aux femelles d'avoir plusieurs partenaires, de négocier leurs charmes, et surtout de maintenir une incertitude sur la paternité, assurant une tolérance des mâles envers leurs jeunes.

• Dans la majorité des espèces de singes, les mâles s'arrangent pour un contrôle précopulatoire des femelles (espèces monogames, harems polygynes). Si cela rassure le mâle sur sa paternité, il en va autrement de son efficacité, puisque les femelles pratiquent l'infidélité, que ce soit chez les espèces monogames au risque de perdre le partenaire, dans le harem polygyne au risque de se faire molester ; ou même chez les babouins et chimpanzés qui, s'ils pratiquent la promiscuité au sein de leur communauté, se montrent très intolérants envers les mâles voisins.

• S'il y a promiscuité – quelle que soit son expression libertaire ou négociée –, la compétition intervient après la copulation, par les artifices comportementaux que les femelles mettent en jeu – dont l'orgasme et sa simulation –, ou les mécanismes de la guerre du sperme.

• Les espèces multimâles/multifemelles se distinguent comme les plus complexes en matière de sexe et de sexualité. Il y a un découplage entre le sexe et la reproduction, le sexe servant pour les femelles à tester et à sélecter des mâles comme à éluder la certitude de la paternité. Pour ce faire, les femelles engagent des relations sexuelles grâce à une période de réceptivité bien plus longue que celle d'ovulation, et sans que celle-ci soit perceptible. Elles sollicitent donc des copulations avant et après fécondation, parfois même quand la gestation a commencé. Les rapports sexuels interviennent aussi dans les jeux sociaux : dominances, coalitions, amitiés, négociation, gestion des tensions sociales, etc. Le plaisir est donc recherché, évalué, promis ou interdit selon les situations et les partenaires. L'anatomie des parties génitales correspond à ces comportements et à leur complexité avec la tumescence de la vulve et l'orgasme chez les femelles ; un pénis et des testicules de grande taille chez les mâles.

Munis de ces quelques règles empiriques sur les choses du sexe chez les singes et de leurs corrélats avec les caractères anatomiques, notamment la taille corporelle, le dimorphisme sexuel et la taille relative des canines, il devient possible de retracer une partie des origines de la sexualité dans la lignée humaine et les grandes étapes de son évolution.

Chapitre 3

ORIGINES ET ÉVOLUTION DE LA SEXUALITÉ DANS LA LIGNÉE HUMAINE

Impossible de regarder du côté des origines de la sexualité humaine sans faire référence, et révérence, au *Singe nu* de Desmond Morris, publié en 1968. L'auteur appartient à cette classe de génies extravagants, comme seule l'université anglaise peut en créer et en honorer. Spécialiste de l'art et auteur aussi du *Zoo humain*, il participe d'une sorte d'« âge des lumières » des relations entre les hommes et les grands singes, comme en témoigne aussi *Pourquoi j'ai mangé mon père* de Roy Lewis, le film *La Planète des singes* inspiré du roman de Pierre Boule, Français exilé aux États-Unis, car notre culture hexagonale reste obstinément allergique aux singes, et cela en dépit du superbe essai de Clément Rosset *La Lettre aux chimpanzés*, épuisé et jamais réédité, et des *Animaux dénaturés* de Vercors.

Les années 1960 ne sont pas seulement celles de la libération des femmes et de la libération sexuelle, ce sont aussi celles de ces auteurs qui ouvrent une perspective fascinante sur nos origines débarrassée du spectre imbécile du péché originel.

Si, depuis quarante ans, les connaissances sur la sexualité humaine, des singes et des grands singes ont considérablement avancé, il faut constater que la tradition française, campée dans son dualisme viscéral et archaïque qui oppose l'homme à l'animal, n'a pas bougé. Entre la psychanalyse et l'éthologie, entre le père et le singe, il faut choisir. L'université française n'est pas l'université anglaise ; en France, on injurie Lamarck avant de le réhabiliter à titre posthume pour mieux récuser Charles Darwin ; ce dernier est enterré dans l'abbaye de Westminster.

Presque un siècle après la publication de *La Filiation de l'homme et la sélection liée au sexe*, Desmond Morris propose un ensemble d'hypothèses stimulantes sur notre sexualité. Commençons par Darwin et Freud.

C'est dans son livre de 1871, consacré à la généalogie de l'homme et présentant la sélection sexuelle, que Darwin se livre à quelques hypothèses. Il suppose que les ancêtres simiesques de l'homme étaient recouverts de longs poils et que les deux sexes portaient la barbe. Les deux sexes devaient avoir des canines saillantes, surtout chez les mâles. C'est la seule évocation du dimorphisme sexuel. Le sourire, qui consiste à montrer les dents, dérive de l'attitude revenant à montrer les canines en cas de menace ou pour menacer. Les activités sexuelles de nos ancêtres étaient guidées par l'instinct et moins par la raison. Ils ne pratiquaient ni l'infanticide, ni la polyandrie, sans que cela soit argumenté de la part de Darwin. Il n'y avait pas de restriction sexuelle et les accouplements se faisaient librement. Cette licence, que l'on retrouve dans presque toutes les idées à propos des origines de la sexualité humaine, entraîne une surpopulation et nos ancêtres durent trouver un moyen pour l'éviter. Darwin ignore comment. Freud, lecteur assidu de Darwin, propose une réponse dans *Totem et tabou*, qui sera reprise de façon aussi pertinente que délirante par Roy Lewis dans *Pourquoi j'ai mangé mon père*.

Freud dépeint la horde primitive comme régie par un mâle adulte, tyrannique et dominateur, puissante image du père, et qui s'approprie toutes les femelles du clan. Frustrés, les fils finissent par commettre le meurtre du père et, en raison de cet acte sacrilège, s'interdisent de toucher aux femmes de leur clan et instaurent l'exogamie de celles-ci. S'ensuit une fable lourde de sens quant au machisme effarant des sociétés humaines, renvoyant les femmes aux fonctions naturelles de la maternité, avec en prime des traumatismes psychiques puisque leur sexualité est bridée, tandis que les hommes, moins préoccupés par leur libido, s'adonnent à la culture et aux techniques. De quoi sourire, si ce n'est qu'on rencontre là les éléments constitutifs de nombreux mythes reproduits de par le monde et qui justifient la domination masculine. Darwin, quant à lui, commente la brutalité des traitements infligés aux femmes dans la plupart des cultures humaines, considérant que la société occidentale est la plus policée à cet égard.

À noter que chez ces deux auteurs, il n'est fait aucunement mention de l'évolution de la morphologie du corps ni des organes génitaux, pas plus que des comportements sexuels. Pour cela, il faudra attendre *Le Singe nu* de Desmond Morris, auquel nous reviendrons à propos de la sexualité du genre *Homo*.

Ce n'est qu'en 1991 que Szalay et Costello abordent la question des origines de la sexualité humaine selon les préceptes de l'anthropologie évolutionniste moderne. Depuis, beaucoup d'essais sont parus, prenant en compte les nouvelles observations faites chez les singes et les grands singes, surtout de la part d'anthropologues et primatologues américaines formées dans le cadre des *gender studies*, comme Sarah Hrdy, Shirley Strum, Nancy Tanner, Alison Jolly, etc. Ces travaux restent peu connus en France, où la thèse de l'exception humaine maintient une « barrière épistémique » qu'il ne faut pas franchir quand on parle de l'homme et même de ses origines. Trop de philosophes et d'anthropologues partent du postulat que tout ce qui va mal dans notre espèce est un fait de nature et que le rôle de la culture est d'amender ces discriminations. Pour ne donner qu'un exemple, Françoise Héritier, auteur d'une œuvre magistrale, considère que la domination masculine repose en partie sur la plus grande corpulence moyenne des hommes par rapport aux femmes (dimorphisme sexuel). Un fait de nature qui aurait servi à l'édification d'une idéologie – culturelle donc – de la domination masculine. Il s'agit bien d'une idéologie, comme le rappelle le livre de Pierre Bourdieu. Le fait est que la plus grande taille des mâles résulte de la compétition intrasexuelle entre eux, surtout s'ils s'efforcent de contrôler plusieurs femelles ; mais la façon dont ces mâles agissent envers les femelles varie de la franche agressivité en passant par la protection ou la tolérance. D'autre part, les femelles font des choix – sélection intersexuelle – et la plus grande taille corporelle chez l'homme découle en partie du choix des femmes (ce qui ne justifie en rien la brutalité masculine). Dans notre espèce, les violences envers les femmes sont avant tout motivées par des faits de culture.

Dans ce qui suit, on s'en tiendra à une approche scientifique et naturaliste, s'appuyant sur des faits anthropologiques, et donc dénués de toute connotation idéologique. En science, les faits sont neutres et, pour récuser l'anathème habituel, il ne s'agit aucunement de réductionnisme ou de naturalisation de l'homme, dénonciations d'un autre âge qui nous ramènent au procès de Galilée, sauf que les dogmes se sont déplacés de la religion aux sciences humaines. Faut-il rappeler que Sigmund Freud était très au fait des connaissances en biologie de son temps et qu'il était un lecteur attentif de Darwin ? Trop de ses héritiers l'ont oublié.

Les commencements

La méthode

En anthropologie évolutionniste, il existe une méthode pour reconstituer les origines et l'évolution de l'organisme, d'une partie de celui-ci ou d'une fonction. Dans un premier temps, il faut se placer dans un cadre phylogénétique, c'est-à-dire définir les relations de parenté entre les espèces les plus proches, en l'occurrence les hommes et les grands singes actuels, ce qu'on appelle la superfamille des hominoïdes. Dans un deuxième temps, on regarde comment se distribuent les caractères, en l'occurrence l'anatomie et les comportements connus. Évidemment, si l'anatomie osseuse est connue chez les fossiles, il en va autrement de celle des parties molles – pénis, poitrine, pilosité – comme des comportements, dont le but de ce livre est justement de les reconstituer. Troisième temps, on tente de reconstituer les origines de la sexualité aux différents embranchements de l'arbre de parenté ou phylogénétique en se fondant sur le principe de parcimonie : si le même comportement évolué se retrouve chez deux espèces sœurs – comme les chimpanzés et les hommes –, alors on admet qu'il est hérité de leur ancêtre commun. Cela n'exclut évidemment pas des cas de *convergence* – caractère acquis indépendamment dans deux lignées éloignées –, de *parallélisme* – caractère acquis parallèlement dans deux lignées sœurs – ou encore la *délétion* – perte de ce caractère dans une lignée. Mais, à moins de pouvoir argumenter pour ces cas bien connus de l'évolution, on s'en tient au principe de parcimonie, dont les propositions restent réfutables. Enfin, quatrième temps, et sur la base de ce qui précède, on élabore un scénario de l'évolution de la sexualité dans notre lignée, d'abord chez les australopithèques et ensuite dans le genre *Homo* en les situant dans leurs contextes écologiques et culturels restitués par la paléoanthropologie et la préhistoire (*cf.* P. Picq, *Au commencement était l'homme*).

Voilà une démarche apparemment simple, mais rarement appliquée. Dans la plupart des sciences humaines, on se contente de se référer à ce qui tient de la littérature ethnographique, psychiatrique, psychanalytique et philosophique sans se soucier des autres espèces, considérant que l'homme se distingue fondamentalement de l'animal. Le dualisme homme/animal est une négation arbitraire de l'évolution, de la systématique – la science des classifications – et de l'anatomie comme de l'éthologie comparées. (D'ailleurs, on aimerait que les tenants, si nombreux, de ce qu'on appelle la « thèse de l'exception humaine » nous donnent une définition de l'animal ou du singe – au singulier. En science, on doit prendre en compte toutes les connaissances disponibles dans le souci épistémologique de la réfutabilité ; les partisans de cette thèse rejettent au contraire avec mépris toute observation objective qui ne conforte pas leur modèle.) Les bonobos étant très à la mode, on constate de nombreuses références à leur sexualité, parfois aussi à celle des autres grands singes. C'est mieux que l'exclusion de principe évoquée précédemment, mais on se contente de simples analogies au gré des « démonstrations », souvent pour étayer une hypothèse et non pour la réfuter, ce qui représente ce qu'on appelle en épistémologie de l'empirisme archaïque. L'importation de données, d'observations ou de concepts d'un champ de la connaissance à l'autre ne fonctionne, hélas, que pour la recherche d'analogies, et l'analogie ne constitue pas une démonstration. Sans vouloir être désagréable, ces deux modes de « raisonnement » sont ceux qui alimentent respectivement les sophismes des créationnistes et du partisan du dessein intelligent contre la théorie de l'évolution (*cf.* P. Picq, *Lucy et l'obscurantisme*).

Anatomie et éthologie comparées du sexe chez les hominoïdes

Les données actuelles de la systématique – la discipline des sciences naturelles qui s'occupe de comparer et de classer les espèces – proposent un arbre phylogénétique qui situe les deux espèces de chimpanzés – *Pan troglodytes* ou chimpanzés robustes et *Pan paniscus* ou chimpanzés graciles ou encore bonobos – plus près des hommes actuels que des gorilles actuels, les orangs-outans représentant la lignée la plus éloignée au sein de la superfamille des hominoïdes. Cet arbre phylogénétique repose principalement sur la systématique moléculaire, celle qui classe à partir des chromosomes, des molécules et aujourd'hui du séquençage de l'ADN. Il est corroboré par d'autres études s'appuyant sur des caractères anatomiques ou comportementaux.

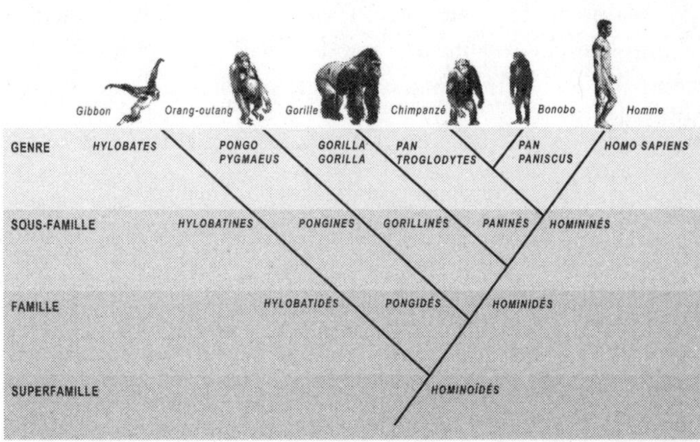

Pour être très précis, cet arbre est le plus parcimonieux, celui qui réduit le plus les problèmes de convergence, de parallélisme et de délétion. Autrement dit, toutes les études issues de la systématique moléculaire ne donnent pas ce résultat, nombre d'entre elles plaçant tous les grands singes africains – les gorilles et les deux chimpanzés – dans une même lignée, certes plus proche de la nôtre que de celle des orangs-outans. Cet arbre a la préférence des anatomistes, mais, bien qu'il soit soutenu par de nombreuses études en systématique moléculaire et anatomique, il apparaît moins solide que celui sur lequel nous nous baserons. (Certaines rares études situent les gorilles plus près de nous que des chimpanzés, ce qui constitue un exemple de convergence.) Les anthropologues molécularistes et les éthologues privilégient cet arbre, le plus parcimonieux dans l'état actuel de la systématique, ce qui arrange notre propos, étant entendu que cette remarque signifie que cela simplifie la reconstitution des origines de notre sexualité en limitant les cas de parallélisme et de convergence.

Maintenant, il faut placer dans cet arbre les caractères connus de la sexualité des grands singes – les hominoïdes – comparés aux autres singes. Le plus simple est de donner un tableau.

Caractéristiques sociosexuelles des hominoïdes

	Dimorphisme sexuel de la taille M - F	Dimension relative des testicules	Tumescence génitale marquée à l'œstrus	Durée de la copulation	Système social
GIBBON/SIAMANG	• •	•	–	●	**Mg**
ORANG-OUTAN	● •	•	–	●	**Pg**
GORILLE	● •	•	–	•	**Pg**
CHIMPANZÉ	● •	●	+	•	**Pga**
BONOBO	• •	●	+	•	**Pga**
HOMME	● •	•	–	●	**Mg/Pg**

Mg = Monogame ; Pg = Polygyne ; Pga = Polygyne/Polyandre. (D'après Picq et Coppens, *Le Propre de l'homme*.)

Le comportement sexuel du dernier ancêtre commun (DAC) aux hommes et aux chimpanzés actuels

À la lecture d'ensemble du tableau précédent, la première impression qui se dégage est une étonnante diversité. Il est rare que l'on soit confronté à une telle variabilité dans un groupe aussi restreint d'espèces apparentées. La réponse tient à l'histoire évolutive de notre superfamille, celle des hominoïdes, qui est, en fait, un groupe en voie d'extinction en terme de biodiversité, contrairement aux autres singes – comme les babouins, les colobes, les cercocèbes, les macaques – qui, quant à eux, sont en pleine expansion.

Taille corporelle et morphologie du DAC. Les gorilles et les hommes sont les plus grands des singes actuels. Les ancêtres des uns et des autres n'étaient évidemment pas aussi corpulents. Si on ne connaît pas les ancêtres des gorilles, il en va autrement dans la lignée humaine avec les nombreux fossiles d'Orrorin, de *Tchadenthropus* (Toumaï), *Ardipithecus* et *Australopithecus* (Lucy), tous africains et âgés de 7 à 3 millions d'années. Tous ont une taille corporelle de 1 à 1,20 mètre pour des masses corporelles de 30 à 60 kilos, ce qui nous rapproche des chimpanzés actuels. On peut donc raisonnablement estimer que le DAC avait une stature et une taille similaires, d'autant que les fossiles d'Orrorin et de Toumaï sont proches du DAC. (Pour plus de détails sur ces espèces fossiles, *cf.* P. Picq, *Au commencement était l'homme*).

Quant à son allure, c'est une autre affaire. On ne connaît rien du squelette locomoteur – on dit postcrânien – de Toumaï ; Orrorin semble assez grand, avec un fémur plutôt long, tout comme ses bras ; on attend toujours la publication de ces parties du squelette d'*Ardipithecus* ; quant aux australopithèques, ils avaient des jambes courtes et fléchies et des bras très longs, avec des proportions comparables (indice intermembral) à celles des chimpanzés. Donc, nantis de ces données, on peut supposer que le DAC avait des mœurs arboricoles, avec des bras longs aptes au grimpé vertical et à la suspension dans les arbres, et des jambes assez courtes. Son répertoire locomoteur incluait certainement de la bipédie plus ou moins occasionnelle lorsqu'il était au sol. Orrorin correspond à ce tableau, bien que plus grand et plus apte à la bipédie. Tous ces fossiles sont associés à des habitats arboricoles.

Régime alimentaire. On a vu que chez les chimpanzés, comme chez les hommes, les nourritures les plus prisées, les plus succulentes, interviennent dans les jeux de la sexualité et que, plus les sources de nourritures sont dispersées, plus il est difficile pour les mâles de contrôler les femelles. De telles nourritures, comme les fruits et la viande, font partie de régimes alimentaires de type frugivore/omnivore, que l'on peut reconstituer grâce à la morphologie des dents et des mâchoires. Sans trop entrer dans les détails, les fossiles de Toumaï, d'Orrorin et d'*Ardipithecus* possèdent des dentures avec des incisives assez développées – ce qui signifie qu'ils consomment des nourritures qui nécessitent de l'incision, donc des fruits, de grosses légumineuses et peut-être des tubercules tendres – et des molaires de taille assez grande, avec des couronnes de forme plus carrée que rectangulaire, aux reliefs arrondis recouverts d'un émail moyennement épais. Ces dents étant incluses dans des mandibules modérément robustes, tous ces caractères indiquent un régime alimentaire éclectique composé de fruits, de légumineuses et probablement de tubercules et de racines tendres. Ce sont des nourritures de bonne qualité nutritive que l'on trouve dans des environnements de savanes arborées avec des variations climatiques saisonnières.

Il est tout à fait plausible qu'ils consommaient de la viande de façon opportuniste, peut-être aussi en pratiquant la chasse occasionnellement, comme les chimpanzés actuels. Rappelons que la taille des canines n'a rien à voir avec la carnivorie chez les singes, mais que c'est un caractère sexuel secondaire. La seule façon de savoir si ces plus anciens hominidés consommaient de la viande consiste à rechercher les traces isotopiques du régime alimentaire, ce genre d'étude n'étant pas encore disponible pour ces fossiles.

Système social et sexualité. Selon le principe de parcimonie, on admet que le DAC des hommes et des chimpanzés actuels devait vivre dans des communautés multifemelles/multimâles organisées autour de mâles apparentés et virilocaux. (On ne connaît aucune espèce de singe avec des individus solitaires ou monogames en Afrique – sauf peut-être pour une espèce de colobes arboricoles –, surtout chez les espèces avec des mœurs savanicoles et ayant une partie de leurs activités au sol.) Il existe un critère pour vérifier cela, le dimorphisme sexuel. En effet, moins les mâles sont apparentés et plus ils s'efforcent de contrôler un grand nombre de femelles, plus ils sont corpulents – plus de deux fois la taille des femelles – et plus leurs canines sont dimorphiques et saillantes. Un autre facteur affectant le dimorphisme sexuel, et non évoqué jusqu'à présent, intervient chez les espèces avec des mœurs plus savanicoles et terrestres à cause de la pression de prédation. Elle sélectionne des mâles plus puissants, supposés protecteurs, mais en fait pas très zélés d'après les observations que l'on a, et qui, en tout cas, bénéficient de cette menace qui oblige les femelles à ne pas trop se disperser, ce qui facilite leur contrôle. Ce n'est pas le cas si on se réfère aux chimpanzés actuels, peu dimorphiques, où la distribution discrète des ressources dans leurs environnements forestiers contraint les femelles à se disperser, ce qui limite la possibilité de les contrôler.

Hélas, on ne connaît pas ou peu le dimorphisme sexuel des plus anciens hominidés. Orrorin possède de grandes canines, ce qui indique un sujet mâle vu sa grande taille corporelle et certainement un dimorphisme sexuel accentué, à confirmer par la découverte d'autres fossiles. Pareil pour *Ardipithecus*, de plus petite taille et qui, à bien des égards, semble plus proche des chimpanzés. Reste Toumaï, connu par un magnifique crâne et plusieurs mandibules de plusieurs individus. Tous ont des canines de petite taille, ce qui suggère un faible dimorphisme sexuel. (À noter que les contempteurs d'Orrorin en font une gorille femelle ancestrale.)

Ces quelques données dégagent deux reconstitutions possibles. L'une, fondée sur Orrorin, suggère une espèce avec un dimorphisme sexuel marqué et un contrôle des mâles sur les femelles. Si les mâles sont apparentés, il faut envisager un système social proche de celui des babouins hamadryas, avec chaque mâle disposant de son harem au sein d'une communauté plus étendue composée de harems polygynes dont les relations de proximité dépendent du degré d'apparentement des mâles. Tout cela reste très spéculatif.

L'autre reconstitution nous rapproche d'un modèle de communauté de type chimpanzé et humain, avec des mâles et des femelles dont les relations ne sont pas aisées à reconstituer. Il a l'avantage d'être congruent avec un DAC commun, ce qui implique aussi que toutes les évolutions de nos sociétés, celles de tous les hominidés depuis leurs origines jusqu'aux hommes et aux chimpanzés actuels, sont des variantes d'une même structure sociale de base – une communauté multifemelle/multimâle avec des mâles apparentés – qui varient seulement dans leurs organisations en ce qui concerne les relations plus ou moins privilégiées entre les femelles et les mâles. Ce que l'on sait de la morphologie de Toumaï et d'*Ardipithecus*, moins par la taille des canines que par le dimorphisme sexuel mal connu, s'accorde avec cette reconstitution. Maintenant, quant à dire si les relations sont dominées par les femelles avec une forte promiscuité comme chez les bonobos, ou dominées par les mâles avec une promiscuité tolérée ou plus centrée sur des relations mâles/femelles comme chez les hommes, impossible de préciser à partir des éléments dont nous disposons.

Avant d'aborder ce que l'on peut restituer de la sexualité des australopithèques, reprenons un peu de recul. Les reconstitutions proposées se concentrent sur une relation de parentés qui réunit la lignée des chimpanzés et des hommes actuels. C'est le cadre phylogénétique retenu. Cependant, si une autre phylogénie venait à s'imposer, avec la lignée humaine d'un côté et tous les grands singes africains de l'autre, il faudrait prendre en compte les gorilles, dont le dimorphisme sexuel, la sexualité et la libido diffèrent considérablement de ceux des chimpanzés et des hommes. Maintenant, si on prend encore plus de recul en considérant les orangs-outans, on a une organisation sociale non connue chez les grands singes africains actuels – ce qui inclut l'homme –, mais des pratiques sexuelles qui, à part la copulation face à face, courante chez les bonobos et occasionnelle chez les chimpanzés, ne se rencontrent que chez l'homme : caresse des parties génitales, fellation et cunnilingus. On notera avec intérêt que les orangs-outans jouissent de capacités cognitives très développées, ce qui s'observe dans leurs capacités à développer des comportements culturels. Ce qu'on appelle la théorie de l'esprit implique une représentation de l'autre et, sans cela, les préliminaires sexuels seraient difficilement concevables. (Notons aussi que le viol n'a été observé que chez l'homme et les orangs-outans ; on ne peut pas parler de viol chez les chimpanzés, même si des copulations peuvent être fortement sollicitées.) Ces quelques remarques visent à préciser que la sexualité et tout ce qui l'accompagne font l'objet de variations, et donc d'évolution. En se plaçant dans la perspective plus large incluant les orangs-outans et les gorilles, on note que dans l'évolution encore mal connue des hominoïdes, les comportements sociaux et sexuels s'inscrivent dans une évolution complexe avec des caractères hérités d'ancêtres communs ou DAC, sans exclure des cas de parallélisme – chimpanzés, bonobos et hommes –, et aussi des cas de convergence – orangs-outans et hommes – et de délétion (gorilles).

Les caractères sexuels du DAC. Quelles étaient l'anatomie sexuelle, la pilosité et les pratiques sexuelles de l'ancêtre commun aux hommes et aux chimpanzés actuels ? On ne prend pas trop de risques en supposant une pilosité comparable à celle des grands singes actuels, avec des poils longs sur tout le corps, excepté la partie périnéale chez les femelles. Mis à part les parties génitales, le corps des femelles ne présente pas de morphologie particulière et ressemble à celui de mâles adolescents (même courbe de croissance ontogénétique, arrêtée à un stade plus précoce chez les femelles ou prolongée chez les mâles selon la référence que l'on adopte). L'affaire devient plus délicate pour les parties génitales. Le pénis devait avoir un baculum et protégé par un fourreau au repos, comme chez tous les singes ; quant à sa taille, difficile à dire : relativement développée si les partenaires ont tendance à entretenir des relations privilégiées, mais on n'en sait rien. Pareil pour les testicules : si les partenaires préfèrent des relations plus exclusives, ils sont de taille modeste ; mais s'il y a promiscuité, alors ils sont de grande taille. Du côté des femelles, pas de poitrine constamment développée, un caractère associé à une réceptivité sexuelle quasi permanente et, d'après Desmond Morris, à la préférence pour la copulation face à face. Enfin, il faut aborder la délicate question de l'œstrus.

Il n'existe pas de manifestation visible de la période de fécondité chez la femme, ni chez les femelles gorilles et orangs-outans. Elle est spectaculaire chez les deux espèces de chimpanzés. Ce caractère s'exprime chez les espèces vivant en groupes multifemelles/multimâles et avec une promiscuité marquée, les femelles usant de cet avantage pour séduire et manipuler leurs partenaires, ce qui n'exclut pas un partenaire privilégié. Cela s'accompagne d'une réceptivité sexuelle étendue autour de la période d'ovulation, le maximum de l'œstrus n'étant pas forcément simultané avec le pic d'ovulation. Dans la plupart des reconstitutions de la sexualité du DAC, les auteurs admettent un œstrus comparable à celui des femelles chimpanzés, ce qui n'a rien d'évident, sauf, comme toujours, à voir en eux une image de notre ancêtre. Le fait que, d'une part, la manifestation de l'œstrus n'existe que dans la lignée des chimpanzés parmi tous les hominoïdes actuels et que, d'autre part, ce caractère se retrouve chez des espèces multimâles/multifemelles avec une forte promiscuité sexuelle, comme les babouins et les macaques, n'exclut pas un cas de convergence ; autrement dit que les chimpanzés aient acquis ce caractère indépendamment. Même si la reconstitution proposée jusque-là, avec ses incertitudes, évoque d'assez près ce que nous savons des chimpanzés actuels, il convient d'éviter la facilité habituelle – trop habituelle – qui consiste à dire qu'ils ne sont pas nos ancêtres – une évidence – mais qu'après tout, ils donnent une bonne idée de ce qu'était notre ancêtre commun. Rien n'est certain en la matière, loin de là !

Il en va aussi de même pour les origines, non pas de la bipédie, mais des bipédies. On n'arrive pas à se détacher de vieux schémas de l'échelle naturelle des espèces avec un DAC qui n'est pas un chimpanzé, mais qui se déplace comme un chimpanzé et qui se serait redressé d'un coup de rein audacieux en passant de la forêt à la savane arborée. Premièrement, il faut rappeler que les chimpanzés ne sont pas nos ancêtres, que nous partageons un DAC et que, eux aussi, ont évolué depuis ce DAC et en ne cessant de diverger de notre lignée. Deuxièmement, les plus anciens fossiles cités se trouvant autour du DAC vivaient dans des milieux arborés et, d'après leurs découvreurs, étaient tous aptes à la bipédie. Or la bipédie habituelle, et plus encore la marche bipède, n'est pas très confortable avec une forte manifestation de l'œstrus puisque la vulve se retrouve enfermée entre le haut des cuisses (région périnéale). Si le DAC se déplaçait couramment grâce à la marche bipède, ce qui, une fois de plus, est cohérent avec les caractères squelettiques connus et les habitats qu'ils fréquentaient, il n'est pas évident que les femelles aient eu une forte manifestation de l'œstrus. Nous voici devant une incertitude qui va à l'encontre des reconstitutions les plus courantes. À cet égard, les femelles bonobos offrent un cas intéressant. Ces chimpanzés graciles, car plus grands, mais pas plus gros, que les chimpanzés robustes, se déplacent volontiers de façon bipède, ce qui n'empêche pas les femelles d'avoir des œstrus aussi voyants que volumineux, les contraignant à se déplacer de façon quadrupède, ce qui, au passage, expose franchement la vulve en tumescence. Peut-on imaginer une espèce qui pratique une bipédie habituelle, mais avec des femelles se déplaçant plus à quatre pattes pendant leur œstrus, même périodique et limité dans le temps ? Cela pose une autre question, celle de la position favorite pour la copulation. Chez tous les grands singes, les parties génitales des femelles sont orientées vers l'arrière, ce qui n'interdit pas des accouplements face à face, fréquents chez les bonobos, moins pratiqués chez les chimpanzés et les orangs-outans. Ces observations remettent aussi en cause l'idée qui associe la bipédie avec l'accouplement face à face. C'est un peu comme ce cliché plutôt stupide qui associe l'usage et la fabrication d'outils avec la bipédie ; ces actes, comme le coït, se pratiquent en positions statiques, assise pour les outils, et dans des positions diverses pour l'accouplement, mais rarement face à face et debout, même chez l'homme.

Cette discussion un peu laborieuse vise à mettre en garde contre ces reconstitutions qui ne prennent que pour perspective comparée les chimpanzés et les hommes, postulant que la sexualité des premiers est archaïque et la nôtre évoluée. En toute logique phylogénétique, on ne peut pas définir la polarité des caractères seulement à partir de deux taxons, à moins de revendiquer une opinion arbitraire fondée sur des conceptions erronées des classifications et de l'évolution. Le propos développé ici n'est pas non plus de prendre le revers de tout ce qui a été affirmé jusque-là, mais de se placer dans une perspective phylogénétique plus large qui s'intéresse à la question difficile des origines – le DAC – sans la conditionner par ses fins, c'est-à-dire l'homme. Comme nous le verrons, notre espèce a une sexualité unique et dérivée, mais cela ne signifie pas pour autant que, d'une part, elle provienne d'une sexualité de type chimpanzés ni, d'autre part, que ses prémices ne soient pas plus anciens qu'on ne l'imagine, comme pour les origines des bipédies, des outils… etc. Il nous faut admettre que bien des questions demeurent non résolues et qu'il en sera ainsi tant qu'on n'aura pas une meilleure connaissance des lignées qui nous sont apparentées. Si nous revenons à la situation du DAC entre nous et les chimpanzés graciles et robustes actuels, on ne connaît rien de l'évolution des comportements sociaux et sexuels dans la lignée des chimpanzés. Les plus anciens fossiles connus remontent à 500 000 ans, autant dire des formes actuelles. Fort heureusement, la documentation fossile est abondante dans notre lignée, notamment pour les australopithèques. Avant de pénétrer dans l'intimité de Lucy, on peut esquisser la sexualité du DAC.

La reconstitution la plus plausible de la vie sociale et sexuelle du DAC s'appuie sur le plus grand dénominateur commun des caractères comportementaux qui persistent chez leurs descendants actuels : dimorphisme sexuel et taille des canines modérés indiquant des communautés multifemelles/multimâles, ces derniers apparentés, en accord avec ce que l'on sait des fossiles de Toumaï et d'*Ardipithecus* (mais pas forcément avec Orrorin). Il est peu probable que ces mâles aient assuré une forme d'exclusivité sexuelle proche de la monogamie, comme chez les hommes, de même si la promiscuité sexuelle était ouverte, comme chez les bonobos, ou contrôlée comme chez les chimpanzés. Il est tout à fait probable que les individus des deux sexes manifestaient des préférences pour un ou certains partenaires, comme chez tous les hominoïdes actuels ; en raison de ces incertitudes, il en va de même pour la reconstitution de la taille relative du pénis et des testicules que pour la possibilité de la manifestation de l'œstrus chez les femelles.

La sexualité de Lucy et des australopithèques

La mascotte des australopithèques est la célébrissime Lucy dont le sexe a fait l'objet d'une belle controverse au cours des années 1990. Le groupe des australopithécinés se répartit sur une grande partie de l'Afrique entre 4 et 3 millions d'années. En Afrique orientale, on a *Australopithecus afarensis* – l'espèce de Lucy –, *Australopithecus anamensis* et *Kenyanthropus platyops* ; en Afrique australe, on trouve *Australopithecus africanus* et un autre type encore très incertain ; en Afrique centrale on a un spécimen aussi rare que précieux surnommé Abel, représentant d'*Australopithecus bahrelghazali*. Notre étude se concentrera sur *Australopithecus afarensis* et *A. africanus*, que l'on appelle parfois les « australopithèques graciles ». Les trois autres espèces n'étant connues que par des spécimens uniques ou fragmentaires et ne représentant qu'un individu ou à peine plus, difficile de reconstituer leur dimorphisme sexuel. Dans un second temps, on s'intéressera à leurs descendants, les australopithèques dits « robustes » que l'on appelle paranthropes ou *Paranthropus* par commodité.

Les australopithèques graciles

Deux écoles s'affrontent autour de la reconstitution de Lucy. L'école de l'Ouest et du nord du Middle West – Californie et Detroit – défend l'image d'australopithèques proches des origines du genre *Homo* avec une bipédie humaine et des mœurs humaines, comme la monogamie. L'école de la Côte est – New York et autres – et les Européens contestent cette interprétation trop humaine qui ne correspond pas du tout à ce que l'on connaît de l'anatomie, de la locomotion, du régime alimentaire et du dimorphisme sexuel, très accentué. On retrouve là deux conceptions opposées de la façon de construire une phylogénie, l'une gradualiste qui campe sur l'idée d'une série linéaire avec un grade ancestral qui ressemble aux grands singes actuels, puis le grade intermédiaire des australopithèques, juste avant le grade *Homo* ; l'autre, phylogénétique, qui s'attache à reconnaître des lignées et à définir leurs embranchements ou clades. L'opposition grades contre clades reste très marquée en paléoanthropologie. Nous nous placerons dans la deuxième approche, celle de la paléontologie moderne. (Il persiste une « exception » humaine en paléoanthropologie.)

L'espèce *Australopithecus afarensis* est la plus connue grâce à des centaines de fossiles, le plus célèbre étant le squelette AL 288 complet à 40 % baptisé Lucy. Il y a aussi les fossiles du site AL 333 avec les restes de plusieurs individus ou la « première famille », le très beau crâne AL 444 et, mis au jour plus récemment, le magnifique squelette d'une enfant de 3 ans appelée Selam. Il faut aussi mentionner les pistes de pas de Laetoli, au nord de la Tanzanie, datée de 3,6 millions d'années.

La question du dimorphisme sexuel chez Lucy et les australopithèques de l'Afar a fait couler beaucoup d'encre et fortement excité les médias. Une étude très précise sur la biométrie du bassin publiée en 1991 suggère qu'on ne peut pas distinguer le sexe de l'individu. Chez notre espèce, le bassin présente des différences anatomiques entre les femmes et les hommes ; des caractères associés à la mécanique contraignante de l'accouchement due à la grosse tête du nouveau-né. Or le cerveau des australopithèques était trois à quatre fois moins volumineux que le nôtre et, même s'ils étaient plus petits – en l'occurrence les femelles –, cela ne devait pas entraîner des difficultés pour l'accouchement. Par conséquent, les auteurs de l'étude disent qu'il est possible – c'est l'une des conclusions envisagées – qu'il n'y ait pas de différence anatomique entre le bassin d'une femelle et d'un mâle *Australopithecus afarensis*. Pour avoir confirmation de cela, il faut attendre la découverte du bassin d'un mâle, ce qu'on n'a toujours pas. En attendant, la traduction journalistique a été qu'il y avait une incertitude sur le sexe du bassin de Lucy, donc que Lucy était peut-être un mâle.

On dispose d'un grand nombre de fossiles d'*A. afarensis* qui révèlent une grande variabilité de taille corporelle liée à un fort dimorphisme sexuel. Le magnifique crâne AL 444 est celui d'un mâle, bien plus gros que les parties connues du crâne de Lucy et d'autres fossiles, avec en plus une belle canine plus saillante. Lucy appartient à une espèce dimorphique, la difficulté étant d'estimer l'ampleur de ce dimorphisme. Si on place systématiquement les fossiles de petite taille chez les femelles et ceux de grande taille chez les mâles, on tombe inévitablement sur un fort dimorphisme. D'un autre côté, il est évident que la variabilité de la taille corporelle chez Lucy et ses copains atteste une différence de taille corporelle importante entre les mâles et les femelles, un dimorphisme sexuel plus marqué que chez les chimpanzés et les hommes actuels, mais moindre que chez les gorilles. Et pour le cas de Lucy, elle se range parmi les fossiles

les plus graciles d'*A. afarensis*, ce qui en fait une charmante femelle avec ses petites canines.

En nous référant toujours aux mêmes caractères, la taille modeste des canines, néanmoins dimorphiques, s'accorde avec des mâles apparentés, alors que le dimorphisme sexuel corporel indique à la fois une compétition sexuelle plus intense entre les mâles et/ou une pression de prédation plus intense. Rappelons que ces australopithèques vivaient dans des environnements de savanes arborées, denses près de l'eau et plus ouverts loin de l'eau, ce qu'on appelle un milieu en mosaïque. La diversité connue des prédateurs à cette époque suppose une pression de prédation assez forte, ce que confirment les études sur les australopithèques d'Afrique du Sud. Une réponse comportementale courante consiste à vivre en groupes et à communiquer en cas de danger (babouins, singes vervets et patas, etc.). Cette situation favorise la possibilité pour les mâles de mieux contrôler les femelles qui, de leur côté, peuvent choisir des mâles plus protecteurs et puissants.

L'ampleur du dimorphisme sexuel chez les *Australopithecus africanus*, l'autre espèce dite gracile d'Afrique du Sud, reste encore controversée. Un très beau fossile nommé Sts 14 propose l'un des très rares bassins conservés et plusieurs crânes révèlent un dimorphisme de la canine comparable à celui de leurs cousins d'Afrique orientale. Plusieurs études mettent en évidence une pression de prédation assez intense, comme ce crâne percé de deux trous correspondant aux crocs plantés par un léopard. Dans l'ensemble, ce que l'on connaît des *A. africanus* en termes d'écologie, de régime alimentaire, d'anatomie postcrânienne et de dimorphisme sexuel conforte ce que l'on sait des *A. afarensis*. À noter néanmoins que les *A. africanus* annoncent plus nettement ce que seront leurs descendants, les australopithèques robustes ou paranthropes.

Ce que révèlent l'anatomie des fossiles et leur variabilité s'accorde mal avec une sexualité monogame, même si les traces de pas de Laetoli, vieilles de 3,6 millions d'années, dégagent l'émotion d'une déambulation côte à côte de deux personnages, toujours représentés par une femelle et un mâle, comme au Museum de New York ou les belles reconstitutions de l'artiste française Élisabeth Daynes, certainement les plus proches et les plus fiables de ce que devait être le *A. afarensis*.

L'aptitude comme l'usage de la bipédie au sol ne fait aucun doute chez ces australopithèques qui, par ailleurs, passaient autant de temps dans les arbres. Leur démarche ressemblait plus à celle des bonobos que des hommes actuels, bien que plus efficace, tout en roulant des hanches et des épaules. Le bassin est court et évasé, les ailes iliaques s'ouvrant sur le côté plutôt que de se refermer vers l'avant comme chez les femmes actuelles. Le bassin de Lucy et de sa consœur du Sud était aussi large que celui des femmes actuelles, bien que moins profond entre le pubis et les ischions (rappelons que la stature de Lucy est 1,06 mètre pour moins de 30 kilos !). La bipédie provoque des changements considérables de l'anatomie du bassin, plus court de haut en bas et évasé vers l'avant et les côtés, avec le sacrum – composé de la fusion des vertèbres sacrées – s'enfonçant comme un coin entre les deux ailes iliaques. Cette disposition raccourcit le bras de levier entre le bas de la colonne vertébrale, qui supporte tout le poids du haut du corps, vers la tête du fémur. Mais cette efficacité biomécanique complique la mécanique de l'accouchement. En s'engageant plus bas entre les ailes du bassin, le sacrum s'inscrit dans ce qu'on appelle le « petit bassin », par là où doit passer le nouveau-né. En vue supérieure, il a désormais une forme en haricot ou de rein, sans oublier que la courbure du sacrum se projette vers l'avant. Par conséquent, au moment de la parturition, le nouveau-né doit tourner la tête pour mieux passer dans le petit bassin et, dans un deuxième temps, subir une flexion vers l'avant. Même s'il y a des discussions entre les chercheurs sur l'ampleur de cette rotation et de cette projection vers l'avant de la tête du nouveau-né, l'accouchement chez les australopithèques était déjà aussi compliqué que dans notre espèce, le problème n'étant vécu, douloureusement, que par les femelles. Le bébé devait sortir vers l'avant, avec certainement une orientation plus frontale des organes génitaux des femelles. (Chez les femelles chimpanzés le bassin est haut et plat, les ailes iliaques étant dans le bas du dos, comme les omoplates. L'accouchement se fait en position accroupie, parfois avec le corps fléchi, avec le nouveau-né sortant vers l'arrière.)

L'anatomie du bassin des femelles australopithèques restitue une allure singulière. Donc un bassin large et évasé latéralement, apparemment l'absence d'échancrure au niveau de la taille (sujet néanmoins débattu), et des muscles fessiers dont les insertions et les orientations ne donnaient pas des fesses rebondies comme chez nous (orientation et développement différents du muscle *gluteus maximus*). Si on admet que les organes génitaux féminins étaient plus en position frontale que postérieure, Lucy et ses amies ne devaient pas avoir de manifestation de l'œstrus comme chez les chimpanzés actuels. Cela serait compatible avec un contrôle plus attentif de la sexualité des femelles par les mâles. Quant à ceux-ci, on ne peut pas dire grand-chose, si ce n'est que s'ils arrivaient à s'assurer une certaine exclusivité envers une ou plusieurs femelles, leur pénis comme leurs testicules ne devaient pas être très développés. En référence à ce que nous connaissons des systèmes sociaux et sexuels des singes et des grands singes actuels, la libido et les activités sexuelles de Lucy et des australopithèques graciles étaient assez tempérées.

Les paranthropes

Les paranthropes ou australopithèques robustes sont les descendants du grand groupe des graciles que nous venons d'évoquer. Alors que les origines du genre humain ou *Homo* posent encore beaucoup de problèmes de phylogénie, les filiations entre les formes graciles et robustes sont bien établies, tant en Afrique du Sud avec la lignée *A. africanus – P. robustus – P. crassidens* qu'en Afrique de l'Est avec *A. afarensis – P. aethiopicus – P. boisei*. Cette évolution se fait entre 3 et 2,5 millions d'années et s'inscrit dans le contexte général d'un changement vers des environnements plus secs et plus ouverts. Même si les paranthropes restent dépendants du monde des arbres, puisqu'on les trouve le plus souvent dans des habitats à proximité de l'eau, l'accentuation des différences saisonnières les oblige à vivre plus constamment sur le sol des savanes arborées. Cela s'accompagne d'une bipédie plus affirmée – jambes plus longues, pied avec un gros orteil moins écarté, bras plus courts –, d'un cerveau à la fois relativement et absolument plus développé – 500 cm^3 contre 400 – et une face avec des mâchoires et des dents très robustes, ce qui leur donne leur nom. Longtemps décrits comme des abrutis passant leur temps à mastiquer des nourritures coriaces, on s'est aperçu que leur main avait évolué vers une anatomie comparable à celle des premiers hommes, autorisant des manipulations et des préhensions plus fines, ce que corroborent des sites archéologiques associant des fossiles de paranthropes et des outils en pierre taillée. Enfin, des études sur des traces isotopiques d'éléments chimiques indicateurs du régime alimentaire révèlent que, s'ils mangeaient des nourritures nécessitant une mastication intense, ils ne dédaignaient évidemment pas des nourritures tendres et ils consommaient de la viande. Ils avaient un régime alimentaire éclectique, avec une spécialisation pour des ressources végétales coriaces, en l'occurrence les parties souterraines des plantes : tubercules, bulbes, oignons, racines, rhizomes. Elles sont de très bonne qualité nutritive, mais requièrent une mastication soutenue, même s'ils étaient capables de préparation extra-orale grâce à leurs outils. (Il faut attendre l'invention de la cuisson pour attendrir et rendre plus digestes ces nourritures qui entrent encore dans presque tous les régimes alimentaires de l'humanité d'aujourd'hui.) Il y a donc une évolution vers une spécialisation des paranthropes pour l'accès et la consommation des parties souterraines des plantes, ce qui leur assurera un beau succès, tant en Afrique australe qu'orientale, entre 2,5 et 1 million d'années, alors qu'ils sont contemporains et, en partie, en concurrence avec les premiers hommes.

L'évolution de la morphologie des paranthropes va vers une accentuation du dimorphisme sexuel corporel, mais sans que cela se retrouve au niveau des canines. Il y a donc un découplage entre ces deux types de dimorphismes, qui sont liés chez les singes, mais qui ne s'expriment pas de manière absolue, mais relative selon les lignées. (On l'a vu, chez les singes à queue ou cercopithécoïdes, plus des mâles non apparentés tentent de contrôler un plus grand nombre de femelles, plus le dimorphisme sexuel de taille corporelle et canin est marqué. On retrouve exactement la même corrélation chez les hominoïdes actuels dans la série bonobos-hommes-chimpanzés-orangs-outans et gorilles. Autrement dit, le caractère « grande canine » prend sa signification adaptative dans une phylogénie. On retrouve bien la même graduation, mais décalée dans son expression absolue. Notre lignée, la lignée humaine, se caractérise par de petites canines dès ses commencements d'après Toumaï ; ce qui est moins évident si on préfère Orrorin. Donc, Orrorin mis à part, notre lignée se distingue par de petites canines, ce qui n'exclut pas le dimorphisme sexuel de taille corporelle qui, comme à l'a vu dans le premier chapitre, est universel quelle que soit la lignée en rapport avec l'intensité de la compétition intrasexuelle entre les mâles – et parfois les femelles. Donc, si le dimorphisme sexuel de taille corporelle se lit de façon absolue dans toutes les lignées, il est associé à différents caractères selon les groupes : les bois chez les cervidés, les canines chez les singes ; sans oublier les autres caractères sexuels secondaires affectant les pelages par leur abondance et leurs couleurs.) Autrement dit, la lignée humaine se distingue par une diminution de la taille des canines, qui deviennent de plus en plus incisiformes, sans que cela soit en rapport avec l'intensité de la compétition intrasexuelle. Cela s'explique très bien par le fait que chez des hominidés avec une face courte, haute et en retrait, des canines saillantes interféreraient avec les cycles de la mastication ; dans ce cas précis, la sélection naturelle a priorité sur la sélection sexuelle. Il est donc fort probable que les paranthropes mâles aient acquis d'autres caractères sexuels secondaires, morphologiques et/ou cutanés pour la coloration de la peau et du pelage de différentes régions du corps, mais qui ne se fossilisent pas.

L'accentuation du dimorphisme sexuel repose sur les éléments déjà maintes fois évoqués : une vie plus fréquente sur le sol des savanes arborées et un contrôle plus affirmé de plusieurs femelles. Cela ne peut se faire que si la distribution spatiale et temporelle des ressources de nourritures le permet, ce qui est le cas pour les parties souterraines des plantes. En effet, les plantes de savanes arborées, soumises à des alternances saisonnières de grande amplitude, constituent des réserves souterraines pour passer la saison sèche. Elles se concentrent en certains endroits, ce qui permet de les collecter et de les consommer en groupe. C'est dans ce type d'habitat que l'on trouve nombre de fossiles de paranthropes. Il est donc tout à fait possible que les paranthropes aient vécu dans des systèmes sociaux composés de harems polygynes. Il est peu probable que ces harems aient été isolés les uns des autres, comme chez les gorilles de montagne. On s'est aperçu qu'en fait les harems des gorilles de plaine avaient tendance à se retrouver dans de grandes clairières. Là, les mâles paradent pour montrer leur force et leur prestance et il arrive qu'à cette occasion des femelles changent de harem. Il faut rappeler, comme on l'a vu, qu'un harem polygyne décrit une structure – un mâle avec plusieurs femelles –, mais pas son organisation. Un mâle peut capturer des femelles et les garder de façon coercitive – babouins hamadryas – ou être un protecteur choisi par des femelles, comme chez les gorilles. Dans le cas des paranthropes, et compte tenu de leur environnement naturel, on peut proposer un système social qui s'inspire à la fois des gorilles et des hamadryas : des harems polygynes composant une structure plus large avec plusieurs harems dont les mâles sont apparentés ; c'est un système souple qui permet leur association si les ressources sont abondantes, et de se disperser si les ressources sont distribuées de façon moins dense. La grande taille des mâles tient autant de leurs capacités à s'assurer la présence de plusieurs femelles et de les protéger ; dit autrement, leur protection passe par une forme d'exclusivité sexuelle à laquelle consentent les femelles. Comme les mâles sont apparentés, ils peuvent se montrer tolérants si une femelle décide un transfert, ce que de toute façon elles ont fait dès lors qu'elles ont quitté leur troupe natale pour aller rejoindre un autre groupe à la fin de l'adolescence. (Si une femelle rejoint un autre harem, le mâle voulant la récupérer se trouvera confronté à l'autre mâle, ce qui devait arriver.) Changer de harem n'a rien d'évident, à la fois à cause des réactions des mâles, mais aussi des autres femelles. Même dans ce type de système social, les mâles et les femelles jouent des différentes composantes de la sélection sexuelle ; évidemment rien n'est figé, sinon ces systèmes ne pourraient pas évoluer.

Dans ce type de système social, nous savons que les femelles ne manifestent pas d'œstrus et qu'elles sollicitent leurs mâles au moment où elles sont prêtes. Les activités sexuelles sont rares et limitées, avec des mâles nantis de pénis et de testicules de taille relativement réduite. Il semble que le plus grand plaisir de ces paranthropes était de mâcher, ce qu'ils firent très bien et de mieux en mieux au cours de leur évolution, avant de s'éteindre vers 1 million d'années.

Les hypothèses avancées pour la reconstitution de la sexualité des premiers représentants de notre lignée ne suivent pas le schéma classique et obsolète du gradualisme, avec les chimpanzés qui ne sont pas nos ancêtres mais qui sont comme nos ancêtres, et les australopithèques comme grade intermédiaire. Ce schéma de l'échelle naturelle des espèces est tellement profondément ancré dans notre imaginaire collectif qu'il se pare de toutes les évidences, ce qui oblige tout de même à concevoir une évolution progressive avec, par exemple, des australopithèques qui marchent de mieux en mieux, accompagnant une perte tout aussi graduelle de la pilosité et la manifestation de l'œstrus.

Nos hypothèses sont à la fois plus complexes et plus incertaines, c'est-à-dire plus scientifiques en ce sens qu'elles s'appuient sur les méthodes de la phylogénétique systématique – qui permet de reconstituer les éléments fondamentaux des systèmes sociaux et de la sexualité des hominidés sur la base de communautés multifemelles/multimâles avec des mâles apparentés –, et les connaissances sur les systèmes sociaux et la sexualité des singes et des grands singes actuels, en se référant au principe d'actualisme pour les corrélations entre les caractères anatomiques dentaires et squelettiques et leurs corrélations avec les comportements sexuels.

Les premiers hominidés connus, ceux qui précèdent les australopithèques, ne le sont que par des spécimens fossiles aussi rares que précieux, ce qui n'autorise que quelques hypothèses. Orrorin se distingue de tous les hominidés connus par de fortes canines, certainement associées à un dimorphisme sexuel important. Ce que l'on sait de Toumaï et d'*Ardipithecus* s'accorde avec des systèmes sociaux et une sexualité proche des chimpanzés actuels, mais certainement avec des différences notables. Il n'est pas évident, par exemple, qu'ils se déplaçaient selon la quadrupédie des chimpanzés et que les femelles aient eu des manifestations très visuelles de l'œstrus. Le fait qu'ils vivaient dans des milieux arborés plus secs que ceux des chimpanzés s'accorde avec un usage plus fréquent de la bipédie et d'un contrôle plus affirmé des mâles envers les femelles en raison des pressions de prédation. Tous ces facteurs s'accordent avec des manifestations physiologiques, morphologiques et comportementales de la sexualité probablement moins expressives que chez les chimpanzés actuels.

Pour la période qui suit, les australopithèques campent une lignée bien connue entre 4 et 1 million d'années, dont les liens avec les fossiles plus anciens ne sont pas encore clairement établis, sauf à se contenter d'une conception gradualiste et simpliste. Leur évolution se caractérise par un dimorphisme sexuel marqué et qui ira en s'accentuant. Leurs systèmes sociaux et leur sexualité se rapprochent de ceux des babouins hamadryas et des gorilles actuels, certainement avec une organisation originale esquissée plus haut. Ils représentent une lignée d'hominidés qui invente sa propre expérience de la sexualité en marge des savanes arborées. Il n'est donc pas évident de faire dériver la sexualité humaine de celle des australopithèques graciles, comme le voudraient encore trop de paléoanthropologues encore enfermés dans une conception gradualiste de l'évolution. Cela signifierait que, dans un premier temps, le dimorphisme sexuel aurait été modeste chez les plus anciens hominidés, puis qu'il aurait augmenté dans le grade des australopithèques, et à nouveau diminué dans le genre *Homo*. Bien que cela ne soit pas complètement inconcevable, la logique suivie dans ce travail de reconstitution propose des hypothèses plus parcimonieuses respectueuses de la phylogénie et de l'éthologie comparées, en soulignant que, dans le buisson phylogénétique qu'est devenue notre famille naturelle, une majorité de paléoanthropologues place les australopithèques dans une lignée sœur qui n'est pas à l'origine du genre *Homo*. En d'autres termes, Lucy et les australopithèques graciles ne sont pas nos ancêtres directs, bien que nous partagions un ancêtre commun situé entre 4 et 6 millions d'années.

Une dernière remarque, peu scientifique quoique très sérieuse, à propos du baiser. Les hommes, les chimpanzés et les bonobos pratiquent le baiser, plus souvent dans des relations sociales – saluts, reconnaissances, alliances – et amicales que dans les relations amoureuses. Les formes de baisers sont très diverses et mériteraient une étude systématique et phylogénétique sérieuse : sur la main, la joue ou le front, avec ou sans contact des lèvres ; en rapprochant les lèvres, mais sans se toucher comme chez les chimpanzés ; avec un franc contact des lèvres, avec ou sans introduction de la langue, le très célèbre *french kiss*, pas si universel que cela chez les hommes, mais pratiqué chez les bonobos. On ignore si Lucy recevait ou donnait des baisers, les groupes sociaux avec une domination des mâles étant peu affectifs à ce propos. Il devient amusant d'imaginer ce qu'aurait pu être l'évolution du baiser chez les australopithèques car, si Lucy et les formes graciles comme les plus anciennes formes robustes avaient une face projetée vers l'avant au niveau de la bouche – prognathisme alvéolaire –, les formes les plus dérivées et hyperrobustes ont acquis une face étonnante, avec les pommettes devant le nez en vue latérale ; une face déprimée avec en son centre l'ouverture nasale. Une étrange disposition s'il en est et bien peu propice au baiser. Bons baisers, Lucy !

Chapitre 4

LA VIE SEXUELLE DANS LE GENRE *HOMO*

Hier comme aujourd'hui, les sciences humaines et l'anthropologie se sont évertuées à ignorer les espèces les plus proches de nous dans la nature actuelle. Dès lors, pour aborder la question des origines, on s'est tourné vers les peuples qualifiés de primitifs. Plus ennuyeux, et ce dès la fin du XIXe siècle, les anthropologues, appartenant tous à la culture occidentale dominante, n'ont puisé dans la déjà très riche littérature ethnographique que les descriptions qui confortaient une vision hiérarchique et préétablie fondée sur la triade du sauvage, du barbare et du civilisé. C'était là de l'*évolutionnisme culturel*, conception linéaire et hiérarchique de l'évolution qui demeure bien plus prégnante qu'on ne l'imagine dans la pensée occidentale, puisque cette idéologie a inséminé toutes les sciences historiques et les humanités. Comment comprendre, sinon, que l'on ait appelé un musée des arts des autres peuples « Musée des arts premiers » ?

Il existe une tradition pseudo-anthropologique inspirée de la psychanalyse, qui considère que les premiers hommes pratiquaient une sexualité libertaire, toute femme pouvant s'accoupler avec tout homme, ce que la littérature ethnographique de la fin du XIXe siècle appelle le « mariage collectif ». Charles Darwin, dans *La Filiation de l'homme* (1871), en cite de nombreux exemples pris chez les préhistoriens et les ethnologues contemporains, comme John Lubbock et d'autres. Sigmund Freud reprend l'idée de la horde primitive et licencieuse dans *Totem et tabou*. Mais Freud se sert de cette idée, non pour définir un état originel de la sexualité des premiers humains établi sur des bases scientifiques, mais comme d'une figure analytique, à l'instar de Rousseau avec son « bon sauvage ». Car il est indéniable qu'il existe des règles et des tabous dans toutes les sociétés humaines, et qu'ils passent par l'énoncé d'interdits. Dans toutes les sociétés, il y a prohibition de l'inceste et exogamie des femmes, ce qu'on savait plus ou moins du temps de Darwin et Freud, et ce que confirme l'anthropologie structurale de Lévi-Strauss. Comment ont émergé et se sont consolidées ces règles universelles ? Selon une vieille habitude de l'humanité depuis qu'elle se pense dans ses rapports au monde, on a recours au mythe, à l'invention d'un récit des origines, d'une fiction qui, si elle n'est pas fondée d'un point de vue historique et scientifique, propose une compréhension rationnelle de ce qui est. La cohérence du récit tient par sa finalité : expliquer par ce qui est.

Une fois de plus, revenons à Darwin. S'il cite quelques exemples ethnographiques de « mariages collectifs », il insiste sur les descriptions d'autres sociétés, bien plus nombreuses, avec une diversité de règles, que ce soit pour la monogamie, la polygynie ou la polyandrie. Diversité une fois de plus entre populations humaines et au sein d'entre elles – par exemple le cas si répandu des couples monogames, mais avec des chefs ou des élites polygynes. Comme toujours chez Darwin, cette variabilité veut dire une chose essentielle : il y a eu évolution et il y aura évolution des systèmes sociaux et de la sexualité de l'homme. Il se livre à quelques digressions sur l'habitude qui consiste à aller chercher des femmes dans d'autres groupes, parfois par le rapt ou des prouesses héroïques, dont on trouvera une version désopilante chez Roy Lewis. L'exogamie des femmes n'est pas encore un fait anthropologique universel bien identifié à la fin du XIXe siècle.

Charles Darwin ne limite pas son étude aux seuls hommes. Il se réfère aux sociétés connues de singes et de grands singes, et ne manque pas d'évoquer des cas bien avérés de monogamie, de polygynie et de polyandrie. Par conséquent, s'il existe des mœurs clairement respectées chez les espèces les plus proches de nous, on ne voit pas comment les premiers hommes auraient vécu dans la licence la plus anarchique. Le bon sens du raisonnement phylogénétique est une fois de plus occulté par une littérature anthropologique ignorante – et de façon revendiquée – des sciences naturelles. Desmond Morris, dans *Le Singe nu*, tout comme Lévi-Strauss, ne cesse de dénoncer le postulat, erroné d'un point de vue épistémologique, voulant que les peuples « sauvages » sont encore dans l'état de nos origines. Si c'était le cas, comment comprendre une telle diversité ? Elle découle aussi d'une histoire naturelle. Hélas, l'erreur est humaine, et l'idée de licence sexuelle originelle s'est perpétuée, que ce soit dans le mythe des amazones, des Tahitiennes ou des Samoans comme dans *Mœurs et sexualité en Océanie* de Margaret Mead, les communautés des années hippies et le postmodernisme de Houellebecq et Cie, etc. Alors, quelles sont les origines naturelles de notre sexualité ? Retrouvons la méthode prônée par Darwin et suivie dans sa méthodologie moderne par notre approche.

Qui étaient les premiers hommes et quelle était leur sexualité ?

En cheminant le long de notre arbre phylogénétique depuis nos origines communes avec les chimpanzés actuels, nous avons abandonné ces derniers, ignorant leur évolution, pour mieux nous intéresser aux australopithèques et aux paranthropes. Ceux-ci suivent une évolution particulière, bien différente, comme nous l'avons vu, de la nôtre. S'il est peu probable que la sexualité des chimpanzés et des bonobos d'aujourd'hui soit celle de notre dernier ancêtre commun (DAC), il n'est pas évident non plus que notre sexualité dérive de celle des australopithèques graciles, même si nombre de paléoanthropologues persistent dans leur conception gradualiste de notre évolution. Cela ne signifie pas, en toute logique phylogénétique, que la sexualité humaine ne partage pas des caractéristiques avec celles des chimpanzés, des bonobos et des australopithèques en général. Comme discuté dans le préambule à ce chapitre à propos des origines de la sexualité humaine, l'approche gradualiste impose une reconstitution de la vie sociale et de la sexualité des australopithèques dictée par une vision des origines imposée par sa finalité, celle de l'homme ; autrement dit, ce que doit être la sexualité des australopithèques pour expliquer celle de l'homme et non leur sexualité en fonction de leurs caractéristiques propres.

Le premier problème, et pas le moindre, consiste à définir qui sont les premiers hommes. Une controverse vieille de quarante ans anime les recherches. D'un côté, les partisans d'une définition classique qui admet qu'un plus gros cerveau, une meilleure bipédie et la présence d'outils de pierre taillée signent l'émergence du genre *Homo*. La controverse débute avec la découverte d'*Homo habilis* dans les années 1960, ses inventeurs ayant tout fait pour rendre ces fossiles le plus humains possible, avec pour effet de renvoyer tous les australopithèques à un grade un peu fourre-tout entre les grands singes ancestraux et les premiers hommes. Seulement au fil des découvertes, on s'aperçoit que ces premiers hommes présentent une variabilité morphologique et biométrique importante, laissant entrevoir la coexistence de deux formes, *Homo habilis* et *Homo rudolfensis* (ce qui pose un problème toutefois puisque, selon les auteurs, on ne retrouve pas les mêmes fossiles dans les mêmes taxons). Pour notre propos, cela mine la possibilité d'avoir une idée assez précise du dimorphisme sexuel. Nous voici donc avec deux types de « premiers hommes » assez proches en Afrique de l'Est entre 2,5 et 1,5 million d'années et d'autres similaires en Afrique australe. Nous sommes au cœur des années 1980 et c'est alors que se confirme l'existence d'un autre type d'homme, les *Homo ergaster*, toujours en Afrique de l'Est, apparaissant autour de 2 millions d'années, donc contemporains des « premiers hommes ». Leur émergence apparemment soudaine en fait de « nouveaux venus », et quelles que soient les discussions à propos de leurs origines, tout le monde s'accorde pour en faire des hommes incontestables.

Tous ces fossiles obligent à repenser la définition du genre *Homo*, ce qui sera entrepris dans les années 1990. Si nombre de paléoanthropologues s'accrochent à une conception gradualiste, d'autres s'accordent pour faire coïncider son apparition avec *Homo ergaster*, ce qui a pour conséquence de rejeter les autres « premiers hommes » dans le paquet fourre-tout des australopithèques, dont la définition serait que ce sont des hominidés non humains. Cela ne manque pas d'agacer tous les paléoanthropologues qui s'attachent à éclaircir la phylogénie des hominidés. Nous avons vu qu'en dépit de leur diversité, les australopithèques révèlent une expérience évolutive au sein de notre famille qui, au passage, est loin d'être appréhendée dans toute sa diversité.

Une complication en appelant une autre, on sait que les hommes sont sortis d'Afrique vers 1,8 million d'années. On a aussi retrouvé des fossiles à Dmanisi en Géorgie, connus par plusieurs spécimens. Mais ce ne sont ni des *Homo habilis* ou *H. rudolfensis*, ni des *Homo ergaster*. Leurs inventeurs parlent d'*Homo georgicus*. Cela commence à faire beaucoup d'hommes pour une période de temps assez courte, ce qui peut s'expliquer de la façon suivante.

Un des grands problèmes de la biologie évolutionniste est de savoir comment se forme et apparaît une nouvelle espèce, ce qu'on appelle la *spéciation*. Le modèle le plus classique fait intervenir une barrière géographique qui s'interpose entre les populations d'une espèce. Au fil du temps, il y aurait de moins en moins de contacts entre les individus de part et d'autre de la barrière géographique, et finalement rupture de flux génétique. Si la situation se prolongeait, les populations divergeraient, jusqu'à former des espèces distinctes, c'est-à-dire que les individus ne pourraient plus se reproduire entre eux. Un modèle classique en paléoanthropologie est l'« East Side Story » d'Yves Coppens, avec la formation des vallées du Rift autour de 7 millions d'années en Afrique de l'Est entre les populations de notre dernier ancêtre commun avec les chimpanzés. C'est la *spéciation géographique*, qui procède de façon graduelle. Mais il existe un autre mode de spéciation géographique, beaucoup plus rapide à l'échelle du temps de l'évolution : la *spéciation périphérique*.

Une espèce et ses populations ont une répartition géographique, une biogéographie. Les populations rejetées à la périphérie se trouvent confrontées à des conditions locales qui sont à la limite de l'adaptabilité de l'espèce et qui, par ailleurs, supposent des caractères propres en relation avec les caractéristiques de ces habitats. De telles populations peuvent disparaître très vite si les conditions environnementales se détériorent, ou bien évoluer très rapidement. Une population périphérique comporte de faibles effectifs et emporte avec elle une partie du patrimoine génétique de l'espèce, dont celui associé à ses caractères particuliers et adaptatifs. On parle alors d'*effet fondateur* pour la partie du patrimoine génétique concernée et de *dérive génétique* pour le processus qui conduit à fixer et à faire évoluer les caractères de la population. Ce processus de spéciation prend du temps – des milliers de générations –, mais semble instantané à l'échelle des durées de la paléontologie. On parle de *ponctuation*, en référence à la théorie des équilibres ponctués, qui admet des longues périodes de relative stabilité d'une espèce – les équilibres qui durent entre 500 000 et 1 million d'années –, entrecoupées de périodes de changements rapides – les ponctuations. Précisons avec vigueur que cela ne signifie pas qu'il n'a pas existé de populations fossiles intermédiaires, mais que les chances de retrouver des fossiles intermédiaires sont minces ; mais avec du temps et de la patience, on finit par les mettre au jour, et c'est peut-être ce qui s'est passé pour les origines du genre *Homo*.

D'après les fossiles, un groupe de « premiers hommes » s'étend sur les provinces d'Afrique de l'Est et du Sud, et certainement entre les deux régions, d'après de rares fossiles, entre 2,5 et 1,5 million d'années. Appelons les *Homo habilis sensu lato*, ce qui recouvre *Homo habilis sensu stricto* et *Homo rudolfensis*. Ils occupent des habitats variés et en mosaïque en lisière de savanes arborées. Les populations les plus périphériques s'adaptent à des environnements de savanes plus ouverts. Ces hommes acquièrent de plus grandes tailles corporelles et une bipédie plus performante. Autour de 2 millions d'années, quelque part en Afrique, et pourquoi pas au sud de l'Eurasie occidentale – puisqu'on vient de décrire des fossiles en Afrique de l'Est et d'autres à Dmanisi qui possèdent une mosaïque de caractères intermédiaires entre les *Homo habilis sensu lato* et les

Homo ergaster –, ces populations se retrouvent isolées et subissent un processus de dérive génétique. Se retrouvant avantagées dans un contexte d'ouverture des paysages en raison des changements d'environnement, elles s'accroissent. Si leur émergence se situe ailleurs qu'en Afrique de l'Est, ce qui semble être le cas, cela expliquerait pourquoi elles apparaissent aussi soudainement parmi les « premiers hommes », qui sont à la fois leurs ancêtres et leurs contemporains (les enfants vivent une partie de leur vie avec leurs parents et finissent par les remplacer). Ils se retrouvent ensemble entre 2 et 1,6 million d'années et en concurrence pour les meilleures ressources. Les « premiers hommes », coincés entre les paranthropes et les *Homo ergaster*, finissent par s'éteindre. En effet, des espèces issues d'une même espèce ancestrale ne peuvent pas occuper la même niche écologique ; l'une disparaît, ou bien les deux divergent : c'est ce qu'on appelle la divergence écologique. C'est bien ce qui se passe entre les paranthropes et les « premiers hommes » entre 2,5 et 2 millions d'années, mais l'arrivée d'*Homo ergaster* bloque ce processus. Comme nous le verrons, il en va de même pour les systèmes sociaux et la sexualité. Les origines du genre *Homo* et de sa sexualité prennent leurs racines au sein de ce groupe encore très diffus des « premiers hommes » qui n'en sont pas.

Dans le chapitre précédent consacré aux australopithèques et aux paranthropes, nous avons délaissé des formes fossiles qui ne sont connues que de façon encore fragmentaire, comme *Australopithecus bahrelghazali* ou Abel du Tchad, *Australopithecus anamensis* et *Kenyanthropus platyops* du Kenya. Ce dernier, connu par un crâne à la face plate et à la boîte crânienne assez développée, préfigure, à certains égards, *Homo rudolfensis*. Les choses sont moins claires pour les prédécesseurs des *Homo habilis*, qui présentent des affinités avec les australopithèques graciles d'Afrique du Sud, à la fois pour le crâne et les proportions des membres, ce qui ne facilite pas les choses. Une autre hypothèse serait de considérer que les variations de taille et de forme chez les *Homo habilis/Homo rudolfensis* recouvrent un fort dimorphisme sexuel, ce qui ne va pas non plus sans problème.

Le plus simple pour notre propos est d'admettre un groupe de « premiers hommes » dont la diversité morphologique reste encore mal comprise, avec la coexistence possible de deux taxons au dimorphisme sexuel assez important. Ils vivaient en marge des savanes arborées. Leur régime alimentaire inclut une part déterminante de viande, obtenue par la chasse pour les proies de petite et moyenne taille, et aussi par l'exploitation des cadavres de grands mammifères. Les archéologues ont retrouvé des ossements de rhinocéros et d'éléphants fossiles avec des outils ayant servi à couper les chairs – des éclats tranchants – et d'autres, plus robustes, appelés hachoirs, utilisés pour désarticuler les articulations et briser les os longs pour atteindre la moelle. Depuis 2,5 millions d'années, la viande compose une partie importante du régime alimentaire. Seulement ces « premiers hommes », si organisés qu'ils fussent, étaient incapables de traquer et d'abattre des animaux aussi puissants. L'analyse attentive des ossements montre que les traces des silex tranchants recoupent celles laissées par les dents des grands carnivores. Des expériences faites en Afrique montrent que la viande d'un grand mammifère, tombé dans un coin de savane arborée, reste comestible pendant plusieurs jours pour des hominidés ayant un système digestif comme le nôtre (ce qui devait être le cas puisqu'il en est de même pour les chimpanzés actuels). Avec un régime de type omnivore/carnivore, les « premiers hommes » investissent une nouvelle niche écologique qui les amène à exploiter des territoires ou domaines vitaux plus étendus et, comme l'indiquent les données archéologiques, de gérer cet espace et ses ressources en nourritures et en matières premières. La viande comme les gisements de roche de bonne qualité physique pour la taille des outils se répartissent très irrégulièrement. Les préhistoriens mettent en évidence des sites de décharnement des carcasses puis, en d'autres lieux, des sites de boucherie, certainement éloignés des lieux de consommation. Se procurer de la viande est une chose, loin d'être aisée ; la manger tranquillement en est une autre. On pense qu'ils continuaient à trouver protection dans les arbres, là où ni les hyènes ni les grands prédateurs accèdent facilement. Restent les léopards, dont les premiers hommes ont dû s'inspirer, puisqu'ils s'efforcent de percher leurs proies entre deux branches pour éviter les inopportuns affamés. (À cette époque vivaient les ancêtres des lions, des léopards et des hyènes actuelles, mais aussi des tigres à dents de sabre ainsi que des léopards et des hyènes de très grande taille.) Pour l'outillage lithique, des sites archéologiques datés de plus de 2,3 millions d'années attestent d'expéditions dédiées à cette seule quête, comme à Lokalelei au Kenya, où on trouve les vestiges de dizaines d'ateliers de taille livrant des centaines d'outils et de débris de fabrication.

Ces « premiers hommes » se déplaçaient sur des distances considérables, certainement en groupes plus ou moins importants. Bien qu'on ait surestimé les dangers de la savane, surtout pour des hominidés de taille respectable, marchant debout et surtout de jour, cela n'a rien de balades champêtres. Ils ont des systèmes sociaux de type fusion/fission, comme les chimpanzés, mais appliqués à des territoires bien plus vastes. Se dispersaient-ils autour de lieux de résidence arborés et protégés ? C'est tout à fait possible.

Certains préhistoriens pensent qu'ils avaient déjà inventé des camps de base, avec des cabanes faites de branchages dont on retrouve les pierres ayant servi à les caler. Les plus anciens de ces vestiges archéologiques, à l'interprétation très discutée, se composent de concentrations de pierres, comme à Olduvai, datant de 1,8 million d'années. Parmi ces chercheurs, certains imaginent que la division des tâches, si caractéristique des sociétés humaines, avec l'homme chasseur associé à la femme collectrice, se met en place à cette époque. Cela suppose un mode de communication complexe capable de donner des informations sur les lieux, les temps, les activités, etc., donc un langage. L'examen anatomique des parois internes de la boîte crânienne de ces « premiers hommes » révèle des asymétries marquées entre l'hémisphère droit et gauche – caractère lié à la dextérité – et, dans la région des lobes temporaux et pariétaux, des renflements correspondant aux aires du langage. Il est évident que si chez ces « premiers hommes » adoptaient une division des tâches selon les activités et les sexes, avec des échanges et des obligations réciproques, le développement du langage est une innovation qui autorise l'émergence de sociétés aux comportements plus complexes.

À ce stade, il est utile de revenir chez les chimpanzés. D'un point de vue évolutionniste, le développement des aires cérébrales associées au langage ne s'est pas fait parce que c'était nécessaire. De telles aires existent aussi chez les chimpanzés actuels. Simplement, en dépit de la complexité de leurs sociétés, ils n'ont pas développé ce bagage phylogénétique, alors que cela devient une innovation et une adaptation considérable dans notre lignée. Nous savons aussi que les chimpanzés chassent en groupe et de façon coordonnée, et pas que les mâles. De même pour les agressions préméditées envers leurs voisins. Citons aussi leurs intrigues politiques et les engagements en termes d'alliances, sans oublier les trahisons, les mensonges et les agressions préméditées. Les négociations sexe contre nourriture sont courantes, comme les affects, les jalousies et les tromperies. Enfin, les chimpanzés partagent les nourritures, fabriquent et utilisent des dizaines d'outils, observent des traditions et développent des cultures. Ces quelques rappels pour dire que toutes ces caractéristiques que l'on croyait humaines et, par simple corrélation, associées au langage, voire une condition nécessaire pour son émergence, précèdent en fait son apparition. Maintenant, il est indéniable qu'avec le langage et l'affirmation d'un mode de communication symbolique de plus en plus complexe, ce qui existait chez les hominidés va connaître une formidable évolution.

Nantis de toutes ces précisions à propos des « premiers hommes », il reste difficile d'établir une reconstitution assez précise de leurs systèmes sociaux et de leur sexualité. Ils esquissent ce que sera l'évolution du genre *Homo* avec une face devenant plus gracile surmontée par un cerveau plus grand, dont la taille fait la moitié du nôtre, sachant qu'ils étaient moins corpulents. Mais certains fossiles se présentent encore avec des dentures puissantes et aussi un gros cerveau, comme *H. rudolfensis*. La combinaison de caractères archaïques et évolués s'appelle l'*évolution en mosaïque*. Les *Homo habilis sensu stricto* conservent une taille modeste, guère plus de 1,20 mètre, avec des jambes assez courtes et des bras relativement longs. Le pied est plus court avec un gros orteil accolé alors que la main est plus courte et plus large. Les *Homo rudolfensis* apparaissent plus grands, avec une bipédie plus affirmée. Alors que les premiers préféraient une vie près des arbres, les autres investissaient des savanes plus ouvertes. Dans l'ensemble, ces « premiers hommes » étaient plus mobiles, occupaient et arpentaient des domaines vitaux très étendus, se dispersant et se réunissant en groupes d'effectifs variables (fission/fusion).

Les premiers hommes composent un groupe aux limites encore imprécises qui, avec ses variations, témoigne d'une période de transition phylogénétique. Leur régime alimentaire inclut une part essentielle de viande, or la viande est la seule nourriture qui se partage systématiquement. Cela suppose des comportements sociaux complexes, déjà observés chez les chimpanzés, mais qui deviennent systématiques, et parmi ces comportements, des négociations sexe contre nourriture entre les mâles et les femelles. Est-ce que s'instaurent chez ces « premiers hommes » des relations privilégiées entre des partenaires sexuels, prémices de la division sexuelle des tâches ? C'est tout à fait possible, mais une fois de plus sans pouvoir en préciser ni les contours, ni les variations, et surtout en évitant de tomber dans le piège si tentant des fins, c'est-à-dire de notre sexualité. La viande, comme les nourritures les plus prisées, fait l'objet de règles de partage très complexes dans les sociétés humaines, entre les membres d'une unité de reproduction – la famille sous toutes ses formes – et entre les membres du groupe. Tous ces comportements, qui impliquent une diversité de compétences pour la chasse, la collecte et les outils, tissent un ensemble d'obligations réciproques qui, exprimées par le langage, se retrouve dans la sexualité et les relations entre les partenaires sexuels. En dépit de toutes les incertitudes autour de la reconstitution de la vie sociale et de la sexualité des « premiers hommes », on y décèle les prémices de ce que sera la sexualité du genre *Homo*. Il n'est pas aisé, non plus, de donner une reconstitution de leur apparence physique, de la pilosité ou encore des caractères sexuels secondaires.

La sexualité du genre Homo

Dans la nature actuelle, ce qui fait toute la distinction de la sexualité humaine repose sur la femme ; d'où le très joli titre du livre de Rolf Schäppi : *La femme est le propre de l'homme*. On connaît bien la promesse d'Aragon : « La femme est l'avenir de l'homme. » Pour nous la question serait plutôt : depuis quand la femme est-elle devenue femme ?

La femme se distingue de toutes les autres femelles de singes et de grands singes par une triade, pas celle classique et dépassée de l'épouse, de la mère et de la maîtresse, mais le corps en forme de violoncelle, le camouflage de l'ovulation et la ménopause. Il faut aussi ajouter une réceptivité sexuelle quasi permanente. Depuis quand ?

L'anatomie osseuse des premiers hommes

Les *Homo ergaster* sont des hommes incontestables. Divers fossiles, dont un magnifique squelette daté de 1,5 million d'années, montrent une grande stature, plus d'un 1,70 mètre, et des proportions corporelles comparables aux nôtres, plus précisément de toutes les espèces d'homme issues de ce grand ancêtre. *Homo* est un bipède exclusif avec de longues jambes terminées par un pied aux orteils très courts et un métatarse marqué d'une double courbure plantaire. L'étude de traces de pas décrites très récemment, et vieilles de 1,5 million d'années au Kenya, indique une bipédie identique à la nôtre. La seule différence encore perceptible au niveau du squelette postcrânien concerne les deux premières côtes fixées plus fermement sur leurs attaches, alors qu'elles possèdent des articulations plus souples chez les espèces d'hommes plus récentes, en relation avec une capacité de ventilation plus efficace associée à la course[1]. Car le genre *Homo* est du genre cavaleur, un grand

1. Il s'agit des côtes situées au plus près du crâne, donc celles du haut du thorax et non pas, lorsqu'il s'agit de l'homme et de la femme, de ces côtes dites flottantes du bas de la cage thoracique, tellement inutiles qu'elles seraient tout juste bonnes à servir de matrice pour la création de la femme. Aux États-Unis, une majorité d'étudiants en première année de médecine croit que l'on reconnaît le squelette d'un homme, un mâle, par l'absence de l'une de ces côtes !

singe exclusivement bipède, se déplaçant selon deux allures, la marche et la course, et toutes les deux selon la même alternance des balancements des bras et des jambes, comme le trot. La seule différence entre la marche et la course étant que cette dernière est une allure sautée. Au risque de surprendre, *Homo* a acquis un répertoire locomoteur fort simple, en tout cas pour ce qui concerne ses allures et leur biomécanique. L'acquisition d'une bipédie aussi simplifiée qu'efficace repose sur des modifications anatomiques et physiologiques considérables, qui ne sont pas sans effet sur la sexualité.

Il y a d'abord le bassin. On a déjà évoqué cela à propos du sexe de Lucy. La question est : les contraintes de l'accouchement imposent-elles des différences anatomiques au niveau de l'échancrure ischiatique, qui est la partie postéro-inférieure du bassin, plus ouverte chez les femmes actuelles comparées aux hommes ? On ne peut pas répondre à cette question parce qu'on ne possède que très peu de bassins fossiles aussi anciens et, par ailleurs, si ces premiers hommes avaient une grande taille corporelle, leur cerveau avait un volume de 700 à 900 cm^3, bien plus petit que le nôtre, ce qui ne devait pas forcément entraîner des difficultés mécaniques aussi douloureuses au moment de l'accouchement. Il n'est donc pas certain que les différences anatomiques liées au sexe aient émergé aussi tôt dans notre évolution.

L'anatomie d'*Homo* est celle d'un animal curseur avec des membres inférieurs allongés et des masses musculaires rassemblées près du tronc, ce qui favorise de plus grandes foulées tout en réduisant l'inertie de masses situées trop loin du centre de gravité du corps. Le bassin est étroit, très court verticalement, avec une distance réduite entre la base de la colonne vertébrale – le sacrum – qui s'enchâsse très bas entre les deux ailes du bassin et l'articulation de la tête du fémur – l'*acetabulum* –, une adaptation qui facilite le transfert de poids entre le haut du corps et les jambes. Les muscles et leurs insertions s'associent à un bassin qui se referme vers l'avant – origine des muscles fléchisseurs de la cuisse. Il en est de même à l'arrière du bassin avec le développement d'un grand muscle fessier – *gluteus maximus* extenseur de la cuisse – qui confère au postérieur d'*Homo* son aspect rebondi.

Le raccourcissement des dimensions verticales du bassin libère un espace entre son bord supérieur et les premières côtes, ce qui suggère la présence d'une échancrure au niveau de la taille en vue de face ou de dos, sans oublier le creux du bas du dos, la « chute de reins », lié à la lordose lombaire en vue latérale, qui existait chez nos ancêtres australopithèques au sens large, mais très caractérisé chez *Homo*. La cage thoracique a encore une forme de tronc de cône ; ce n'est qu'avec *Homo erectus* qu'elle acquiert une forme plus en tonneau, notamment avec une plus grande mobilité des deux côtes supérieures. Cette anatomie s'associe à une gracilisation de la musculature scapulaire, celle du haut du tronc et des épaules, les bras étant moins mobilisés en raison de l'abandon de la locomotion arboricole – grimpé vertical et suspension –, sauf de façon très occasionnelle (cueillette de fruits, collecte du miel, etc.). Cependant, les bras assurent par leur balancement un équilibre dynamique précis qui confère à la marche et à la course une très grande efficacité. Les épaules sont plus larges et le cou plus dégagé. À noter aussi une innervation plus dense, révélée par les diamètres des trous ou *foramen* qui laissent passer les nerfs au niveau des vertèbres cervicales et thoraciques, suggérant des fonctions respiratoires plus contrôlables, en relation avec la course et, selon divers auteurs, un pharynx et un larynx plus complexes, en relation avec la modulation des sons, autrement dit le langage articulé.

En ce qui concerne le crâne, la face reste encore robuste comparée à la nôtre, mais plus gracile comparée aux hominidés plus anciens, en relation avec une régression de la taille des dents et de l'appareil masticateur. Les *Homo* sont donc bien plus grands et corpulents que tous les autres hominidés connus jusque-là, tout en acquérant une anatomie générale plus longiligne et gracile. (Notons l'exception des très controversés petits hommes de Flores, découverts récemment, qui sont des hommes incontestables dont la très petite taille résulte du phénomène bien connu de nanisme insulaire.) Cette tendance évolutive – que l'on constate évidemment *a posteriori* – doit se comprendre comme une généralité qui admet des variations au fil du temps et selon les lignées ; nous y reviendrons. En attendant, notre évolution dédie aux jambes et au bassin l'essentiel des fonctions locomotrices, dégageant partiellement la partie supérieure de notre corps de ces contraintes, ce qui ne veut pas dire que l'élargissement des épaules, les balancements de bras et même la masse de la tête n'interviennent pas de façon importante dans la dynamique de la marche et de la course. Mais nous pouvons mobiliser un registre très varié de mouvements des bras, de la tête et, dans une moindre liberté, le tronc, plus ou moins indépendamment des mouvements des jambes. Le propos ici n'est pas de faire un exposé de notre biomécanique locomotrice, mais de mettre en exergue cet aspect si important de notre évolution et jamais explicité : en libérant, dans les limites des contraintes anatomiques et locomotrices (contraintes liées à la sélection naturelle), le haut de notre corps, celles-ci peuvent être modelées par les facteurs de sélection sexuelle.

À propos de la néoténie

Contrairement aux espèces les plus proches de nous dans la nature actuelle, on sait combien la silhouette du corps des femmes et des hommes diffère, la sélection sexuelle ayant sculpté le corps au niveau des hanches, des épaules et du cou. La sélection sexuelle n'est pas Pygmalion créant Galatée ; mais ce mythe évoque superbement cette anatomie si particulière du corps de la femme avec sa silhouette en violoncelle (on pense à la chanson *La Violoncelliste* des frères Jacques). Car, si nombre de différences anatomiques entre la femme et l'homme correspondent à une même courbe de croissance ontogénétique, arrêtée à un stade plus précoce chez la femme comparée à l'homme ou à un stade plus tardif chez l'homme par rapport à la femme, il n'en est rien pour la silhouette corporelle de la femme. Les jambes plus longues des hommes comme leurs épaules plus larges, leur crâne sensiblement plus volumineux, leurs orbites plus carrées surmontées par un relief sus-orbitaire plus prononcé associé à un front plus incliné, une région occipitale plus saillante sans oublier des mâchoires plus carrées avec un menton plus marqué sont autant de caractères masculins produits par une croissance prolongée au moment de l'adolescence, auxquels s'ajoutent l'acquisition d'une voix plus grave et le développement de la pilosité. Rien de tel pour l'anatomie si particulière du corps féminin.

Il est très fréquent de lire que l'homme, en tant qu'espèce, et donc les femmes et les hommes, a acquis une anatomie dite « néoténique », ce terme signifiant que nous aurions une morphologie juvénile de jeune grand singe. Comme on le dit vulgairement – au sens de vulgate –, c'est « très tendance » chez les pseudo-anthropologues et les philosophes qui s'amusent à ce genre d'enfantillage peu raisonné. Il y a confusion, si ce n'est ignorance, entre les modifications de la morphologie entre ancêtres et descendants – ce qu'on appelle la descendance avec modification – et les processus responsables de ces modifications de la morphologie ; en rappelant que la morphologie, terme créé par Johann Goethe, signifie à la fois la taille et la forme. L'acquisition d'une morphologie juvénile correspondant à un stade ontogénétique de l'espèce ancestrale s'appelle une « pédomorphie », alors qu'une extrapolation de l'ontogenèse de l'espèce ancestrale se nomme une « péramorphie ». Quant à la néoténie, il s'agit d'un processus particulier de l'ontogenèse ancestrale parmi d'autres – les hétérochronies – qui donne une pédomorphie.

Les hétérochronies provoquent des modifications aussi rapides qu'élégantes en jouant sur les périodes de l'ontogenèse, tout en précisant que ces processus n'affectent pas le corps dans son ensemble – processus holistiques – mais selon ses parties – évolution dite en mosaïque. Par exemple, les longues jambes des femmes et des hommes n'ont rien de pédomorphique, pas plus d'ailleurs que la forme du crâne en vue latérale avec une grosse boîte crânienne dominant une face courte, exemple hélas souvent invoqué alors qu'il ne s'agit que d'une simple analogie superficielle en vue latérale. (Le menton, par exemple, n'a rien de pédomorphique.) S'il est indéniable que certaines régions de notre morphologie découlent de modifications hétérochroniques au cours de notre évolution, on est loin des clichés naïfs, pour ne pas dire enfantins, si couramment énoncés, plus sur le ton de l'autorité que de la démonstration. Pour revenir à notre propos, il est clair que la silhouette du corps de la femme comme sa poitrine constamment développée ne correspondent en rien à des stades ontogénétiques connus chez les espèces les plus proches de nous qui, rappelons-le avec vigueur, ne sont pas nos ancêtres, mais avec lesquelles nous partageons une ontogenèse ancestrale commune. Il y a donc bien une spécificité de la sexualité humaine qui ne saurait se rapporter à de simples modifications, néanmoins aux conséquences morphologiques parfois importantes, de ce que l'on connaît chez les espèces les plus proches de nous. Il en est ainsi pour la morphologie du corps de la femme comme de celui de l'homme. En d'autres termes, il existe un dimorphisme sexuel entre la femme et l'homme qui, d'une part, ne saurait se déduire de modifications hétérochroniques de l'ontogenèse de nos ancêtres et, d'autre part, répond à des divergences ontogénétiques fortement liées au sexe qui se manifestent à l'adolescence. C'est ce qu'on appelle joliment l'« érotisation du corps ».

L'érotisation du corps

Il n'est pas facile de démêler ce qui tient avant tout de la sélection naturelle et/ou de la sélection sexuelle dans notre évolution. La partie précédente présente ce qui est connu, le squelette et la locomotion, pour arriver ensuite à la sélection sexuelle, ce qui peut laisser entendre que la sélection naturelle a priorité sur la sélection sexuelle. Ce n'est évidemment pas aussi simple car, comme on l'a vu, le succès reproducteur différentiel des individus dépend à la fois de sa viabilité – plus liée à la sélection naturelle – et de sa capacité à trouver des partenaires – plus liée à la sélection sexuelle. La discussion sur les différentes composantes de la sélection sexuelle et de la théorie dite du handicap illustrent bien la complexité de ces questions. Il en va évidemment de même pour notre évolution et nous distinguerons deux types d'hypothèses, l'une physiologique, l'autre sexuelle, quant aux origines de notre sexualité et qui ne sont pas exclusives car certainement très interdépendantes.

L'adaptation à la course

On l'a vu, le genre *Homo* a un répertoire locomoteur simplifié et aussi très performant pour la marche et la course. L'homme est l'un des très rares animaux capables de marcher et surtout de courir sur de très longues distances ; en tout cas, il est le seul singe capable de tels déplacements. Bien que pas très rapide, il compense par l'endurance et la résistance, des caractéristiques associées d'une manière générale à une plus grande taille corporelle. Seulement, une grande taille corporelle s'accompagne de surfaces de corps relativement moins importantes par rapport aux volumes, ce qui pose des problèmes pour l'évacuation de la chaleur produite pendant l'effort. Cette contrainte est compensée par l'acquisition de glandes sudoripares et la modification de la pilosité, deux adaptations liées que l'on retrouve, par exemple, chez le cheval.

Quand l'hiver arrive, les poils des chevaux poussent en une toison épaisse. Une protection utile pour ces animaux dont l'évolution s'est déroulée dans les grandes plaines de l'Amérique du Nord des temps glaciaires, bien avant l'arrivée des premiers hommes. Cette adaptation devient un problème pour les chevaux de sport, que l'on fait travailler l'hiver et qui suent. De longs poils limitent la dissipation de la chaleur, compensée par une sudation abondante, les couvrant d'humidité dans le froid, ce qui ne peut que les rendre malades. Alors on les rase et, une fois le travail terminé, ils sèchent plus facilement et on « restitue la toison » à l'aide d'une couverture. C'est un exemple très simple qui illustre la complexité de l'adaptation physiologique à la course.

À ce point de la discussion, on ne peut pas ne pas parler de l'hypothèse farfelue des origines aquatiques du genre *Homo* : le nageur échoué dans les savanes. En fait, dès qu'il s'agit d'éloigner nos origines de la forêt et des grands singes, tout devient acceptable comme par une sorte d'enchantement antisimiesque. Voici donc l'homme sauvé des eaux troubles et simiesques par la grâce d'une émergence aquatique, comme la Vénus de Botticelli sortant des eaux, faisant fi des centaines de fossiles autour des origines du genre *Homo* trouvés dans les sédiments d'Afrique et dans des régions éloignées des océans et des mers, ce à quoi on objecte qu'il y a les grands lacs et les régions deltaïques, comme l'Okavango. Quels sont les arguments : l'homme est le primate le plus gras, ce qui se rencontre chez les animaux qui hibernent et les animaux aquatiques. (Il y a de fortes chances que ce caractère soit apparu récemment dans notre évolution, quand les hommes ont été capables de stocker des nourritures et de se goinfrer.) La graisse se répartit sous la peau, dépourvue de poils, comme chez les mammifères aquatiques. (En fait, nous avons des poils et les animaux aquatiques n'ont pas de chevelure ; mais il est vrai que l'homme nage verticalement la tête hors de l'eau, alors que ces « imbéciles » de mammifères marins connaissent au contraire une régression des membres postérieurs ; comprenne qui pourra, à moins de concevoir que nos jambes se sont allongées à force de chercher à avoir pied ! Si nos champions de natation se rasent les poils pour aller plus vite – tiens, ils ont des poils ! – comme le font d'ailleurs les cyclistes qui, à défaut de bipédie, pédalent ardemment, est-il nécessaire de rappeler qu'ils nagent horizontalement ?) La perte de pilosité ne pourrait pas être acquise dans les savanes, notamment parce qu'on ne pourrait plus transporter les enfants. On aimerait comprendre la logique de cette idée, car, chez les singes et les grands singes, les jeunes enfants ne s'accrochent pas aux poils de leur mère ; elles les portent sur leur croupe ou dans leurs bras ; et puis dans un milieu aquatique ou semi-aquatique, les enfants auraient eu intérêt à se placer sur les épaules, etc. À moins bien sûr de considérer que la chevelure servait aux jeunes enfants à s'accrocher comme à une amarre. Il fallait y penser. Il est vrai que les grands singes actuels se déplacent verticalement lorsqu'ils traversent une étendue d'eau, une commodité permise par la plasticité de leur répertoire locomoteur, car tous les autres singes vivant dans les marais se débrouillent comme les autres mammifères, tout en rappelant que les opportunités pour se déplacer debout sont nettement plus fréquentes dans les forêts et les savanes arborées. Toujours selon cette pseudo-théorie, la descente du larynx, que l'on retrouve chez des mammifères marins, viendrait aussi de là. (Évidemment, à force de boire la tasse il fallait une adaptation, sans oublier le chant des sirènes pour attirer des mâles à la peine puisque nageant verticalement.) Restent les glandes sudoripares, et là on aimerait savoir à quoi sert cet avantage dans un milieu aussi thermiquement stable que l'eau, et le gros cerveau, car chacun sait que manger du poisson rend plus intelligent, foie de morue et oméga-3, etc. Enfin, comment imaginer un passage adaptatif de l'humide au sec, d'un milieu aquatique ou semi-aquatique à la savane ? Comme les cétacés, l'homme se serait échoué sur une plage savanicole, tout droit sur ses pieds, et pour quoi faire ? *Sea, sex and sun ?* Ce genre de pseudo-théorie est exactement ce qu'il ne faut pas faire d'un point de vue épistémologique : se contenter de rechercher tous les arguments qui confortent une idée considérée comme vraie *a priori* alors qu'en science, il convient avant tout de considérer ce qui peut invalider une hypothèse, comme le faisait Darwin, ce qui explique pourquoi son œuvre reste aussi fondatrice et pérenne, notamment à propos de la sélection sexuelle.

L'homme est l'une des très rares espèces capables d'évacuer la chaleur corporelle grâce à la sudation. Pour autant, il n'est pas un singe nu. Nous n'avons pas perdu nos poils ; nous avons acquis une autre pilosité. Nous avons autant de poils que les grands singes les plus proches de nous. Seulement ils sont plus courts sur l'ensemble du corps, avec un fort dimorphisme sexuel et de fortes variations entre individus et entre populations. Nos cheveux, qui ne cessent de pousser, sont aussi une caractéristique très humaine, considérée parfois comme une adaptation possible aux déplacements dans des espaces ouverts et ensoleillés, protégeant le cerveau des coups de chaleur ou les épaules et le dos des coups de soleil. Si des poils plus minces et plus courts peuvent être considérés comme associés à notre physiologie de coureur, cela n'a rien d'évident pour les cheveux longs et, dans ce dernier cas, cela ne signifie pas qu'une telle chevelure soit apparue à cet effet. Ce genre de raisonnement, qui confond l'effet avec la cause, est dit « panglossien », en référence au Docteur Pangloss qui, dans le *Candide* de Voltaire, ne cesse d'affirmer de telles banalités.

L'hypothèse sexuelle

L'autre grande hypothèse est celle d'un corps envahi par la sexualité. Pour en revenir à la pilosité, on voit bien que la seule explication physiologique ne suffit pas puisque les femmes, censées moins courir au loin que les hommes, ont une pilosité moins fournie. À cela s'ajoute une formidable diversité de la pilosité entre les femmes comme entre les hommes, au sein d'une même population et aussi entre les différentes populations humaines. Pour Desmond Morris, la pilosité plus discrète, le développement des muscles fessiers et les seins toujours proéminents seraient une extension de la seule partie dénudée du corps des singes femelles, mis à part la face, qui est la région de la vulve, particulièrement développée pendant l'œstrus. (Une peau dénudée et de couleur vive dans la région périnéale s'observe aussi chez les babouins hamadryas mâles ; ce qui trouble énormément les mâles des autres espèces de babouins, comme les geladas, intrigués par ces grands mâles aux canines démesurées et à la toison flamboyante – caractères aussi virils que masculins s'il en est – associées à des croupes si attirantes. Quant aux geladas, qui se tiennent très souvent assis le buste bien droit, les mâles et les femelles exhibent une partie de la poitrine dépourvue de poils et de couleur vive, ornée de petits mamelons. Ces quelques exemples soulignent combien la peau dénudée, brillante et colorée, fascine, et parfois excite, les sens chez les singes et chez l'homme.)

Cette hypothèse est séduisante, sauf qu'elle n'explique pas pourquoi la région génitale se pare de la pilosité pubienne qui, quant à elle, dissimule la vulve. D'une certaine manière, on se retrouve dans une situation inversée par rapport aux espèces les plus proches de nous, comme les chimpanzés, avec nos poils courts qui couvrent à peine la peau partout sur le corps, sauf la région pubienne et la longue chevelure. Certains font l'hypothèse d'érotisation de tout le corps et dissimulation des organes génitaux, cela en relation avec le camouflage de l'œstrus ou l'ovulation cachée.

Cette particularité de la sexualité féminine a fait couler beaucoup d'encre, et ce depuis Aristote. Les anthropologues proposent plusieurs hypothèses, difficilement testables et pas forcément exclusives, tout en précisant que certaines émanent de conceptions centrées sur le seul assouvissement du plaisir masculin, le point de vue féminin n'étant appréhendé que sous l'angle de la reproduction et de la protection, rarement sans celui du plaisir. On peut évoquer la célèbre tragédie d'Aristophane *Lysistrata*, dans laquelle les femmes décident de faire la grève du sexe pour obliger les hommes à cesser de guerroyer. Ceux-ci, de guerre lasse, pourrait-on dire, finissent par déposer les armes et par s'adonner aux délices de leurs compagnes. Une telle histoire serait plausible si les femmes n'éprouvaient aucun plaisir sexuel, ce qui n'est évidemment pas le cas. Une autre fable des origines nous vient de Freud dans *Totem et tabou* : les hommes décident de restreindre leur libido, ce qui pousse les femmes à un état psychologique frustré. Dans cette fiction des origines à la fois de la sexualité humaine et de la culture, les femmes sont des êtres de désir, mais tout de même renvoyées dans une situation de dépendance frustrante, tandis que les hommes se consacrent aux fondements de la technique et de la culture. Un simple coup d'œil chez les chimpanzés – sans parler des femelles chez les vervets, babouins et autres macaques – invalide ces propositions puisque les femelles sollicitent des relations sexuelles à la fois en manifestant leurs choix pour certains partenaires, parfois dans des compromis qui interviennent dans les jeux de pouvoir ou l'obtention de privilèges et de nourriture. Quant aux outils, ce sont les femelles qui en font le plus grand usage chez les chimpanzés. Nantis de ces rappels, voici les quelques hypothèses proposées pour expliquer l'ovulation cachée.

Origine de l'ovulation cachée et de l'attractivité permanente de la femme

La première, dite de la *coopération masculine*, postule que si une femelle présente un œstrus voyant, alors les mâles trop préoccupés à la séduire ne pourraient pas se coaliser pour partir à la chasse. Leur rivalité s'opposerait à leur capacité de fonder des coalitions solidaires. En dissimulant l'ovulation, les mâles, ne sachant pas quand elles sont fécondables – puisque cette période est très courte chez la femme –, pourraient s'éloigner sans soucis.

Cette hypothèse soulève bien des objections :

— Les chimpanzés sont d'excellents chasseurs, et la présence d'une femelle en œstrus ne les empêche pas de se coaliser pour mener une chasse aux singes colobes ou encore pour mener des patrouilles hostiles à la limite de leur territoire. D'autre part, un bon moyen d'éviter qu'un petit malin profite de l'absence des autres consiste à s'assurer que tous les mâles participent à l'action qui les pousse à s'éloigner. Les mâles dominants n'éprouvent aucun problème pour faire comprendre ce genre d'obligation et les autres ont grandement intérêt à se comporter comme il convient.

— D'autre part, cette hypothèse repose sur le mythe de « l'homme, le chasseur », faisant écho à cette vieille conception machiste qui ne voit l'évolution de l'homme que du côté des hommes, les mâles, et de l'émergence de leurs innovations cardinales que sont la chasse, les outils, les armes, etc. Or il n'en est rien. Rappelons d'abord que les origines de l'homme ne se passent pas dans l'Europe glaciaire, mais dans la bande des tropiques et en Afrique. L'économie de subsistance ne fait pas de la chasse et de la viande l'apport le plus important en nourriture, loin de là. Difficile de se débarrasser du cliché de l'homme des cavernes avec la femme confinée dans la grotte froide et humide en attendant son beau mâle revenant triomphant de la chasse avec un demi-mammouth dans la besace. Que ce soit en sciences humaines ou en psychologie, le paléoanthropologue reste affligé de la persistance de ces clichés machistes et européens qui, hélas, remplissent les médias de toutes sortes.

— Cela suppose que le camouflage de l'œstrus rende les femmes moins attractives, alors qu'au contraire elles possèdent une morphologie et des attributs sexuels permanents associés à une réceptivité sexuelle tout aussi permanente. En fait, il serait bien plus facile de contrôler des femelles manifestant un œstrus évident avec une réceptivité sexuelle très limitée – comme dans les sociétés avec des harems polygynes –, ce qui nous amène à la seconde hypothèse.

Seconde hypothèse, celle de la *gratitude et du lien du couple par le sexe.* Cette fois on prend acte des caractéristiques attirantes et sexuelles de la femme. La courte période de fécondation rapportée à la réceptivité sexuelle permanente incite les partenaires à multiplier les rapports sexuels, cette nécessité renforçant les liens entre eux. La sexualité de la femme permettrait de satisfaire son homme, qui en échange assure la protection et l'éducation des enfants tout en approvisionnant sa petite famille.

Plusieurs objections :

— Il est vrai que chez diverses espèces les femelles sollicitent des copulations de compensation ou pour s'assurer de la fidélité comme de l'attachement du mâle. Mais si on se réfère aux gibbons, monogames, on constate que les copulations sont rares au cours de leur vie de couple qui, par ailleurs, demeure fort stable. Notons cependant qu'ils vivent sur un territoire exclusif et limité, ce qui permet d'avoir son partenaire à l'œil (mais n'empêche pas quelques infidélités). Les choses s'avèrent en effet plus complexes au sein des sociétés humaines dans lesquelles les femmes et les hommes se séparent pour se livrer à leurs activités respectives, ce qui ne facilite évidemment pas la fidélité. Si on va chez les oiseaux, la monogamie est très fréquente avec des couples qui vivent dans de grandes communautés composées de dizaines, voire de centaines d'autres couples. Là aussi, se pose le problème de la fidélité et du renforcement des liens. Cependant, la période de réceptivité sexuelle étant courte, cela minimise les difficultés. À ce propos, le succès phénoménal du film français *La Marche de l'empereur* aux États-Unis, excellent au demeurant, tient à son idéal puritain : des couples fidèles qui copulent juste ce qu'il faut et qui consacrent toute leur énergie à élever leur rejeton. Rappelons une fois de plus que les origines de notre sexualité ne se situent pas dans les frimas des âges glaciaires en Europe et encore moins sur les banquises. Les gibbons accrochés à leurs branches comme les manchots déambulant péniblement sur la glace sont les mascottes improbables d'un puritanisme qui se revendique naturel.

— De ce qui précède, il faut aussi admettre que les premiers hommes étaient monogames et vivaient en couple ; encore une fois le postulat de la famille européenne moderne, récente car liée à la société bourgeoise, déjà en train de se déliter. On relève aussi que la sexualité de la femme aurait évolué pour satisfaire celle de l'homme.

Troisième hypothèse, l'*échange sexe contre approvisionnement*. L'idée repose sur le fait que chez les chimpanzés, les femelles obtiennent de la nourriture, en l'occurrence de la viande, lorsqu'elles sont en œstrus. Les femmes auraient alors développé une attractivité sexuelle permanente, un œstrus continu, qui leur permettrait de s'assurer l'approvisionnement fidèle d'un partenaire mâle.

Une objection :

— Une fois de plus, la chasse et la viande comme explication de la sexualité féminine ; de la chair contre de la chair. Il existe aussi des échanges sexe contre nourritures végétales, chez les chimpanzés et surtout, et de façon plus systématique, chez les bonobos, où les femelles ont une longue réceptivité sexuelle et copulent avec plusieurs mâles. Pourquoi, avec une telle attirance sexuelle, se limiter à un seul mâle et pas aux autres ? Il faut rappeler que chez les chasseurs-collecteurs encore connus ou étudiés au siècle dernier et vivant dans la bande des tropiques comme dans les régions tempérées chaudes, les femmes assurent les deux tiers de la subsistance des familles – quelle que soit leur structure – par la cueillette et la chasse de petits animaux. Décidément, on ne se dégage pas si facilement de « l'homme, le chasseur ». On retrouve les mêmes clichés, notamment le fait que les femelles seraient incapables de se procurer suffisamment de nourriture par elles-mêmes et surtout pour leurs petits, alors qu'elles représentent le sexe écologique. On retrouve le modèle machiste de la famille occidentale qui marque nos sociétés depuis le XIXe siècle jusqu'aux années 1960 : l'homme au travail et la femme à la maison.

Quatrième hypothèse, l'*incertitude de la paternité*. Les éthologues observent que chez plusieurs espèces, comme les macaques et les babouins par exemple, les femelles s'arrangent pour copuler avec plusieurs mâles, ce qui place ces derniers dans une sorte d'incertitude quand à leur paternité. Ce faisant, les femelles minimisent les risques d'infanticide.

Une objection :

— Ces observations sont incontestables et, autre argument, c'est chez ces espèces que les femelles exhibent un œstrus spectaculaire avec le gonflement des parties génitales qui prennent une couleur vive. Elles usent de cette attraction pour copuler avec plusieurs mâles, distillant une incertitude sur leur paternité et assurant ainsi la tolérance, voire la protection de ces mâles envers leurs petits. Il s'agit de sociétés de singes vivant en groupes multimâles/multifemelles, avec des mâles non apparentés donc plus enclins à la compétition entre eux. Mais ces mâles, même s'ils se montrent très gentils avec les petits, ne s'occupent guère de leur éducation, encore moins de leur apporter de la nourriture, pas plus qu'ils ne le font pour les femelles. Quant à l'infanticide, c'est une pratique courante chez des espèces vivant dans des harems polygynes où, comme on l'a vu, les mâles s'assurent de leur paternité à la fois en écartant les autres mâles et aussi parce que les femelles ont une période de réceptivité sexuelle très courte. Restent les chimpanzés, qui vivent aussi dans des communautés multifemelles/multimâles, avec ces derniers apparentés. Là aussi, les femelles s'accouplent avec plusieurs partenaires ; il y a donc encore moins de chances d'infanticide, bien que cela ait été observé chez les chimpanzés, mais pas chez les bonobos. Seulement on ignore s'il s'agit de mâles n'ayant pas pu copuler avec la mère du petit, s'il s'agit d'actes de vengeance ou tout simplement d'actes aussi violents que pathologiques, comme chez l'homme. Cela reste une hypothèse intéressante, sauf que, dans beaucoup de sociétés humaines, les mâles ont, quant à eux, une véritable obsession de la certitude de la paternité. Il est possible que cette obsession soit aussi récente que psychanalytique au cours de notre évolution, notamment après, comme nous le verrons, l'invention de l'agriculture et des grandes religions.

Cinquième hypothèse, la *permanence des liens conjugaux*. Si les femmes avaient une période d'ovulation bien identifiée, alors l'homme pourrait copuler avec elles pendant la période d'œstrus/ovulation et, une fois celle-ci passée, et assuré de sa paternité, il irait courtiser d'autres femelles. Alors l'ovulation cachée, à la fois ignorée par le mâle et aussi par la femelle comme c'est le cas chez les femmes, inciterait les deux partenaires à multiplier les relations sexuelles pour assurer la reproduction. Cela entraîne une forme d'exclusivité sexuelle de fait, le mâle assidu et satisfait étant moins enclin à rechercher des relations avec les autres femelles, et ces dernières trouvant là un moyen de se lier à un mâle qui, par ailleurs, participera à l'éducation du jeune et à l'approvisionnement de la famille.

Une objection :

— Là, l'exhibition de l'œstrus et la réceptivité sexuelle limitée assureraient au mâle sa paternité. Seulement, on a vu que les femelles avec un tel attrait vivent dans des sociétés multimâles et ont plusieurs partenaires. D'autre part, il n'y a pas forcément simultanéité entre l'intervalle de fécondité et le paroxysme de l'œstrus. Une fois de plus, on a l'impression que le mâle est le partenaire désiré et que les femelles sont dans une attente fébrile et soumise. Enfin, si une réceptivité aussi sexuelle que limitée admet plusieurs partenaires, on ne voit pas pourquoi une réceptivité permanente ne favoriserait pas cela non plus, bien au contraire. Cette idée suppose, comme toujours, que les femelles ne désireraient qu'un seul partenaire et qu'elles seraient fidèles, comme si leur sexualité ne connaissait pas le plaisir. (En fait, cela fait peu de temps que les sciences humaines au sens large admettent le plaisir féminin ; ce qui pose aussi la question de la fonction de l'orgasme féminin, si différent et décalé de celui de l'homme.)

Il est incontestable que le corps et la sexualité de la femme, tels que nous les connaissons aujourd'hui, présentent un ensemble de caractéristiques uniques, et il est fort probable que cela ne résulte pas d'une seule cause. Comme toujours dans les sciences de l'évolution, il faut se garder de tomber dans le piège des fausses évidences puisque ce que nous croyons savoir de notre sexualité actuelle n'est pas forcément apparu pour cela ; c'est la tentation panglossienne, d'autant plus courante qu'en matière de sexualité les clichés comme les ignorances, notamment en ce qui concerne les espèces les plus proches de nous, ne manquent pas. Après la femme, il est temps de s'occuper des hommes.

L'anatomie sexuelle de l'homme

Dans notre espèce, les mâles sont en moyenne plus grands que les femelles. Ce dimorphisme sexuel affecte aussi la forme du corps avec un bassin plus étroit, une échancrure des hanches moins marquée, des épaules plus larges et une pilosité plus fournie. Le crâne est plus grand, avec des mâchoires plus carrées et un menton plus marqué. Les orbites ont une forme plus rectangulaire. La pilosité faciale fait partie de ces caractères, mais pas dans toutes les populations humaines actuelles, comme les Amérindiens. La voix est plus grave. Tous ces caractères se développent rapidement à l'adolescence, plus tardive et plus longue.

Les organes génitaux s'entourent aussi d'une pilosité pubienne. Les testicules ont une taille relative moyenne, supérieure à celle des gorilles et des orangs-outans, mais moindre que chez les chimpanzés et les bonobos. Selon les critères empiriques de la taille relative des testicules et des mœurs sexuelles, les hommes se situent entre les espèces monogames et multifemelles/

multimâles. Ce ne sont pas des testicules de monogame strict et cela suppose aussi une tendance à la promiscuité. Cependant, les hommes et les femmes formant une alliance sexuelle préférentielle entretiennent de nombreuses relations sexuelles, contrairement aux autres espèces monogames, ce qui suppose tout de même des testicules plus importants. Le pénis de l'homme est, sans conteste, le plus développé de tous les primates et dépourvu de baculum ou os pénien. Cet os se présente comme une tige cartilagineuse, plus ou moins ossifiée selon les espèces, que l'on retrouve chez tous les mammifères. Son rôle consiste à soutenir le pénis en érection. D'une certaine manière, c'est paradoxal puisqu'on penserait, au contraire, que plus le pénis est gros, plus il aurait besoin d'un support au moment de l'érection ; on observe l'inverse. À quoi sert un gros pénis ? On ne dispose pas d'hypothèse vraiment validée à cet égard, la plus courante étant la capacité de procurer plus de plaisir à la partenaire pendant des coïts prolongés. Mais est-ce que les femmes sont très sensibles à cet avantage ou n'est-ce là que l'un des fantasmes les plus profondément ancrés de la psychologie masculine ? Autre particularité du pénis humain, l'absence d'épine et de villosité alors que le gland est moins innervé, moins sensible que chez les autres singes. Ces caractères retardent l'excitation et l'éjaculation, ce qui expliquerait, en partie, des coïts plus longs. D'autre part, le pénis de l'homme au repos pend librement alors qu'il se rétracte dans un fourreau chez les autres singes. Il est tout à fait possible que cet étrange pénis résulte de plusieurs facteurs de sélection, d'abord comme un facteur sexuel secondaire qui interviendrait dans la compétition entre les mâles – équivalent des bois chez les cervidés ou des canines chez les singes. « En avoir un plus long », comme on dit vulgairement, résulterait d'une sorte de compétition intrasexuelle adoucie, jouant plus sur l'impression que sur la démonstration. On ne peut pas exclure non plus un facteur de compétition intersexuelle, les femmes préférant des partenaires avec un pénis plus développé, non pas que pour la promesse d'un plaisir plus intense pendant le coït, mais comme le signe indirect d'une meilleure qualité génétique. Ce genre de considération n'échappe évidemment pas à l'importance que les hommes, les mâles, attribuent à leur membre viril qui, s'il les préoccupe beaucoup, n'implique pas pour autant qu'il en soit de même pour les femmes dont les critères de choix ne se limitent pas qu'à cela.

Qu'il s'agisse du camouflage de l'ovulation, de l'apparition d'une poitrine constamment développée ou de la taille du pénis, on est certainement confronté à une pluralité de facteurs sélectifs. Le corps des femmes et des hommes connaît une évolution complexe due à l'adaptation à la course et à sa physiologie qui modifient la pilosité et l'aspect de la peau. À ces facteurs de sélection naturelle s'ajoutent des facteurs de sélection sexuelle tout aussi complexes, intra- et intersexuels, avec un dimorphisme sexuel tout à fait particulier, affectant plus la forme des corps que la taille, contrairement à ce qu'on observe chez les espèces les plus proches de nous. Il est intéressant de reprendre toutes ces hypothèses dans le cadre de l'écologie et de l'adaptation des premiers hommes, ce qui, assez curieusement, n'a jamais été proposé.

Ce que l'on peut dire et ne pas dire sur les origines de la sexualité humaine

Comparés aux espèces actuelles, qui ne sont pas nos ancêtres, même les chimpanzés, nous possédons une sexualité très particulière :

• Un dimorphisme sexuel de taille corporelle modéré ; ce qui signifie une compétition intrasexuelle limitée entre les mâles ; bien que les hommes se montrent moins tolérants sur la promiscuité sexuelle des femmes que les chimpanzés et encore moins que les bonobos.

• Un dimorphisme sexuel de forme corporelle très marqué ; ce qui signifie une compétition intersexuelle importante pour le choix du partenaire, et dans les deux sens ; ces choix semblent moins importants chez les chimpanzés et encore moins chez les bonobos.

• Une absence de dimorphisme sexuel des canines ; cela signifie que les mâles de notre espèce sont apparentés et se tolèrent, tout au moins au sein de leur communauté.

• Un dimorphisme sexuel de la voix, qui intervient certainement dans la compétition intrasexuelle entre les mâles et aussi pour le choix des femelles. Chez diverses espèces, les femelles préfèrent des partenaires selon la tonalité de la voix, le phrasé, la mélodie. C'est bien connu chez les oiseaux, cela l'est moins pour le brame des cerfs ou les « chants » des gibbons et des orangs-outans, dont les messages s'adressent aussi bien aux rivaux qu'aux femelles. Nous savons que les beaux parleurs et les chanteurs sont de grands séducteurs dans notre espèce, bien que nous ne disposions pas d'étude précise à ce propos, ce qui ne nous épargne pas les clichés habituels.

• Un dimorphisme sexuel de la pilosité sur le corps et la face, mais pas pour le pubis ni pour les cheveux, non plus pour la pilosité des aisselles, piège à odeurs qui joue aussi un rôle dans la signalétique sexuelle.

• La bipédie et la pilosité pubienne dissimulent le sexe des femmes. Un caractère lié au camouflage de l'ovulation et, d'après certains auteurs, à la capacité de cette toison à concentrer des odeurs, molécules de l'excitation sexuelle. Pour d'autres, cette pilosité assurerait une protection de la région vulvaire. La pilosité cache aussi la forte variabilité interindividuelle et interpopulationnelle de la morphologie des organes génitaux féminins pour les grandes et les petites lèvres et le clitoris.

• Les caractères sexuels variables du corps des femmes ne se localisent pas que sur leurs parties génitales, mais sur l'ensemble du corps : longueur des jambes, développement des parties adipeuses des hanches, forme des fesses, courbure de la lordose lombaire, échancrure de la taille, silhouette en forme de violoncelle, forme des épaules, taille et forme des seins, gracilité du cou, la face, l'apparence des yeux et la chevelure. À cela s'ajoutent la démarche et la mise en mouvement de tout cet arsenal sexuel, sans oublier la voix et le regard. (Ce n'est pas pour rien que les sociétés les plus coercitives envers les femmes les cantonnent à domicile, les dissimulent sous des *burkas* qui ne laissent rien percevoir, même d'un regard ou d'un soupir, les contraignent au silence hors de la maison et tendent à limiter tout déplacement à pied, etc.).

• Tout ce qui précède est lié à une réceptivité sexuelle quasi permanente. Donc, ovulation cachée, mais attractivité ou « œstrus » permanent.

• Les hommes possèdent aussi une pilosité pubienne, mais les explications proposées pour celle des femmes ne s'appliquent pas à la leur.

• Le pénis est très développé, pendant au repos et dépourvu d'os pénien, ce qui autorise une variation angulaire de l'érection, une commodité fort utile selon les positions de l'accouplement.

• Les testicules ont une taille relativement moyenne, en relation avec la capacité de répéter des copulations, principalement avec une partenaire privilégiée, mais pas seulement.

• Chez de nombreuses espèces de singes – comme les vervets, les cercopithèques et les mandrills – les mâles exhibent des testicules colorés : blancs, bleus, rouges, etc., un caractère dépendant aussi bien de la compétition entre les mâles que du choix des femelles. Il est possible – c'est une hypothèse – que ces facteurs de sélection se soient reportés sur la taille du pénis chez l'homme, la pilosité pubienne dissimulant en partie les testicules. En revanche, cela n'explique pas l'absence de gland coloré, comme chez les cercopithèques et quelques babouins, sans oublier les orangs-outans, bien qu'ils aient un prépuce.

• Contrairement à la femme, et aux autres singes mâles, l'homme exhibe nettement ses parties génitales ; ce qui ne minimise pas pour autant les autres caractères associés, la forme du corps et de certaines régions du corps, notamment la forme des fesses et des épaules.

Que font les femmes et les hommes de tout cet équipement sexuel ? À quoi sert-il ? Au fil des discussions précédentes, notamment à propos de l'ovulation cachée, on a évoqué beaucoup d'idées qui ne correspondent pas à ce que nous connaissons des espèces actuelles de singes et de grands singes, certaines même étant contradictoires.

Ontogenèse de notre sexualité

Sans aller sur le terrain de la psychanalyse, les choses du sexe préoccupent les jeunes femmes et les jeunes hommes bien avant qu'ils n'atteignent la maturité somatique. Les premiers signes de la puberté – premières règles, naissance des seins, pilosité pubienne, développement du pénis, mue de la voix – se manifestent au cours de l'adolescence. Les grandes transformations morphologiques qui se manifestent dans cette période de la vie entraînent une divergence très marquée entre les deux sexes, ce qui ne s'observe chez aucune autre espèce. Durant cette période, les jeunes découvrent les parties érogènes de leur corps, individuellement et/ou avec d'autres. Ils peuvent procréer, mais avec des risques évidents pour les jeunes filles à peine pubères.

Comme toujours dans l'évolution, on se demande à quoi peut servir une adolescence aussi particulière. Une réponse serait : à l'éducation sexuelle et hédoniste, ce qui n'a rien d'évident dans la majorité des cultures actuelles. On touche là une particularité de la sexualité humaine : les adultes pratiquent une sexualité discrète, à l'abri du regard des autres. Par conséquent, les jeunes ont très peu d'occasions de voir comment les adultes s'accouplent. C'est une différence majeure avec les singes et les grands singes, où les petits observent couramment des scènes de copulation, notamment de leur mère. Rappelons que, chez eux comme chez nous, la part de l'instinct et celle de l'apprentissage sont indissociables. Un jeune singe ou grand singe, mâle ou femelle, ayant eu une jeunesse frustrée aura des difficultés pour aborder un partenaire et s'accoupler. Si on ne peut pas parler d'éducation sexuelle, il y a apprentissage par l'observation, avec des tentatives maladroites dès le plus jeune âge.

Dans le film *Du rififi chez les chimpazés* (P. Picq), on voit une scène d'éducation sexuelle entre un jeune mâle et un grand mâle qui venait de copuler avec la mère du petit curieux. Observation trop rare car, hélas, les éthologues ne se sont pas intéressés à cette question. Pour revenir à l'homme, il est clair que les sociétés associées aux grands monothéismes se sont évertuées à restreindre toutes les formes de découverte de la sexualité. (Il suffit de relire Michel Foucault.) Ce n'est pas le cas dans toutes les cultures humaines, que ce soit ailleurs ou même dans notre histoire. Diverses cultures pratiquent des formes d'initiation et même d'incitation aux pratiques sexuelles qui ne peuvent qu'étonner le puritanisme latent de nos sociétés occidentales dites modernes. Aux États-Unis de nombreux États refusent d'enseigner toute forme d'éducation sexuelle, ce qui donne le plus grand taux de jeunes filles mères au monde ; ailleurs, la pudibonderie hypocrite interdit d'aborder le sujet, laissant les jeunes s'« initier » par tous les canaux de diffusion de la pornographie, avec tous les délires que cela implique ; sur ce plan, les singes paraissent bien plus évolués. Pour la petite histoire, les réactions négatives n'ont pas manqué lors de la présentation de l'exposition *Le Zizi sexuel* à la Cité des sciences et de l'industrie, dont nous étions tous deux conseillers scientifiques.

Au risque de surprendre, l'âge des premiers rapports sexuels est longtemps resté très stable dans nos sociétés – 21 ans pour les filles ; 19 ans pour les garçons. Cet âge a notablement baissé depuis les vingt dernières années (*cf.* p. 288). Cela s'explique notamment par le fait que, dans les sociétés d'abondance, les jeunes filles deviennent pubères beaucoup plus tôt, et probablement aussi les garçons.

Dans toutes les cultures humaines, on trouve des coutumes, des rituels et des lois qui fixent les règles de la constitution des unités de reproduction, ce que nous pouvons appeler des familles au sens le plus large. Nombre d'anthropologues et d'historiens occidentaux considèrent que l'état le plus évolué de la famille est celui que nous connaissons depuis ce que nous appelons l'époque moderne, avec l'émergence de la famille bourgeoise. Si on regarde l'ensemble des autres cultures, il ressort que la majorité des sociétés privilégient la monogamie et la polygynie, avec très peu de cas de polyandrie. En fait, la situation la plus courante est la monogamie et une polygynie pour les hommes capables se subvenir aux besoins de plusieurs femmes, ce qui en fait une sorte de polymonogamie. Cependant, il existe beaucoup de sociétés, comme en Afrique, où la polygamie/polygynie n'est pas assortie de ces préceptes. La plupart des sociétés musulmanes pratiquent la polygynie officielle, avec obligation pour l'homme d'assurer les besoins de ses épouses. Aujourd'hui, on note une tendance à la monogamie, même parmi les classes les plus aisées. Les cas célèbres des nombreuses concubines comme à la cour de Chine et des harems des grands sultans marquent notre imaginaire, mais ne représentent pas la règle, loin de là, même si on trouve des sociétés d'Océanie avec des chefs se réservant de nombreuses femmes. Les sociétés humaines récentes, disons depuis quelques millénaires, sont polygynes/monogames avec une évolution récente vers monogames/polygynes. Précisons qu'il s'agit des structures de reproductions reconnues et imposées par ces cultures, ce qui ne signifie pas que toutes les activités sexuelles se passent dans ce cadre.

Sexualité et unités de reproduction

Avant qu'une femme ou un homme ne contracte un statut reconnu dans une structure de reproduction que l'on peut appeler « famille », elle et il peut avoir une vie sexuelle, parfois d'ailleurs en passant par diverses formes d'homosexualités parfaitement admises. Quelle que soit la structure de la « famille », son édification fait l'objet de rituels et de cérémonies mobilisant tout ou partie de la communauté. Les « époux » arborent des signes distinctifs qui indiquent leur état. Fait rarement mentionné, cette situation vaut obligation pour l'homme à subvenir aux besoins de son épouse ou de ses épouses et des enfants. L'investissement parental du mâle devient obligation sociale et morale. À noter aussi que cette obligation ne se destine pas forcément aux enfants dont l'homme est le géniteur. Dans beaucoup de sociétés, le « père » est le frère de la femme ; il doit donc élever ses neveux et nièces. Si la plupart des grandes civilisations ont privilégié l'identité entre le géniteur et le père, ce n'est pas une règle universelle. (Ce qui au passage dispense les hommes de ces sociétés des affres de la certitude de la paternité et des angoisses de la psychanalyse. C'est à cause de cette incongruité du point de vue occidental que des ethnologues ont cru, et continuent à croire, que de nombreux peuples ignorent ce qu'est la paternité. Le complexe de supériorité de l'Occident associé au complexe d'Œdipe conduit à bien des errements lorsqu'on est confronté à d'autres sociétés.) Les formes de parentés sont diverses et ont connu et connaissent bien des métamorphoses, pour reprendre le titre du livre de Maurice Godelier sur cette question captivante.

Pour revenir à la sexualité, les unités de reproduction ou « familles » ne recouvrent qu'une partie des activités sexuelles des individus au cours de leur vie, même après l'adolescence, même lorsqu'ils sont « mariés ». Entre la promiscuité, aussi rare que marginale sous ses différentes formes passées ou présentes, et le puritanisme, prôné par les sociétés obsédées par la certitude de la paternité et le contrôle de la sexualité des femmes, se reconnaissent quelques caractéristiques de la sexualité humaine. Les femmes et les hommes ont tendance à privilégier une vie sexuelle exclusive avec un seul partenaire, même au cours de l'adolescence dans les sociétés les plus tolérantes sur les expériences dites « prénuptiales ». On parle de monogamie sérielle, jusqu'à la formation d'un couple plus stable, uni librement – un choix récent dans nos sociétés modernes – ou engagé selon les différentes formes de contrats sociaux autour du mariage. S'il y a polygynie – encore fréquente – ou polyandrie – beaucoup moins pratiquée –, on évoquera plutôt une sorte de poly-monogamie. Mais cela n'épuise pas toutes les activités sexuelles car, à côté de ces formes officielles ou admises de sexualités, on relève ce qu'il faut bien appeler l'adultère, l'ensemble des relations sexuelles hors des cadres coutumier et légal.

Partenaires, amour, fidélité

Que ce soit chez les singes, chez les hamadryas les plus coercitifs envers les femelles, les gibbons monogames stricts ou les chimpanzés farouches envers les mâles voisins, les tests de paternité révèlent un fort taux d'infidélité, et il en est ainsi dans notre espèce. Car il y a une évidence négligée dans toutes les hypothèses discutées, c'est que si la femme et l'homme jouissent d'une érotisation du corps, cela permet à la fois de stabiliser une relation consentie et exclusive, mais aussi de susciter le désir d'un autre partenaire. Il ne fait aucun doute que, contrairement aux autres espèces ayant tendance à privilégier une relation de couple exclusive, notre espèce se distingue par une activité sexuelle intense, le nombre de relations sexuelles étant sans commune mesure avec celui des enfants procréés, notamment[1]. Notre sexualité assume plusieurs fonctions, celle de la reproduction, mais aussi de la construction d'un lien érotique, charnel, sensuel et affectif entre deux partenaires. Cela passe par des transformations physiologiques rarement soulignées. Chez les oiseaux monogames, comme les aras et les perroquets, les deux partenaires harmonisent leurs chants, leurs danses et leurs vols et embellissent, leurs magnifiques plumages arborant d'autres couleurs. Cette union passe par un état de bien-être qui renforce le couple et est aussi un message non incitatif pour d'éventuels prétendants. À cela s'ajoute des modifications hormonales, comme la production d'ocytocine et d'autres molécules (dopamine, sérotonine, norépinéphrine) qui agissent sur les récepteurs du cerveau et composent une alchimie moléculaire des sentiments et des plaisirs. Certaines

1. Si, dans notre histoire récente, certains hommes entrés dans la légende, ou plutôt le *Livre des records*, ont pu engendrer dans des conditions très particulières des dizaines voire des centaines d'enfants – en ayant de nombreuses épouses –, une femme ne peut avoir au maximum plus d'une dizaine d'enfants, sauf dans des conditions idéologiques natalistes comme au Québec il y a encore un demi-siècle. En fait, le commandement biblique « Croissez et multipliez » répond à une révolution démographique liée aux inventions des agricultures et dont nous sortons à peine, puisque chez les peuples traditionnels plusieurs années séparent les naissances successives.

hormones sont sécrétées au cours des rapports sexuels, mais aussi autour de l'accouchement, en rappelant que les couples intensifient la fréquence des rapports autour de cette période, autant de comportements et de mécanismes qui assurent la fidélisation des partenaires.

Diverse études, comme celle d'Helen Fisher, s'appuient sur des enquêtes conduites sur plus de cent cinquante cultures actuelles à propos des relations amoureuses, mettant en évidence un désir de ce qu'on peut appeler l'« amour romantique ». S'il y a bien une « pulsion sexuelle » qui vient de notre évolution, elle passe par des mécanismes cérébraux complexes qui amènent la personne amoureuse à focaliser son attention sur l'être désiré, de telle sorte qu'il envahit toutes les pensées. Faire l'amour devient presque moins important que le sentiment d'être aimé. Cet état amoureux, passionnel et charnel ne dure, en moyenne, que trois à cinq ans, évoluant vers l'attachement. Cette période se corrèle avec la durée moyenne entre la naissance et le sevrage. L'attachement prolonge cette période et peut durer toute la vie, les relations sexuelles participant de liens affectifs et sécurisants, sans éliminer pour autant quelques aventures passagères.

On peut se demander si de telles enquêtes ne reposent pas sur certains clichés, la notion d'amour romantique changeant considérablement entre les cultures et l'histoire des cultures. (Par exemple, la diffusion des films et des séries télévisées dans le monde n'est-elle pas susceptible de distiller une vision uniforme de l'amour ?) Cette remarque étant faite, les récits évoquant toutes sortes d'amour romantique remontent à la plus haute antiquité pour les sociétés connues par leurs écritures, et les ethnographes rapportent de telles histoires. Les cultures traduisent par la parole une tendance évolutive de notre espèce à former des couples unis par le désir. Même si corrélation ne signifie pas raison, la correspondance entre la période amoureuse et la durée de la petite enfance semble cohérente, sachant combien l'évolution agit sur ce qu'on appelle les périodes de la vie. La période d'attachement qui fait suite est tout aussi intéressante puisque dans l'espèce humaine le petit dépend encore de ses parents pour se nourrir après le sevrage. N'oublions pas non plus les pressions culturelles et sociales qui incitent au maintien des unités de reproduction. Ces remarques montrent combien les facteurs biologiques et culturels se retrouvent étroitement enlacés dans notre sexualité.

Une autre caractéristique des sociétés humaines est que les couples ne se constituent pas au hasard. D'une part, les individus ayant été élevés ensemble engagent très difficilement des relations amoureuses. S'ils entretiennent des relations affectives parfois intenses, avec un fort attachement, cela ne conduit pas à une relation sexuelle et amoureuse. C'est un fait bien connu des anthropologues. Dans la Chine traditionnelle, les familles arrangeaient des mariages entre leurs jeunes enfants, qui parfois vivaient ensemble sous le même toit dès l'enfance. Il devenait très difficile de les amener à avoir des relations sexuelles. De même dans l'expérience bien étudiée des kibboutz en Israël, où les enfants de plusieurs couples étaient élevés ensemble dès le plus jeune âge. Les cas de mariages entre enfants d'un même kibboutz sont très rares et, quand cela se fait, il apparaît que l'un des deux mariés est arrivé au kibboutz après l'âge de 6 ans. Ces observations suggèrent que les forts sentiments d'attachement qui se tissent au plus jeune âge entre des enfants et entre des enfants et des parents ou des adultes inhibent le désir sexuel. (Il en va de même chez les singes et les grands singes chez lesquels on s'est intéressé à ce sujet. Ces observations obligent à reconsidérer la question de la libido chère à la psychanalyse et les fondements de l'inceste ; à noter cependant que le cas d'Œdipe se comprend puisqu'il a été séparé de sa famille étant très jeune ; quant au reste, c'est de l'ordre de la psychanalyse.) Maintenant, on s'aperçoit que les individus ont tendance à trouver des partenaires sexuels et à s'unir avec des individus du même milieu social, ce qu'on appelle l'endogamie sociale, puisque au moins deux tiers des conjoints ont suivi les mêmes études, ce pourcentage étant encore plus marqué en ce qui concerne la religion. Indépendamment de la pression sociale, il est clair que les individus se montrent plus sensibles à des personnes qui évoquent les codes de leur milieu acquis dès le plus jeune âge. On touche là une étonnante ambivalence de la jeunesse et de l'éducation qui, d'un côté, mène à l'évitement des personnes du cercle familial le plus proche, tout en élaborant une construction mentale du partenaire désiré ou appelant à le désirer. (Entre les deux périodes se glisse le sevrage, une rupture affective et nécessaire pour passer d'une forme d'amour à l'autre. L'imagerie cérébrale s'intéresse à ces questions, mais avec bien des controverses car, dans cette discipline récente et en plein développement, on constate des corrélations et des interprétations hâtives, en tout cas qui demandent à être sérieusement étayées. Il est évident que les circuits et les zones neuronales impliqués dans tous ces processus affectifs sont divers, sans oublier l'étonnante plasticité neuronale.) Ces remarques s'entendent pour des sociétés stratifiées et complexes et sont moins pertinentes chez les peuples traditionnels en ce qui concerne l'homogamie sociale, bien qu'il serait aussi naïf qu'erroné qu'il n'existât pas de préférence entre les partenaires qui, de toutes les façons, doivent respecter des règles de parentés souvent bien plus complexes que celles des sociétés dites modernes.

Plaisir et infidélité

Les femmes et les hommes jouissent d'un arsenal sexuel tel que, s'il est propice à l'édification d'une relation stabilisée, il n'offre pas moins autant d'incitations à l'aventure. En fait, il convient de bien distinguer deux caractères qui ne sont pas corrélés, ou dont la corrélation est variable selon les espèces et les femelles, et donc susceptible d'évoluer, c'est-à-dire l'expression paroxysmale de l'œstrus et la période d'ovulation. Il y a complète dissociation entre les deux chez la femme et c'est pour cette raison qu'il convient de parler de camouflage de l'ovulation et d'un « œstrus permanent », bien perçu par Desmond Morris. Autrement dit, il n'y a pas de transformation spectaculaire de la morphologie de la femme parce qu'elle est constamment désirable. Pour autant, l'occurrence de la période de fécondité, qui ne semble pas perçue consciemment chez la femme comme chez l'homme, se manifeste de manière subtile. Plusieurs études montrent que la faune bactérienne et les phéromones changent autour de cette période sensible chez les femmes, ce qui, grâce à la pilosité pubienne, en concentre les effets, une incitation à une relation sexuelle entre partenaires. Par ailleurs, d'autres études révèlent que les jeunes femmes et les femmes tendent à multiplier les « sorties » dans des lieux fréquentés : magasins, bars, manifestations collectives ou festives, bals, boîtes de nuit, etc. ; ce qui, bien évidemment, favorise les chances de rencontres. D'après les enquêtes menées, les relations sexuelles et les « infidélités » sont plus nombreuses au cours de cette période sensible.

Que ce soit chez les peuples traditionnels ou dans des sociétés considérées comme plus complexes, la première cause de disputes, de conflits et de violences – pouvant aller jusqu'au meurtre – provient des infidélités, le plus souvent à l'encontre des femmes. C'est une réalité non perçue dans les grandes villes des pays industrialisés, où depuis quelques décennies seulement la « libération des mœurs » semble acquise. Mais il faut rappeler que cela fait moins de cinquante ans en France que les femmes peuvent avoir un travail et un compte en banque sans l'autorisation de leur mari. Les populations des grandes villes et les médias rapportent rarement ce que les sociologues des banlieues connaissent fort bien, ce qui a donné des tragédies particulièrement horribles, qui n'ont rien d'un épiphénomène. Les « crimes d'honneur » sont l'expression la plus violente des mariages arrangés, des mutilations, des obligations vestimentaires et comportementales. Sans vouloir être désagréable, la pensée « politiquement correcte » des milieux « bourgeois » sensibles à toutes les formes de liberté individuelles et passant par un intérêt éclairé pour tout ce qui touche à la psychologie, la sexologie, la pédagogie, la psychanalyse, etc., et très sensibles à ces questions, tend à ignorer combien ses acquis sont loin d'être universels, hélas, même chez nous.

Il faut tout de même une sacrée dose de naïveté ou d'aveuglement pour que les hommes qui se livrent à l'adultère pensent que les femmes qui commettent un adultère avec eux sont les seules à se comporter ainsi. Il est vrai que les hommes tendent à penser qu'eux seuls ont des désirs sexuels et qu'eux seuls peuvent en procurer. Le sexe donne du plaisir, l'orgasme, si évident chez l'homme, et si longtemps ignoré chez la femme, tant il a été frustré et redouté par les hommes. La reconnaissance du plaisir féminin dépend plus des attitudes répressives des sociétés que d'un fait de nature. Il n'est pas facile d'expliquer le décalage temporel entre la survenue du plaisir masculin, qui peut être rapide, et celui de la femme, plus long à se manifester. À quoi peut servir l'orgasme féminin ? Question inévitable dans les sciences de l'évolution. On se heurte à une longue tradition machiste qui, dans la plupart des cultures humaines, considère seulement le mâle, que ce soit pour sa semence qui détermine la descendance ou le plaisir sexuel. D'Aristote – et avant – jusqu'au début de la génétique au tournant du XXe siècle, les philosophes et les naturalistes pensaient que seule la semence du mâle déterminait les caractères des enfants, la femelle ou la femme n'étant qu'une matrice féconde. En biologie, plus précisément en cytogénétique, le stade féminin était considéré comme celui de base à partir duquel se différenciait le stade masculin, plus évolué, ce qui a conduit des journaux scientifiques à titrer « La revanche du chromosome X » quand on a fini par admettre que devenir une femme ou un homme correspond à des constructions ontogénétiques divergentes et tout aussi complexes. À propos de la sélection sexuelle, évoquée dans le premier chapitre, longtemps les biologistes et les éthologues ont contesté l'idée que les femelles puissent choisir leurs partenaires, tant on les considérait comme de simples matrices à usage masculin. De tels archaïsmes persistent encore et, pour s'en convaincre, il suffit de relever toutes les violences imposées aux femmes de par le monde (enfermements, frustrations, sévices et castrations diverses, les hommes dévoilant un génie sinistre et morbide dès qu'il s'agit de réprimer la sexualité des femmes). Il est encore plus affligeant que de telles idées persistent encore en sciences, qu'elles soient de la nature ou humaines. Pour revenir à l'orgasme donc, une explication serait que les contractions ascendantes du vagin favoriseraient la fécondation en facilitant le parcours des spermatozoïdes. C'est l'aspect mécanique. Une autre explication serait que l'homme aurait le sentiment d'être le seul, en donnant ce plaisir, à pouvoir féconder sa partenaire. C'est tout à fait plausible, tout en précisant que l'orgasme peut aussi se simuler et se contrôler.

Les jeux de l'amour et les jeux interdits usent de tous ces registres. C'est peut-être là que l'on retrouve une particularité de la sexualité humaine, qui se pratique couramment de façon discrète, à l'écart des autres. En fait, l'adultère est indissociable de cette constante des sociétés humaines à vouloir arranger les unions selon diverses règles sociales. Chez tous les peuples se pratique l'exogamie des femelles, constatée par tous les ethnologues dont Claude Lévi-Strauss, à laquelle la psychanalyse a tenté d'apporter des interprétations, mais qui se pratique aussi chez les chimpanzés. Sauf que dans notre espèce cela passe par des règles d'alliances et de parentés souvent très strictes. L'idéal d'un amour romantique vient en partie de toutes les frustrations suscitées par ces obligations. En conséquence, l'adultère devient un désir compensatoire[1].

D'un point de vue évolutif, l'infidélité présente plusieurs avantages. Un homme peut mieux assurer son succès reproducteur tout en bénéficiant d'une unité de reproduction stable, avec des obligations parentales envers « ses enfants » ; une femme peut procréer avec un homme qui lui plaît, tout en devant rester liée au partenaire mal choisi ou imposé par des règles sociales, mais qui assumera ses obligations parentales envers « ses enfants ». La devise serait alors « pas vu pas pris » et tant qu'on ne sait pas, tout va pour le mieux. En tout cas, dans notre espèce, 10 à 15 % des enfants proviennent d'un adultère, ce qui n'est pas anodin d'un point de vue évolutionniste. Toute règle sociale dicte des interdits et fait émerger les moyens de les contourner.

Ce qu'est notre sexualité actuelle

- Faible dimorphisme sexuel de taille corporelle, mais fort dimorphisme morphologique pour la forme du corps, la pilosité et la voix.
- Tendance à vivre dans des structures de reproduction coutumières monogames/polygames, avec une tendance polygyne.

1. Pour s'amuser : on se rappellera cette étude comparée entre les westerns américains et italiens proposée par le dessinateur Gotlib, auteur de la géniale *Rubrique à brac*. Une différence notable apparaît vers la fin du film, quand le héros solitaire revient dans son ranch. Dans le western américain, il retrouve son épouse avec un enfant dont l'âge correspond à une conception avant son départ. Dans le western italien, la femme accueille son héros avec une ribambelle d'enfants.

• Découplage entre l'ovulation cachée, avec une courte période de fécondité, et une réceptivité sexuelle quasi permanente des femmes, favorisée par une attractivité et une réceptivité permanentes.

• Organes génitaux féminins dissimulés par la pilosité pubienne alors qu'apparaissent d'autres organes sexuels, comme la poitrine constamment développée (caractère néanmoins discuté quant à cette fonction).

• Pénis de l'homme très développé et exhibé en permanence avec des testicules de taille relativement moyenne en relation avec la possibilité de multiplier des rapports avec une ou plusieurs partenaires (comparé aux espèces strictement monogames).

• Une sexualité humaine qui participe à l'édification d'une relation privilégiée avec un, parfois plusieurs partenaires, fondée sur une monogamie sérielle.

• Activités sexuelles intenses chez les « couples » nouvellement formés associées à une période de relations affectives et sexuelles intenses de trois à cinq ans.

• Coïts relativement prolongés – quelques minutes comparées aux quelques secondes chez les espèces les plus proches de nous – avec un décalage temporel important entre l'orgasme masculin et l'orgasme féminin.

• Un nombre de rapports sexuels sans commune mesure avec le nombre de procréations.

• Des activités sexuelles découplées de la stricte fonction de reproduction dans l'édification d'une relation fidélisée, des comportements de réassurance, de consolation, de congratulation, de joie, de réconciliation, etc.

• Une forte tendance à des activités sexuelles en privé ; mais aussi une tendance à l'infidélité dissimulée relativement fréquente.

Nous venons d'évoquer ce que nous savons ou croyons savoir de notre sexualité, sachant combien l'éthologie et la sexologie sont des disciplines récentes. Au risque de surprendre, cela ne fait pas très longtemps que l'on parle de sexe en sciences et beaucoup de caractères évoqués ont été mis en évidence ces dernières années. Plusieurs raisons à cela : la première étant qu'on ne parlait pas facilement de ces questions dans nos sociétés et donc, qu'en faire un sujet de recherche n'était pas évident (par exemple, on dispose encore de trop peu d'observations précises et selon des critères précis de l'homosexualité. De même pour les études sur tout ce qui touche aux préliminaires et aux comportements érotiques) ; la deuxième provient de l'incroyable persistance des clichés, ancrés dans des représentations séculaires, des machismes ordinaires et culturels, même en science ; la troisième découle, notamment en France, de la césure entre l'homme-animal-de-culture et l'animal-machine-à-instincts avec pour conséquence de considérer comme inutile, voire incongru si ce n'est même dégradant, de comparer la sexualité humaine à celle des autres espèces. Il reste certainement beaucoup de questions à préciser. On remarquera que les avancées des recherches sur la sexualité humaine se manifestent dans des sociétés et des époques de conquêtes de libertés, sexuelles et citoyennes, sachant combien les questions relatives à la sexualité et aux origines de la vie – autrement dit l'évolution –, ont été accaparées par les religions et les dogmatismes religieux.

L'évolution de la sexualité humaine

Les questions de la nature et de la culture du sexe sont indissociables. En début de chapitre, nous avons évoqué les « premiers hommes » qui n'en étaient pas vraiment, puis nous avons revisité notre sexualité actuelle. Que s'est-il passé depuis l'émergence du genre *Homo* et *Homo sapiens*, sur une période longue de deux millions d'années, avec une expansion géographique sans précédent sur tous les continents et l'apparition de différentes espèces d'hommes, dont plusieurs contemporaines ? Au cours de ces deux millions d'années, le genre *Homo* renforce son évolution par des innovations techniques, culturelles et sociales, ce qui peut laisser croire qu'en chemin les fondements naturels de notre sexualité ont été perdus, tout au moins remodelés par la culture. Or c'est plus compliqué, que ce soit chez *Homo ergaster* ou, aujourd'hui, chez *Homo sapiens*. Notre évolution n'est pas celle d'un processus d'hominisation – encore un de ces grands concepts galvaudés et mal compris – qui libère l'homme des emprises de la nature, conquérant ainsi sa liberté, schéma récurrent de la culture occidentale. Les fondements naturels de notre sexualité se révèlent, comme on l'a fait, d'une démarche comparée avec d'autres espèces et de l'observation des autres cultures humaines, sans aucun *a priori* sur l'état supposé archaïque ou évolué de tel ou tel caractère, démarche structuraliste s'il en est, et qui permet de reconstituer une histoire évolutive. Cette histoire évolutive ne se ramène pas à un conflit nature/culture, mais à une coévolution faite d'interactions entre le biologique et le culturel.

Une figure incontournable des origines de notre sexualité se situe dans l'Europe des âges glaciaires. C'est devenu un cliché, repris par les sciences humaines, la psychologie et la psychanalyse. Par exemple, l'idée que toute l'économie de survie provient de la chasse, les hommes se lançant dans de grandes expéditions cynégétiques tandis que les femmes attendaient dans la caverne, accaparées par les enfants, le tannage des peaux, les diverses préparations des nourritures, l'entretien du feu, les confections d'habits, etc. Leurs conditions de vie étaient si précaires – et entièrement dépendantes de leurs hommes – qu'on attribue l'acquisition de dépôts graisseux et la poitrine développée à une sélection au cours des âges glaciaires pour des femmes nanties de ces caractères, d'où les célèbres Vénus stéatopyges magnifiquement restituées par des gravures et des sculptures. Mieux encore, les différences cognitives entre les hommes et les femmes actuels – les premiers plus aptes à se déplacer et à lire des cartes routières ; les secondes plus enclines aux compétences langagières ; les premiers plus agressifs et inventifs ; les secondes plus dans l'empathie et l'assistance sont autant de clichés encore reproduits dans nos sociétés soi-disant modernes et qui seraient un héritage de ces temps glaciaires. Le succès des publications de toutes sortes et d'émissions reproduisant ces clichés, non validés d'un point de vue scientifique – les femmes étant de Vénus et les hommes de Mars –, suffit à décrire le profond archaïsme de nos sociétés. Tristes tropismes qui, en fait, ne viennent pas des âges glaciaires, mais des constructions idéologiques et machistes de notre histoire récente (voir Picq P., *Nouvelle histoire de l'homme*).

Une telle hypothèse, celle des origines de notre sexualité au cœur des âges de glace, serait recevable si, par exemple, les hommes de Neandertal étaient nos ancêtres, eux, les vrais Européens. Mais ce n'est pas le cas. Et puis, il faudrait que les caractères sélectionnés dans l'Europe glaciaire se soient diffusés sur toute la Terre, comme au bon vieux temps des colonies. Pour nous les *Homo sapiens*, tout se passe en Afrique et au Proche-Orient, entre 300 000 ans – émergence de notre espèce – et 50 000 ans – commencement de notre expansion sur l'Eurasie, l'Australie, les Amériques et l'Océanie.

On peut proposer deux thèses extrêmes : l'une, classique car fondée sur l'ignorance ou le mépris des autres espèces d'hommes fossiles et toutes les autres espèces, qui soutient que notre sexualité émerge avec les hommes modernes ou *Homo sapiens sapiens* entre 100 000 ans et 50 000 ans, en relation avec ce qu'on appelle la « révolution symbolique » dont témoigne l'art pariétal, les parures, les tombes, etc. ; l'autre, que nous soutiendrons, affirmant, que les prémices de notre sexualité apparaissent avec *Homo ergaster* en relation avec leurs adaptations socio-écologiques. Pour la première, l'argumentation se fonde sur le recours à des récits mythiques ; l'autre, qui s'efforce, avec bien des incertitudes, de suivre l'évolution de notre sexualité en fonction de l'évolution des activités des représentants du genre *Homo*.

Division des tâches, langage et sexualité

La division sexuelle des tâches représente une adaptation originale puisque les hommes et les femmes se livrent à des activités complémentaires de chasse et de collecte, ce qui leur permet de quérir les ressources les plus prisées de l'environnement. Cela passe par l'invention de divers outils et ustensiles pour récolter ces nourritures, les transporter et bientôt les préparer, puisque cette stratégie écologique requiert le partage des ressources collectées, et aussi des lieux d'habitat, parfois aménagés, pour se retrouver, se reposer et partager des activités sociales. Il est fort probable que cette nouvelle socio-écologie passe par une forme de sexualité nouvelle par rapport aux espèces ancestrales.

Une hypothèse classique situe de tels changements entre 2,5 et 1,5 million d'années, avec les *Homo habilis*, notamment en raison de vestiges possibles de premiers habitats construits, comme à Olduvai en Tanzanie, datés de 1,8 million d'années. Nous savons aussi que dès 2,5 millions d'années, des hominidés – mais lesquels ? – menaient des expéditions pour accéder à des gisements de pierres de bonne qualité pour tailler des outils. Tout cela commence autour des origines incertaines du genre *Homo*, avec des organisations sociales nouvelles dont les caractéristiques nous échappent.

L'hypothèse la plus simple consiste à considérer que toutes ces innovations coexistent avec *Homo ergaster*. En effet, elles ne sont pas toutes apparues en même temps et certaines précèdent certainement l'émergence du genre *Homo* au sens strict, en rappelant que la diversité des représentants du genre *Homo* au sens large entre 2,5 et 1,5 million d'années ne facilite pas les reconstitutions. (Une autre difficulté serait de transposer ce que nous savons des derniers chasseurs-collecteurs actuels au début du paléolithique, un anachronisme difficile à contourner.) Par commodité, nous reprendrons notre récit autour de 1,5 million d'année. La première raison est qu'à partir de là, il n'y a qu'une seule espèce d'homme, déjà présente sur trois continents (Afrique, Europe, Asie), avec les caractéristiques évoquées précédemment. D'autre part, l'archéologie préhistorique indique plusieurs innovations considérables : l'invention des bifaces, l'usage du feu et les premières traces d'habitats construits.

Ces hommes, qu'ils soient des *Homo ergaster* ou des *Homo erectus* au sens large, ce qui importe peu pour notre propos, ont une bipédie comparable à la nôtre et un cerveau dont le volume frôle les 1 000 cm^3. L'encéphale présente une asymétrie très marquée avec une forte expansion des régions temporales et pariétales, surtout du côté gauche, en rapport avec des aires associatives et celles du langage. Le langage articulé est un moyen de communication très complexe, qui permet d'exprimer de façon plus précise ce que font déjà fort bien d'autres espèces, mais aussi d'évoquer des obligations, des devoirs, des narrations, des indications d'actions dans le temps et l'espace, etc. On évoque pour cette période un proto-langage, sans vraiment préciser ses caractéristiques. On peut admettre que ces hommes avaient des modes de communication plus élaborés que leurs prédécesseurs, en relation avec leurs innovations techniques, sociales et culturelles (voir Picq P. et coll., *Les Origines du langage* ; *La Plus Belle Histoire du langage*).

L'invention et la construction d'abris, dont on retrouve des vestiges sur des plages au bord de lacs et de fleuves, expriment une nouvelle organisation au sein des groupes, d'autant qu'il est difficile d'imaginer qu'il s'agit là de cabanes pour un couple et ses enfants. D'un point de vue alimentaire, ces hommes sont de vrais chasseurs, comme en témoigne un épieu en bois de grande taille daté de 1,4 million d'années. (Une découverte rarissime, car il faut rappeler que l'âge de pierre est avant tout un âge du bois, qui se conserve très mal.) Ces hommes inventent aussi les bifaces, des outils de pierre taillée sur les deux faces et aux formes symétriques souvent parfaites pour les plus belles pièces connues. S'il ne fait aucun doute que leur forme pointue et les retouches des tranchants les rendent très efficaces, ces fonctions peuvent être accomplies tout aussi efficacement avec, pour la perforation, un épieu épointé et durci au feu, et pour trancher avec des éclats. (Les cultures du paléolithique avec des bifaces sont dites acheuléennes : elles ne concernent pour l'essentiel que les populations préhistoriques d'Afrique et d'une partie du Proche-Orient et de l'Europe. Cela ne veut pas dire que les populations plus orientales étaient moins avancées, mais qu'elles utilisaient d'autres techniques et des matériaux végétaux et/ou organiques qui ne se sont pas conservés.) Pourquoi consacrer du temps à concevoir des outils aussi beaux ? Cela fait peu de temps qu'on se pose ce genre de question, tant on concevait ces femmes et ces hommes dans les affres de la survie, bien incapables de jouir du temps nécessaire pour créer des formes, avoir des activités esthétiques.

Le biface exprime par le choix des matières et les formes obtenues des capacités cognitives qui interpellent la beauté, la symétrie et l'esthétique. Certains auteurs n'hésitent pas à évoquer une forme érotique inspirée du corps des femmes. C'est aussi vers cette époque que s'accroît l'usage de l'ocre, pour assainir le sol des habitats, traiter des peaux et aussi enduire les corps. À cela s'ajoute l'usage du feu, qui permet de transformer les aliments et les matériaux. Au passage, que la viande soit cuite ou crue, elle se digère très bien ; c'est une autre affaire avec les tubercules, très présents dans l'alimentation des hommes d'hier et d'aujourd'hui. Leur cuisson les rend plus faciles à mastiquer et surtout à digérer. Enfin, d'un point de vue nutritionnel, on ne voit pas ce que peut apporter la viande au développement et au fonctionnement du cerveau[1]. Ces remarques obligent à reconsidérer tous ces modèles machistes des origines de nos sociétés et de la sexualité fondés sur la négociation sexe contre nourriture, en rappelant que les femelles représentent le sexe écologique et que, chez les peuples traditionnels, elles assurent plus des deux tiers de l'apport en nourriture au sein des unités familiales ; ce qui signifie qu'elles participent plus à l'alimentation des hommes que ceux-ci en apportent en retour. Cependant, la capture d'une proie et l'apport soudain de viande, très appréciée, sont investis de comportements sociaux complexes qui bénéficient aux bons chasseurs.

Reste l'énigme de l'angoisse du chasseur sachant que « qui part à la chasse, perd sa place ». Pourquoi un homme, aussi bon chasseur et estimé puisse-t-il être, s'éloignerait-il en prenant le risque de voir sa femme courtisée par un autre homme ? C'est probablement à cette époque que l'on peut concevoir – sans le prouver formellement – les fondements de nos sociétés à la socio-écologie si particulière, à la cohérence de laquelle participent le langage et les formes symboliques. Le langage – mode d'expression symbolique s'il en est – propose des narrations qui permettent d'évoquer des obligations

1. Les singes frugivores ont des cerveaux bien plus gros que les prédateurs de même taille ; on ne réanime pas une personne évanouie par manque de glucose avec un morceau de viande. Voir Jean Chavaillon et coll., *in* Picq P. et Coppens Y., *Le Propre de l'homme,* Fayard, 2001.

et des faits ; par exemple, si une ou des personnes peuvent rapporter des faits, comme un homme ou une femme prenant le risque de tromper leur partenaire. La possibilité de dénonciation ou de commérage ne facilite pas les choses. Par ailleurs, l'invention de formes symboliques et l'usage de colorants servent à marquer le statut social et reproductif des individus. Quant au feu, il est au centre d'une partie des activités sociales, propice à l'assemblée des individus et à la narration, tout en ouvrant le monde de la nuit (Voir Picq P., *Danser avec l'évolution*). Une fois de plus, on ne peut proposer qu'un ensemble de conjectures qui associent diverses innovations techniques, socio-écologiques et esthétiques attestées entre 1,5 et 1 million d'année ; mais c'est une avancée en comparaison de toutes les théories qui se contentent de reprendre tant de clichés et ignorent, voire nient, les connaissances de la paléoanthropologie et de la préhistoire.

Ces sociétés du paléolithique ancien ont-elles inventé les habits ? Notre arsenal sexuel, dont l'œstrus permanent de la femme, n'incite pas à la fidélité. Mais ces *Homo erectus* au sens large étaient-ils encore velus ou bien parés de notre pilosité si particulière ? Nous avons évoqué l'hypothèse du coureur des savanes, argument physiologique significatif, renforcé par le fait que ces femmes et ces hommes s'engageaient dans de longues expéditions pour la chasse, la quête de nourriture et de matières premières, ce qui les conduisait à conquérir de vastes étendues aux paysages ouverts, comme les régions tempérées chaudes du sud de l'Eurasie, depuis les savanes d'Afrique. La coévolution, les interactions entre les évolutions biologiques et culturelles ont pu jouer également. Depuis Desmond Morris, plusieurs anthropologues évoquent l'influence du feu et de l'habitat sur notre pilosité. À partir de l'époque où les hommes construisent des abris et s'ils résident et dorment au même endroit pendant un certain temps, cela favorise des parasites comme les puces.

(Les grands singes évitent ce problème en confectionnant un nouveau nid de branchage chaque soir.) Avoir une pilosité fournie devient alors un problème, les individus plus poilus étant davantage parasités. Les femmes préféreraient les hommes moins affectés, comme le font les femelles chez les oiseaux, très attentives à la qualité du plumage de leur partenaire, bien que, chez l'homme, opère aussi une sélection intersexuelle intense des mâles envers les femelles, lesquelles ont une pilosité moins abondante. Reste la longue chevelure, refuge à parasites, comme les poux. Si cette autre pilosité devient un caractère sexuel, elle s'avère désavantageuse pour isoler le corps des changements de température, comme entre le jour et la nuit. C'est là que la culture intervient à nouveau, avec l'usage du feu et l'invention des habits, ou tout au moins de couvertures. Autre problème, si la fourrure invite les parasites, elle protège des autres insectes comme des morsures du soleil et des intempéries. Les animaux dépourvus de longs poils et vivant dans les contrées chaudes – éléphants, rhinocéros, grandes antilopes, etc. – se roulent dans la boue pour se couvrir d'une couche protectrice. Si ces femmes et ces hommes du paléolithique ancien avaient déjà une pilosité comparable à la nôtre, il est possible qu'ils s'enduisaient le corps de « pâtes » avec de l'ocre ou des cendres, comme cela se faisait il n'y a pas encore si longtemps chez les derniers peuples traditionnels. En agissant ainsi, elles et ils ne devaient pas se priver de dessiner des motifs, prémices des maquillages et des décorations corporelles.

Un autre cas de coévolution relie l'invention de la cuisson et l'expansion du cerveau, l'organe le plus consommateur d'énergie de notre corps. Une bipédie plus performante d'un côté ; un cerveau relativement plus gros de l'autre : de là émerge une des contraintes les plus douloureuses de notre évolution pour les femmes, celle des complications de l'accouchement.

À propos du nouveau-né humain

On lit et on entend couramment que le nouveau-né humain vient au monde très immature. Les sciences humaines répètent cette vérité comme une évidence en citant « sainte néoténie », comme si le petit humain sortait comme un lapin pédomorphe d'un chapeau, l'une des scènes les plus grotesques de *L'Odyssée de l'espèce*. Pas besoin d'être naturaliste pour savoir que les petits des prédateurs et de la majorité des petits mammifères arrivent au monde à l'état de quasi-fœtus (stratégies r). Les singes et les grands singes appartiennent au club assez restreint des grands mammifères chez lesquels les femelles mettent un seul petit au monde après une longue gestation, un petit qui naît précoce et capable de beaucoup de comportements (stratégies K ; et ce n'est pas le cas de tous les grands mammifères, comme les lions ou les sangliers). L'homme fait partie de ce groupe et le petit humain arrive au monde non seulement de grande taille, mais avec beaucoup de réflexes et de comportements innés. En revanche, il est indéniable que notre ontogenèse présente des caractéristiques propres avec un nouveau-né dont la taille corporelle fait entre six à dix fois celle d'un nouveau-né chimpanzé ou gorille – pas mal pour un « prématuré » ! – et avec un cerveau plus gros – environ 400 cm^3. À la naissance, un petit grand singe a un cerveau d'environ 300 cm^3 – soit déjà 75 % de sa taille adulte – alors qu'il est de 400 cm^3 chez le petit humain, dont plus grand dans l'absolu que chez les jeunes grands singes, ce qui ne représente toutefois que 25 % de sa future taille adulte. C'est en ce sens que le petit humain naît « immature », pas somatiquement ni par la taille absolue de son cerveau à la naissance par rapport aux grands singes, mais par rapport à la taille du cerveau adulte chez l'adulte de son espèce. En fait, sa taille corporelle correspond à celle d'un nouveau-né en fonction de la taille corporelle des femelles, en l'occurrence de la femme. Par contre, la taille relative du cerveau s'avère bien plus petite, non pas dans l'absolu, mais par rapport à sa future taille adulte. Chez l'homme, une grande partie du développement cérébral en volume et en organisation se réalise *post partum* ; c'est en ce sens que nous sommes « néoténiques », terme toutefois très inapproprié.

Les études empiriques montrent une forte corrélation entre la durée de la gestation et la taille du cerveau des adultes et des nouveau-nés ; c'est là que notre ontogenèse a décroché, ou donne cette impression. Car, il faut le répéter, la taille du corps et du cerveau du nouveau-né humain correspond à celle d'un grand singe de sa taille, ce qui se vérifie par les durées de gestation, autour de huit mois chez les grands singes, quelques semaines de plus pour notre espèce. Cela correspond assez bien à la différence de taille du cerveau entre le nouveau-né grand singe et humain. Alors, que s'est-il passé ? En fait, si on prend comme référence la corrélation entre la durée de la gestation et la taille du cerveau adulte, la grossesse devrait durer plus de vingt mois chez la femme actuelle, pour un cerveau de nouveau-né de 1 000 cm^3. Une telle perspective a de quoi effrayer et, évidemment, cela ne passe pas au niveau du petit bassin, l'adaptation à la bipédie imposant une contrainte biomécanique sur l'accouchement. C'est là que commencent les difficultés. Depuis *Homo ergaster*, les femmes qui avaient une gestation plus longue rencontraient des difficultés au moment de l'accouchement, celles ayant développé des fœtus à plus gros cerveau en relation avec une gestation prolongée « mourant en couches ». Cette contrainte s'est perpétuée, exerçant une terrible pression de sélection naturelle sur les femmes, d'*Homo ergaster* à aujourd'hui. La conséquence est que le petit humain poursuit son développement cérébral *extra utero*, comme un fœtus, jusqu'à l'âge de 18 mois, où l'on retrouve une taille d'environ 75 % de la taille adulte, comme chez les grands singes nouveau-nés.

Sachant que le cerveau est l'organe qui consomme le plus d'énergie – 20 % de notre métabolisme quotidien chez l'adulte –, le petit humain a besoin d'un apport d'aliments et d'énergie considérable, puisque le cerveau accapare presque 80 % de son métabolisme quotidien. Cela le rend donc très dépendant de la mère et celle-ci dépendante à son tour des ressources disponibles. Ces nouvelles contraintes se reportent sur les mâles, les hommes, puisque chez les espèces devant assurer des soins parentaux intenses, les femelles sélectionnent des mâles capables de s'investir dans l'éducation des jeunes. Cela ne signifie pas que les premières femmes avaient une entière liberté de choix pour la sélection intersexuelle – comme il est prétendu dans les nombreux mythes d'un matriarcat primitif –, mais que les populations dans lesquelles les hommes ne participaient pas aux soins parentaux ont disparu, tout simplement parce que les femmes survivaient difficilement. Dans un tel contexte, les caractéristiques particulières d'un attachement entre deux partenaires par la sexualité deviennent un avantage adaptatif. À côté de ces considérations sur la biologie de l'évolution dans le genre *Homo*, s'instaurent aussi des représentations culturelles renforcées par le langage.

Pour résumer, les changements socio-écologiques du genre *Homo* entre 1,5 et 1 million d'années sont liés à des innovations techniques et culturelles avec l'émergence d'une coévolution qui intrique le biologique et le culturel, et donc la sexualité. La paléoanthropologie, qui décrit l'évolution biologique, et l'archéologie préhistorique, qui suit les évolutions techniques et culturelles, livrent un ensemble de données compatibles avec l'apparition des caractéristiques de la sexualité humaine, liée à une sélection pour un cerveau relativement plus grand qui, en contraignant la survie de la mère et du nouveau-né, imposent un investissement parental des hommes, dont les obligations passent par des représentations symboliques portées par le langage. Ces femmes et ces hommes manifestent déjà des préoccupations esthétiques, visibles sur les magnifiques bifaces, et certainement sur le corps et ses apparences par les habits, peut-être les coiffures et des dessins sur le corps.

Homo sapiens et l'explosion symbolique de l'érotisme

Le genre *Homo* se déploie en Afrique, en Asie et en Europe à partir de 1,8 million d'années. Puis, vers 500 000 ans, on voit se dessiner trois espèces, les néandertaliens ou *Homo neanderthalensis* en Europe et en Asie occidentale ; les *Homo erectus* au sens strict en Asie orientale et les *Homo sapiens* en Afrique et au Proche-Orient. Pour notre propos, nous adopterons un schéma très simplifié, avec l'émergence de ces trois types d'hommes, sans pouvoir préciser s'ils sont issus d'un tronc commun – *Homo erectus* au sens large – entre 1,5 et 0,5 million d'années, ou s'ils proviennent de lignées séparées depuis plus longtemps, avec tous les schémas intermédiaires possibles entre ces deux hypothèses simplifiées. Nous nous concentrerons sur l'Afrique, le Proche-Orient et l'Europe, non pas pour retomber dans une conception occidentale de nos origines, mais parce qu'on possède beaucoup plus de données paléoanthropologiques et préhistoriques pour cette partie du monde.

Un des problèmes les plus intrigants de la paléoanthropologie moderne est la coexistence de plusieurs types d'hommes. S'agissait-il d'espèces différentes ou pas ? En d'autres termes, pouvaient-ils se reproduire entre eux ? Question d'autant plus fascinante que Neandertal et Cro-Magnon – des *Homo sapiens* tout comme nous – se retrouvent côte à côte au Proche-Orient entre 100 000 et 50 000 ans, sans que l'on puisse préciser quelles étaient leurs relations, alors que plus tard, entre 38 000 et 30 000 ans, ils cohabitent en Europe où les préhistoriens décèlent des traces d'acculturation. Ils se connaissaient donc et se fréquentaient. Quelques femmes et quelques hommes se sont-ils laissé séduire ? D'un point de vue biologique, rien de plus difficile que d'établir une frontière entre deux espèces issues d'un ancêtre commun récent, comme entre Neandertal et nous. Il peut y avoir incompatibilité génétique et/ou chromosomique (comme entre les chimpanzés et nous) ; des hybrides viables mais stériles (comme entre les chevaux et les ânes) ; des divergences comportementales évitant les rencontres ; des populations interfécondes et d'autres pas, etc. Un des exemples les plus connus est celui des babouins actuels, pas moins d'une dizaine d'espèces, mais toutes interfécondes, avec des zones occupées par des individus hybrides qui éprouvent des difficultés à se reproduire avec l'une ou l'autre espèce de leurs parents respectifs. Cela va à l'encontre de la tendance à l'homogamie évoquée précédemment, en rappelant que l'homogamie s'applique surtout pour la constitution d'unités de reproduction stables, beaucoup moins pour les aventures sexuelles. Les études les plus récentes, notamment celles basées sur de l'ADN fossile, tendent à faire de Neandertal une espèce autre que la nôtre, ce qui n'évacue pas la possibilité de quelques aventures amoureuses interspécifiques. En revanche, on ne retrouve pas de trace d'ADN néandertalien dans notre patrimoine génétique. La question qui nous intéresse est de savoir si les comportements amoureux passaient par des codes de séduction sensibles entre les deux espèces.

Les Néandertaliens avaient un corps plus trapu, avec un tronc et un bassin plus profonds, et des membres sensiblement plus courts. Leur crâne était de grande taille, avec un cerveau de plus de 1 600 cm³, à la voûte crânienne abaissée, l'ensemble semblant étiré entre une face portée vers l'avant et un occipital saillant. Une étude génétique révèle qu'ils étaient roux ou blonds, ce qui n'a rien de surprenant pour des populations humaines vivant sous des latitudes plus hautes et froides, une peau plus claire favorisant la synthèse de la vitamine D. Quant à Cro-Magnon, qui vient d'Afrique et du Proche-Orient, il avait une peau certainement foncée. Il est plus grand et plus longiligne avec un crâne plus gros que le nôtre, mais de forme plus globuleuse grâce à un front plus vertical et un cerveau de plus de 1 500 cm³.

Ces deux hommes devaient porter des vêtements et on pense immédiatement à des peaux de bêtes. C'est certainement le cas pour Neandertal, moins évident pour Cro-Magnon. Depuis quand les hommes confectionnent et portent des habits ? On n'en sait rien. On associe cette innovation aux rigueurs du froid. Il est bien plus probable que les premiers vêtements aient été conçus, comme les pagnes, pour dissimuler diverses parties du corps, à commencer par les parties génitales. Cette innovation technique considérable proviendrait des enjeux sociaux autour de ces corps dont il convient de dissimuler ou de dévoiler les parties. Les indices de séduction investissent les vêtements, les coiffures et les coiffes, les bijoux et les parures, les maquillages et les tatouages. Nous voici loin des clichés aussi tristes que sinistres de femmes et d'hommes de la préhistoire aux cheveux gras, à la peau meurtrie par les éléments et portant d'affreuses loques. (*Cf.* P. Picq, *100 000 ans de beauté*, vol. 1, à paraître.)

Cela fait des centaines de milliers d'années que les hommes collectent des pigments naturels, de jolies pierres et des coquillages. Les plus anciennes représentations humaines, des sculptures au demeurant fort contestables dont l'une aurait été portée en pendeloque, dateraient de 400 000 ans, proches de l'ancêtre commun à Neandertal et nous. L'usage de colorants est aussi très ancien, les néandertaliens préférant les noirs alors que notre espèce aime les ocres. Les plus anciennes parures faites de coquillages se retrouvent sur les rives méridionale et orientale de la Méditerranée depuis plus de 100 000 ans, époque aussi des premières sépultures au Proche-Orient dans lesquelles sont déposées des offrandes, dont de beaux objets. On pare les défunts pour qu'ils séduisent la mort. Les parures, les vêtements et les ornementations sont évidemment des marqueurs de l'identité à la fois au groupe et de l'individu, de son statut social et reproductif. Ces codes existent depuis des centaines de milliers d'années et s'affirment depuis 100 000 ans, et pas que pour notre espèce. Pour toutes ces raisons, et indépendamment de leurs différences biologiques et culturelles, des néandertaliens ont pu séduire des Cro-Magnon et inversement.

Après la disparition des derniers néandertaliens et des autres hommes, comme ceux de Solo à Java, il ne reste que notre espèce, déjà partout sur la Terre. L'expansion géographique et l'accroissement démographique vont alors de pair avec une explosion symbolique sous toutes ses formes : musiques, peintures, sculptures, gravures, parures, bijoux, etc. Il suffit d'imaginer la magnifique allure de la femme et de l'homme de Süngir en Ukraine, ensevelis ensemble dans une tombe datée de 27 000 ans. Ils portaient des vêtements cousus de milliers de perles en ivoire de mammouth, des bracelets en ivoire, des toques serties de dizaines de canines de renard polaire. De tels apparats nécessitaient des milliers d'heures de confection. L'âge de pierre n'était certainement pas un âge d'or, mais il était encore plus certainement éloigné des clichés rebattus de femmes et d'hommes tellement préoccupés par leur survie qu'ils ne disposaient pas de temps pour créer et séduire, alors que la plupart de ces inventions sont inspirées des métamorphoses culturelles de la sélection sexuelle.

Quand il ne reste qu'*Homo sapiens*

Depuis 30 000 ans, peut-être moins, il ne reste qu'une seule espèce d'homme sur la Terre, la nôtre, *Homo sapiens*. Les études de génétique et de linguistique comparées convergent pour situer le début de notre diaspora vers 50 000 ans, depuis l'Afrique et le Proche-Orient. L'homme se répand alors comme une traînée d'ocre en bateau et à pied sur tous les continents : l'Australie est atteinte il y a au moins 50 000 ans, les Amériques vers 30 000 ans, l'Océanie quelques millénaires plus tard. Tous ces peuples se retrouveront bien plus tard, au gré des migrations. Et tous les métissages prouvent que nous appartenons bien à une seule et même espèce. En dépit de millénaires de divergences culturelles, ce qui unit le plus profondément les femmes et les hommes d'aujourd'hui, c'est la capacité à se séduire. Cette universalité n'est pas un acquis récent, mais la preuve de la très grande ancienneté des fondements naturels et culturels de notre sexualité. Ce qui nous amène à une question : existe-t-il un universel de l'attirance ou de la beauté, au féminin comme au masculin ?

Dans *La Filiation de l'homme*, Darwin développe une vision machiste courante, selon laquelle les femmes seraient plus sensibles aux hommes qui jouissent d'une forme de prestige social (position, réputation, fortune, etc.), alors que les hommes sélectionneraient les femmes essentiellement sur leur aspect physique ; la réussite sociale s'unit à la beauté physique, version sexuelle de la division des tâches. À propos de notre dimorphisme sexuel, il note qu'il y a plus de variabilité chez les hommes que chez les femmes. Et de poursuivre en précisant que les « hommes sauvages », autrement dit archaïques, ont usé de cette puissance pour asservir les femmes, un avantage qui leur permet de les choisir. (Une idée reprise par les sciences humaines actuelles, ignorant, comme on l'a vu, que la différence de taille corporelle entre les deux sexes résulte plus de l'intensité de la compétition intrasexuelle qu'intersexuelle, ce qui n'empêche pas les mâles d'abuser de cet avantage, comme dans trop de sociétés humaines.) Les femmes étant partout conscientes de leur beauté, et si elles en ont la liberté, se parent, empruntant aux oiseaux mâles leurs plus beaux plumages destinés à charmer les femelles, une prédation esthétique qui, d'une certaine façon, renverse les rôles dans notre espèce, bien que cela ne soit pas universel. Il s'agit là évidemment d'une appréciation propre à la société victorienne dominante, à laquelle appartient Darwin, qui n'ignore pas tous ces peuples dits « sauvages » ou « barbares » chez lesquels les hommes se maquillent, se coiffent, se parent de plumes, etc. (Il aurait pu citer tous les uniformes des militaires ou les habits hallucinants des courtisans au sein de la culture occidentale.) Même un esprit aussi avisé et prudent que Darwin, qui ose pourtant parler de sélection sexuelle au cœur d'une époque très répressive sur ces questions, ne se dégage pas facilement des représentations dominantes, et masculines.

À propos des origines de notre sexualité, Darwin évoque la possibilité d'une promiscuité primitive, ce qu'il appelle le « mariage collectif ». C'est l'histoire de la horde sauvage reprise avec le succès que l'on sait par Sigmund Freud dans *Totem et tabou*. Mais il se ravise quelques paragraphes plus loin, en doutant qu'une telle licence n'ait jamais existé. Est-ce à dire que Freud a mal lu ? Certainement pas, car dans sa fiction à la fois mythique et psychanalytique, il évoque un problème complexe, celui de la mise en place des sociétés humaines et de notre sexualité. Comme pour le « bon sauvage » de Rousseau, la préoccupation n'est pas de définir un état objectif des origines, mais d'installer les fondements d'une réflexion sur l'émergence de nos sociétés et donc, ce qui n'est pas anodin, de leur évolution. Les fondements épistémologiques de la démarche de Rousseau et de Freud n'ont aucune prétention objectiviste, tant les connaissances sur les origines de l'homme étaient inconnues pour le premier et très incomplètes pour le second. À vrai dire, cela fait peu de temps que la paléoanthropologie permet de proposer des éléments de réponses de plus en plus complets, et c'est ce que nous avons fait au début de ce chapitre. Toutefois, il n'est pas admissible, qu'au nom de certaines lectures de Freud, trop de ses disciples s'autorisent à contester les approches comparatives et les observations des éthologues. Freud avait lu Darwin et il aurait certainement été très attentif aux avancées des connaissances dans ces domaines ; il en est ainsi du génie des grands pionniers ; c'est hélas moins vrai pour les disciples, darwinistes ou freudiens.

Ayant épinglé certaines tendances dogmatiques des sciences humaines, on a besoin de ces disciplines pour fustiger des réductionnismes propres à certaines disciplines, comme la psychologie évolutionniste. Les partisans naïfs de cette discipline prétendent que tous nos comportements actuels, et en dépit de leur diversité, ont été sélectionnés à la fin du paléolithique. La culture, et plus particulièrement les évolutions culturelles depuis des dizaines de millénaires, n'aurait apposé que de minces vernis. C'est « panglossien » et cela néglige la coévolution, qui ne touche pas que l'évolution de notre sexualité. On apprécie le retour d'archaïsmes machistes qui réaffirment que les hommes ont une tendance naturelle à l'infidélité – pour assurer leur succès reproducteur en misant sur la quantité – alors que les femmes ont intérêt à sélectionner un homme susceptible de leur apporter le confort et la sécurité. (Il suffit de se référer au titre du livre de P. Gouillou : *Pourquoi les femmes des riches sont belles. Programmation génétique et compétition sexuelle.*) La jalousie des hommes aurait été sélectionnée pour veiller à la fidélité de leur compagne, pour ne pas prendre le risque d'élever un enfant dont ils ne seraient pas le géniteur ; tandis que les femmes seraient moins peinées des infidélités de leur compagnon, tant qu'il reste attentif à leurs besoins et à leur confort, ce que ne manquent pas de rapporter divers sexologues. (Les femmes qui ont acquis leur liberté professionnelle et financière et qui préfèrent élever leurs enfants seules, quitte à avoir un ou des compagnons, et surtout en évitant un troisième grand enfant encombrant à la maison, apprécieront. Toute la stratégie machiste de nos sociétés depuis le néolithique a consisté à réduire au maximum l'indépendance économique des femmes ; autrement dit à brider leur liberté de subsistance – annihiler le sexe écologique – comme leur sexualité en instaurant l'obsession de la virginité, les grossesses à répétition et toutes formes d'agressions. Quant aux hommes sensibles aux nouvelles formes de paternités pour diverses raisons, ils apprécieront eux aussi.) Par ailleurs, des recherches en psychologie évolutionniste s'efforcent de définir des standards universels de la beauté, surtout pour les femmes, comme on s'en doute. Qu'il s'agisse des femmes et des hommes, les chercheurs notent une préférence pour les visages et les corps symétriques, ce qui serait une indication d'un bon développement et d'un bon génotype. Pour les préférences des hommes pour les femmes, on retrouve l'attirance pour des proportions universelles entre la largeur des épaules, l'échancrure de la taille et la saillie des hanches. Plus surprenant, la femme à la beauté idéale serait de type européen et… blonde. Surprenant ? Sans commentaire, si ce n'est de rappeler, comme à propos des enquêtes sur l'« amour romantique » qui serait universel, que sur une petite planète envahie par les médias mondialisés, il y a de fortes chances pour que ressortent les clichés des cultures dominantes. Inutile de préciser que ces travaux de recherche ne sont pas conduits par des équipes de chercheurs chinois, africains ou inuits.

La psychologie évolutionniste insiste sur les caractères apparemment néoténiques des choix des hommes pour les femmes, comme des visages plus ronds et une pilosité très légère. Voilà qui renvoie au fantasme de la femme enfant, de la Lolita soumise opposée à la femme fatale. (Les chimpanzés mâles manifestent une préférence sexuelle pour les femelles matures, plus expérimentées et aussi plus aptes à élever leur enfant. On reste troublé par ces penchants, disons « pédomorphique », qui animerait la libido du mâle *Homo sapiens*. À croire que l'on cherche à justifier les horreurs du tourisme sexuel. Il y a manifestement un grave « malaise dans notre civilisation », pour reprendre ce livre célèbre de Freud.)

Autre caractère prisé de la psychologie évolutionniste, la ménopause. Comment expliquer l'arrêt de la fécondité chez les femmes, alors qu'elles peuvent continuer à avoir une vie sexuelle ? L'explication serait que ces femmes deviennent des grands-mères, faisant bénéficier de leur expérience leurs filles et leur descendance commune. Encore une explication panglossienne basée sur l'évolution récente de l'espérance de vie des populations les plus développées, et plus particulièrement occidentales. Tout d'abord, il y a l'exogamie des femmes, pratiquée dans toutes les sociétés humaines. Cela ne bénéficierait donc pas directement à la descendance par les femmes mais par les hommes. L'espérance de vie moyenne des populations humaines dépasse l'âge de la ménopause, indépendamment des variations individuelles, que dans de rares sociétés ; quand bien même, la vie sexuelle des femmes – et aussi des hommes – s'atténuait considérablement avant la cinquantaine ; cela fait peu de temps que l'on parle de la sexualité des femmes de plus de 50 ans ; quant aux hommes, cela a toujours été très variable. Comme la ménopause se manifeste chez toutes les femmes de toutes les populations humaines actuelles, cela renvoie à une origine commune qui remonte au moins à celle de notre espèce. Ce caractère n'a pas été sélectionné directement, mais indirectement, comme au risque de malformations pour des conceptions à un âge avancé. On aborde là la problématique complexe de la signification évolutive et adaptative du vieillissement dans notre espèce. De nombreux caractères liés au prolongement de notre espérance de vie – certains bénéfiques comme une vie physique, sociale, intellectuelle et sexuelle prolongée, d'autres dramatiques comme diverses maladies, notamment neurodégénératives – n'ont pas pu être sélectionnés car les individus se reproduisaient avant leur occurrence, et donc n'interféraient pas avec leur succès reproducteur. Il est navrant que trop d'interprétations évolutionnistes prennent des tournures aussi naïves et, en fait, négligent ce que sont les mécanismes de l'évolution et de l'adaptation.

Les psychologues évolutionnistes seraient bien inspirés de relire Darwin qui cite combien les peuples comme les cultures varient dans l'appréciation des critères de beauté, pour les femmes comme pour les hommes, que ce soit entre les ethnies d'aujourd'hui comme dans l'histoire des différentes cultures, dont la nôtre (voir Georges Vigarello, *Histoire de la beauté*, ou Umberto Eco, *L'Histoire de la laideur*). Les différentes cultures construisent leurs éléments de beauté, qui passent aussi par des modifications parfois douloureuses, le plus souvent imposées aux femmes, ce qui dissimule aussi diverses formes de contraintes : pieds bandés des Chinoises, femmes girafes, « négresses à plateau », corsets, déformations crâniennes, scarifications, implantations d'objets dans différentes parties du corps et du visage, etc. Le corps, ses transformations comme ses mouvements, a sans aucun doute été le support et l'inspirateur de tous les arts, expressions culturelles de la sélection sexuelle.

Le glissement de la séduction du corps nu au corps modifié donne naissance à l'érotisme. Georges Bataille, dans un texte célèbre, en voit l'émergence à l'époque de Lascaux, au paléolithique supérieur. Les anthropologues Chris Knight et Camilla Power (*in* P. Picq, *100 000 ans de beauté*) imaginent une formidable révolution symbolique autour des femmes, cette fois maîtresses du jeu. Par les habits, les coiffures, les parures, les maquillages et l'usage de colorants sur le corps, comme les ocres, elles auraient inventé le moyen d'éluder les hommes sur leurs périodes de fécondation, notamment en dissimulant les menstruations. Elles voilent leur attractivité naturelle permanente en la cachant ou en l'exhibant selon leurs stratégies, capables ainsi de manipuler les hommes, évitant à ces derniers d'être des rivaux trop agressifs et de faciliter leur coalition pour mener des actions collectives, comme la chasse ou la guerre. L'explosion symbolique du paléolithique supérieur et des formes de langages plus complexes s'associent à cette révolution cosmétique, en rappelant que l'étymologie de ce terme renvoie au terme grec *kosmos*, qui signifie l'ordre dans l'univers. Autrement dit, tout ce qui a trait au corps, à ses apparences (habits, parures, cosmétique) et à ses mouvements (danses, vocalisations) s'inscrit dans une conception générale du monde, ce qu'on appelle des cosmogonies. La culture est née du désir.

Comme toujours en sciences humaines, de tels scénarios rendent compréhensible un faisceau considérable de faits, mais sans qu'on puisse les tester, comme en sciences dites dures. Quoi qu'il en soit, ce sont des hypothèses très stimulantes. Pour revenir à l'érotisme, on ne peut pas non plus ignorer la pudeur. Un corps nu n'est pas forcément impudique. Une partie du corps, faussement dissimulée comme un sein sous une chemise entrouverte, suscite souvent plus d'émotion qu'une poitrine dénudée sur une plage, tout en précisant combien ces sentiments dépendent du contexte et de la culture. Il en est ainsi depuis des millénaires et, comme l'a si bien montré Claudine Cohen dans *La Femme des origines*, les figures de la femme sont diverses au paléolithique supérieur. À côté des superbes Vénus gravées et sculptées qui envahissent l'espace géographique comme l'imaginaire des hommes de Cro-Magnon de l'Europe à la Sibérie, existent des représentations de femmes plus minces, parfois dans des évocations érotiques selon nos critères actuels. On s'en doute, nos ancêtres pas si lointains partageaient des désirs et des fantasmes comparables aux nôtres comme en témoignent les très nombreuses représentations de sexes féminins et masculins.

Parmi les milliers de gravures, de sculptures et de peintures préhistoriques, on dénombre peu de représentations humaines, qu'elles soient figuratives ou schématiques, comme les vulves et les phallus. Il n'y a aucune scène érotique ou d'accouplement, même pour les animaux. Est-ce que ces cultures déjà très complexes observaient des tabous ? Certainement ; comme c'est le cas aussi chez les préhistoriens, parfois mal à l'aise avec des objets magnifiques, aux formes phalliques très évocatrices. Ce qui nous amène à une autre question abandonnée au fil des paragraphes, celle des préliminaires et de tous les actes sexuels mobilisant les mains, la bouche et les parties génitales. On ne connaît aucune évocation, à moins d'imaginer qu'on les ait dissimulées, comme en d'autres temps on repeignit les entrejambes des personnages de la chapelle Sixtine.

Il existe toutefois des gravures composées de plusieurs silhouettes de femmes de profil, très stylisées, et comme si elles dansaient en groupe. On a vu que le choix des partenaires importe considérablement chez les espèces engagées dans un fort investissement parental, une adaptation particulièrement sensible chez toutes les espèces du genre *Homo*. Toutes les sociétés humaines organisent des assemblées afin que les jeunes femmes rencontrent les jeunes hommes. Des danses du paléolithique au célèbre bal des Débutantes, les mêmes mécanismes de la sélection sexuelle sont à l'œuvre derrière la diversité fascinante des cultures humaines passées, présentes et certainement à venir.

Dans cette première partie des recherches autour des origines de notre sexualité, on retient combien sa nature reste toujours présente et combien elle se pare d'enjeux culturels de plus en plus prégnants dans les sociétés d'hier et d'aujourd'hui. Notre sexualité ne se déplace pas de ses origines naturelles pour ne devenir que culturelle. Bien au contraire, elle évolue depuis des centaines de milliers d'années, l'amour et le sexe, hier comme aujourd'hui, fécondant les plus belles inventions symboliques et culturelles. Laissons le dernier mot à Charles Darwin : « J'en conclus que de toutes les causes qui ont conduit aux différences d'apparences extérieures entre les races d'hommes, et jusqu'à un certain point entre les hommes et les animaux inférieurs, la sélection sexuelle a été la plus efficace. »

DEUXIÈME PARTIE

La culture du sexe

« Si l'histoire sexuelle d'un homme donne la clef de sa vie, c'est parce que dans la sexualité de l'homme se projette sa manière d'être à l'égard du monde, c'est-à-dire à l'égard du temps et à l'égard des autres hommes. »

Maurice MERLEAU-PONTY,
La Structure du comportement.

Chapitre 1

DE L'ANIMAL À L'HOMME

Comment le sexe est-il « venu » aux humains ? Dans son *Essai sur l'origine des langues*, Rousseau avait imaginé que la parole était naturellement « venue » aux humains à partir des gestes et des cris de leurs ancêtres : « Le premier langage de l'homme, le langage le plus universel, le plus énergique, et le seul dont il eut besoin, avant qu'il fallût persuader des hommes assemblés, est le cri de la nature. » Pour la sexualité, il en va évidemment tout autrement puisque le sexe existe de longue date dans toutes les espèces animales, pour la reproduction… et parfois plus si affinités ! On pourrait alors formuler autrement la même question : comment le sexe *humain* est-il venu aux humains ?

Nous venons de découvrir la diversité sexuelle des primates, l'étape suivante est de préciser le fonds commun que nous partageons avec nos proches parents et les innovations que le rameau humain a progressivement sélectionnées pour constituer le comportement sexuel de l'homme moderne. Très paradoxalement, il n'existait pas d'hypothèse solide sur l'origine de la sexualité humaine avant la reconstitution évolutionniste proposée dans la première partie de ce livre. On peut évoquer trois auteurs récents qui ont tenté d'éclaircir des points particuliers de cette évolution : Jared Diamond qui, dans son *Troisième Chimpanzé*, formule certaines hypothèses intéressantes, Timothy Taylor, dans sa tentative pour décrire la *Préhistoire du sexe*, et Gérard Zwang, qui a toujours eu une lecture évolutionniste de la sexualité, dont il est un bon connaisseur. Mais on ne trouve nulle théorie générale ni hypothèse répondant à la somme considérable de questions posées par la sexualité de l'homme, si originale par les nombreuses dimensions que prend cette activité, en général seulement procréatrice.

Quoi de spécifique dans la sexualité humaine ? De nombreux critères ont été proposés pour délimiter une sorte de « frontière de l'humanité », comme pour nous protéger de nos racines animales. Parmi ceux-ci, nous retiendrons vingt points que nous considérons comme spécifiques de l'humanité (OUI), non spécifiques (NON) ou encore spécifiques de l'humain avec une incertitude sur leur existence animale (OUI mais...), dans la mesure où ce critère est peu connu ou pas accessible à notre interrogation.

L'interdit de l'inceste (NON)

Cela pourra paraître surprenant à nombre de lecteurs, mais l'interdit de l'inceste n'est pas spécifiquement humain car, pour beaucoup, s'il existe une frontière de l'humain, qui a été énoncée par Freud puis par Lévi-Strauss et le structuralisme, c'est bien la prohibition de l'inceste.

C'est Freud, le premier, dans *Totem et tabou* (1917), qui souligne l'importance de cet interdit et affirme sa naissance par un événement fondateur : le meurtre du père de la horde primitive. Biologiste de formation et grand lecteur de Darwin, Freud reprend à son compte une image forte du « père de l'évolutionnisme », selon laquelle, à l'origine de l'humanité, une horde formée des premiers humains aurait donné naissance aux tribus « primitives » que les ethnologues observaient à la fin du XIXe siècle. Freud affinera cette hypothèse en décrivant la horde primitive dirigée par un père cruel et dominateur qui s'attribuait les femmes et rejetait les fils hors du groupe. Les tribus primitives auraient alors élaboré le système des « clans » portant le nom d'un animal sacrifié chaque année en une fête où l'on pleurait la mort de cet animal totémique. Freud voyait dans ces fêtes claniques la réédition de l'acte fondateur de la société par les fils rejetés, qui s'étaient ligués pour tuer ce père à la fois aimé, haï, envié et admiré. Après l'avoir supprimé, après avoir assouvi leur haine et s'être identifiés à lui, ils se seraient livrés à des manifestations affectives d'une tendresse exagérée prenant la forme d'un repentir, leur violent sentiment de culpabilité se confondant avec le repentir qu'ils avaient éprouvé tous ensemble. Ce que le père avait empêché autrefois par son existence, nous dit Freud, ils se l'interdisaient maintenant eux-mêmes dans la situation psychique de l'« obéissance après coup », si bien connue de nous par les psychanalystes. Ils révoquaient leur acte en déclarant défendue la mise à mort du substitut paternel, du totem, et renonçaient à ses fruits, en se refusant les femmes devenues libres. Ils créaient ainsi, à partir de la conscience de culpabilité du fils, les deux tabous fondamentaux du totémisme, qui pour cette raison même ne pouvaient que concorder avec les deux souhaits refoulés du complexe d'Œdipe.

Pour Freud, les sociétés humaines reposent sur le besoin d'expiation engendré par la culpabilité du crime collectif. Cette culpabilité aurait ensuite organisé la *prohibition de l'inceste* comme un principe fondateur de toute société. Il faut tout de même souligner que cette hypothèse, qui est partout donnée comme modèle originaire de l'humanité, a été qualifiée par Freud lui-même d'« idées qu'il ne faut pas prendre trop au sérieux » !

En 1947, reprenant l'hypothèse de Freud, Claude Lévi-Strauss posera la prohibition de l'inceste comme une règle universelle portant à la fois sur la *sexualité*, l'*alliance* et la *filiation*. Il en montre la diversité et la permanence dans l'ensemble des sociétés humaines. Françoise Héritier développera ensuite son *inceste du deuxième type*, complément, à ses yeux, de l'interdit premier de l'inceste, prohibant dans toutes les sociétés le rapprochement d'une mère et de sa fille, ou de deux sœurs, par un partenaire mâle partagé mais non apparenté. Le partage de l'intimité de deux femmes consanguines serait ainsi, au même titre, un inceste. Sa brillante démonstration du rapprochement des humeurs, des liquides intimes, est là pour le prouver. Avec Françoise Héritier, la prohibition de l'inceste est élargie à l'évitement de toute relation sexuelle entre sujets « identiques ». Elle développe encore cela en rattachant ce système d'évitement à un principe binaire qui rapproche ou éloigne les « identiques ». Il semble en tout cas évident, pour l'anthropologie et la psychanalyse, que l'interdit de l'inceste, sous la forme d'une prohibition légale, est un interdit commun à l'ensemble des sociétés humaines. Mais cela suffit-il pour poser cet interdit comme un caractère spécifique de l'humanité ?

Dans une continuité des attitudes, la biologie des comportements a montré la parenté de ce tabou humain avec l'évitement animal de l'inceste, comportement très largement répandu chez les mammifères et soumis à des règles naturellement apprises, c'est-à-dire de culture, comme l'ont bien documenté Eugène Schreider puis les éthologistes. La mise à distance, par la mère, des petits mâles dès que leur comportement devient ambivalent vis-à-vis d'elle est un mécanisme d'évitement de l'interaction mère-fils, évitement largement répandu et bien documenté (Cyrulnik, 1994). Mais très paradoxalement – alors qu'il n'y a pas reconnaissance de la paternité chez les primates (au sens humain du terme) –, l'inceste père-fille ou frère-sœur est extrêmement rare car, comme nous l'avons montré dans la première partie, les mâles – parfois même les femelles – quittent le groupe à la puberté (Hrdy, 1984). Le hasard des remaniements des groupes peut cependant permettre le rapprochement ou l'accouplement frère-sœur. Jane Goodall (1986) a pu remarquer, lorsque cela se produisait, un comportement très particulier de ce frère et de cette sœur qui paraissaient s'ennuyer ou qui s'affrontaient dans cette tentative de coït. Le caractère spécifiquement humain du tabou de l'inceste est d'avoir ritualisé cette biologie de la limitation des comportements par des règles traditionnelles qui conservent leur utilité tant qu'elles sont transmises par le langage, donc lorsqu'elles sont énoncées. Ce qui n'est souvent plus le cas dans les sociétés modernes.

Sur un plan théorique, on peut s'interroger sur l'utilité de l'évitement puis de la prohibition de l'inceste. À quoi cela sert-il ? Existe-t-il une utilité biologique ou sociale ? De nombreux points de vue ont été émis. On peut résumer ces théories en quelques points que rappelle F. Héritier (1994). Ce sont toutes des théories finalistes : tout d'abord la théorie biologique, fondée sur le danger des croisements rapprochés qui pourraient accentuer les traits homozygotes négatifs et donner des retards de croissance, une petite taille, une diminution de la fertilité, des problèmes immunitaires. C'est une vieille idée qui n'est cependant pas vérifiée, bien que la génétique des populations identifie des pathologies génétiques chez les populations fortement endogames. Ces prétendus dangers liés à la consanguinité se retrouvent en fait rarement dans les populations d'isolats très consanguins. Et puis, cette homozygotie n'est pas obligatoirement négative. D'autres théories supposent une répulsion instinctive et innée de l'homme pour les relations incestueuses. L'éthologie des empreintes (Bischof, 1975) en est certainement l'un des fondements, c'est-à-dire qu'un individu reconnaîtrait l'odeur intime des proches dans l'enfance. Cela a bien été montré entre l'enfant et sa mère mais dans aucun autre cas. Par contre, ces théories méconnaissent toutes l'existence d'un évitement naturel déjà transmis par la culture. On peut enfin imaginer en milieu naturel qu'un comportement acquis dans les interactions précoces mère-enfant puisse être renforcé par la culture de ces mêmes populations animales.

Nous retrouvons encore l'opposition nature/culture que prône résolument l'anthropologie sociale et que n'observent ni l'anthropologie évolutionniste ni l'éthologie. C'est certainement lié à la croyance dans une autre dichotomie : celle d'un monde animal instinctuel et d'une humanité culturelle. C'est ainsi que Fraser a pu se demander à une époque maintenant lointaine : « Pourquoi un instinct humain profondément enraciné aurait-il eu besoin d'être renforcé par une loi ? » Françoise Héritier va même plus loin en disant : « L'existence même d'une interdiction légale laisserait au contraire induire l'existence d'un instinct naturel poussant à l'inceste. » Encore fallait-il se donner la peine de vérifier ce qu'il en est chez les autres espèces.

Ces points de vue se rapprochent en fait du tabou de l'inceste freudien, qui apparaît comme une théorie finaliste d'ordre sociologique : « Par la prohibition de l'inceste imposée aux autres mâles, le père impose sa domination sur toutes les femelles du groupe et repousse les jeunes mâles à la périphérie. » Dans cette perspective, le tabou de l'inceste aurait pour fonction de maintenir la hiérarchie entre les générations et de fonder la discipline nécessaire à la cohésion du groupe.

Le caractère spécifique de l'humain n'est donc en rien l'interdit de l'inceste, mais plutôt le « passage par la parole » d'un *évitement* largement répandu chez les mammifères, et de façon forte chez les primates, à une prohibition de l'inceste commune à l'ensemble de l'humanité. La prohibition de l'inceste est, d'une certaine façon, le seul témoignage du passage d'une tradition ancienne, mammifère et primate, codée dans des comportements d'évitement, à sa transmission par le langage des humains. Nous en revenons à une évidence de l'hominisation : le fait majeur de l'humain est le fait du langage.

La sexualité en face à face (NON)

En 1980, en France, un article de *La Recherche* stupéfia une partie du monde scientifique en présentant la photo d'un accouplement en face à face de deux chimpanzés, ce qui ne surprit pas les anthropologues, et notamment les spécialistes de cette curieuse espèce de chimpanzé gracile, *Pan paniscus*, familièrement appelée depuis « bonobos », qui, eux, connaissaient leur intérêt pour le sexe et notamment l'accouplement en face à face qui, pour le sens populaire, était spécifiquement humain !

Nous étions en 1980, dans les suites de la « libération sexuelle » et, bien que le sexe ait été plus facilement parlé, nombre d'idées reçues couraient encore. L'Occident puritain avait condamné le sexe contre nature (homosexualité, bestialité, sodomie), symboliquement représenté par l'accouplement postérieur, l'animal faisant partie de cette catégorie tandis que l'homme, qui s'était redressé à l'aube de l'humanité, faisait face à sa partenaire avec conscience, estime de l'autre et amour ! Nous étions encore dans des archétypes très éloignés de la réalité.

Cette révélation qu'un animal puisse faire face à son, ou sa, partenaire dans le moment le plus intime révolutionnait les esprits les plus ouverts ! Ce n'était en réalité que le début de la prise de conscience de l'organisation sociale et des prémices d'humanité de nos cousins les singes. Tant que nous n'avions pas observé ni étudié leurs modes de vie, ils nous semblaient très naturellement éloignés de nous. C'est vraisemblablement de façon défensive que la science s'est bien gardée, pendant des siècles, d'étudier les êtres les plus proches, pour ne pas y reconnaître autant de proximités, gênantes pour le narcissisme et la suprématie de l'humain dans la culture occidentale.

Les langues se délièrent et on a appris très rapidement qu'ils étaient assez nombreux, ces animaux à copuler comme des humains, nous venons de le développer longuement dans la première partie du livre. Que ce soit l'orang-outan des forêts de Java ou de Sumatra s'accouplant face à sa partenaire dans des positions autrement acrobatiques que les nôtres ; que ce soit le bonobo, plus intéressé par le sexe que nous-mêmes et dont le face-à-face est l'une des positions préférées ; que ce soit le chimpanzé, qui fait également face à sa partenaire de façon occasionnelle.

Cette position du face-à-face et sa variante « fécondante » dite « position du missionnaire » ne sont donc pas spécifiques de l'humanité. Non plus que leurs implications psychorelationnelles du sentiment amoureux et de l'abnégation érotique, dont nous ne pouvons apprécier l'existence chez les autres primates, mais que nous ne pouvons pas éliminer, dans la mesure où nous ne communiquons pas avec eux. Il n'est toutefois pas à exclure que cette *révolution*, qui a amené les partenaires à se faire face en raison de la progressive bascule du bassin qu'implique la bipédie, transitoire chez certains primates, puis permanente chez l'homme, ait profondément modifié nos modes de pensée, nos relations interpersonnelles et, pourquoi pas, l'évolution du psychisme à l'aube de l'humanité, comme esquissé dans la première partie.

La possibilité permanente d'accouplement (OUI, mais...)

Le monde animal est en très grande partie caractérisé par la séquence annuelle ou pluriannuelle de la rencontre amoureuse, en général au printemps, de copulations multiples (avec un ou plusieurs partenaires) pour augmenter les possibilités de fécondation, et des naissances quelques mois plus tard, en été, pour permettre l'élevage des petits avant la période hivernale. C'est ainsi que le temps d'incubation ou de gestation s'est adapté aux impératifs saisonniers : il est de 11 jours chez les petits passereaux, de plus de 80 jours chez l'albatros, de 1 mois chez l'écureuil, de 3 à 4 mois chez le castor. Chez les mammifères de grande taille (stratégie K), cette séquence s'est allongée en raison de l'accroissement progressif de la gestation dû à la complexité du processus embryonnaire et du développement du fœtus, elle est également en lien avec le poids corporel. Le temps de gestation, qui est de 21 mois chez l'éléphant, la plus longue gestation des êtres vivants, 4 mois chez le lion et le tigre, 10 mois chez la jument, s'est stabilisé autour de 9 mois chez les grands singes hominoïdes (227 jours chez le chimpanzé, 257 chez le gorille, 260 chez l'orang-outan, 266 chez la femme). La génitalité et la grossesse des femelles des grands singes sont extraordinairement proches de celles de la femelle humaine : un cycle de 35 jours et une grossesse de 7 mois et demi chez le chimpanzé, de 26 à 30 jours et une grossesse de 8 mois et demi chez le gorille...

Chez les grands singes, cette longue gestation de 9 mois implique une période d'œstrus permettant la naissance d'un petit dans de bonnes conditions. C'est ainsi que, bien qu'elles puissent s'accoupler tout au cours de l'année, les femelles de chimpanzé ne sont excitables et disponibles que pendant quelques mois. Les mâles ont alors une disponibilité sexuelle conditionnée par les signaux d'excitation de leur partenaire.

Que s'est-il passé à l'aube de l'humanité ? Il n'est que de constater la permanence de la capacité masculine d'accouplement, en raison de la réceptivité sexuelle permanente de leurs partenaires. En effet, chez les autres singes, tout mâle de l'espèce humaine pourrait s'accoupler tous les jours de toute sa vie, il en a la capacité, il peut en avoir le désir. Il a surtout un « réflexe érectile » très puissant, capable d'en imposer pour du désir ! La réalité est ensuite qu'il adapte son rythme d'accouplement à la disponibilité des femelles, au rythme de la vie, au respect de sa partenaire. C'est ainsi que la majorité des jeunes adultes occidentaux de 30 à 40 ans déclarent en moyenne seulement un à deux rapports sexuels par semaine. On peut y voir la possibilité d'une réponse conventionnelle, mais aussi un équilibre entre la pulsion permanente d'accouplement masculin et le désir féminin, plus relatif, souvent lié au contexte.

Il faut encore ici distinguer les notions de pulsion, de désir et de besoin, trop souvent confondues. Il n'existe pas vraiment de « besoin » sexuel, les humains qui ne font jamais l'amour n'en conçoivent aucune maladie sinon de la frustration s'ils s'étaient habitués à un rythme coïtal ou masturbatoire régulier. Les autres n'y voient aucun inconvénient. La pulsion n'est en réalité qu'un terme présupposé, car il s'agit plus d'un modelage psychosocial que d'une pulsion biologique inéluctable. Le désir enfin est un vrai déterminant humain de l'amour, mieux compris et perçu par les femmes que par les hommes dans la mesure où le désir féminin résulte d'une connaissance et d'un apprentissage des réactions sexuelles avec soi-même, tandis que le désir masculin est dominé par le « réflexe érectile » qui amène les hommes à bander avant de désirer et donc souvent à confondre les trois termes de pulsion, besoin et désir. La vraie dimension humaine de la sexualité est dans la connaissance et l'épanouissement de son propre désir.

Les tabous sexuels (OUI)

Les tabous sont nombreux en matière de sexualité, ils accompagnent toute civilisation, originaire, traditionnelle ou même moderne. « Il est quasi impossible de les recenser intégralement, nous précise Chris Paulis, d'autant que si certains sont universels, une majorité d'entre eux diffère d'une culture à l'autre. » On entend par tabous « différents systèmes d'interdiction, sacrés ou profanes, dont la transgression déclenche la punition des dieux ou des hommes ».

La libération progressive des individus, des consciences, des mœurs a levé une part des interdits, mais restent les prescriptions fondamentales et souvent universelles, comme le tabou de l'inceste, de la pédophilie ou de l'homosexualité, qui est un interdit bien plus répandu – c'est encore aujourd'hui un délit dans 77 pays, puni de mort dans sept d'entre eux. Bien que l'homosexualité ait été parfois acceptée de façon assez libre dans certaines périodes de l'Antiquité et jusqu'au Moyen Âge, elle fut soudainement condamnée en Occident à partir du XIVe siècle. Les raisons avancées furent nombreuses. Comme dans beaucoup de cultures, on reprocha à l'homosexualité d'être un comportement dangereux pouvant « contaminer » les autres membres du groupe, amener le désordre, le crime, la transgression et surtout d'être un acte « contre nature ». L'inutilité reproductrice de l'homosexualité fut très certainement l'élément moteur du large tabou qui l'a caractérisée.

Suivant les époques, de nombreux comportements ont encore été interdits : la masturbation dans l'Europe des XVIIIe-XXe siècles, la fellation et le cunnilingus comme actes pervers et non reproductifs et, bien sûr, la sodomie qui concentrait toutes ces fautes aux yeux de la société et de la religion. Nous sommes en face d'une restriction morale des comportements intimes, ce que nulle société animale ne prescrit, car ne possédant pas de langage. En cela les tabous et interdits sexuels sont spécifiques de l'humain, ce qui ne signifie pas qu'il n'existe pas de règles ni de restrictions sexuelles chez d'autres espèces.

Dans sa recension des tabous sexuels, Chris Paulis en souligne beaucoup d'autres, ce qui démontre combien l'intimité sexuée est peu libre de son expression : « Il est des tabous plus étonnants dans les sociétés nord-occidentales qui revendiquent leur choix de vie et leur liberté sexuelle, ceux qui ne permettent pas à une femme d'énoncer en public qu'elle ne veut pas avoir d'enfants, qu'elle est heureuse sans avoir jamais été enceinte, qu'elle refuse d'élever le bébé qu'elle a expulsé, que l'allaitement la dégoûte, qu'être enceinte l'écœure et, pire, qu'elle n'aime pas et ne pourra jamais aimer l'enfant qu'elle a porté. » Ces professions de foi féminines semblent insupportables à tous ceux – très nombreux – qui considèrent la sexualité comme une évidence biologique et une nécessité sociale. La liberté de pensée se heurte alors à des valeurs morales qui semblent toujours fondamentales à certains.

Chris Paulis dénonce encore le tabou de la gérontophilie alors que les mariages arrangés entre des filles très jeunes et des hommes très âgés ont toujours existé ; le tabou de la nudité qui est encore très fort dans de nombreuses cultures nord-occidentales ; le nudisme et le naturisme réservés à quelques adeptes et à des associations écologistes ; le tabou de la prostitution qui dénie la possibilité d'avoir choisi ce métier librement ; la pornographie ; l'échangisme ; le sadomasochisme ; le fétichisme, etc.

Il faut cependant réaffirmer des tabous universels comme le viol, l'inceste, la pédophilie ; et des particularités psychocomportementales individuelles, comme le voyeurisme, le fétichisme, l'exhibitionnisme relevant d'une psychopathologie individuelle ; enfin, réhabiliter des comportements considérés comme normaux que seule une morale spécifique peut interdire : échangisme, sadomasochisme…

Les empêchements à l'amour (OUI)

Les amours primates ne s'embarrassent pas d'une promiscuité sociale « naturelle ». Les accouplements se font au vu et au su de tous, sauf dans les cas d'infidélité ou de tromperie. À l'opposé, la sexualité humaine semble caractérisée par une clandestinisation des pratiques. Dans toutes les sociétés, les amoureux s'éloignent du groupe et s'isolent pour faire l'amour tandis que les pratiques masturbatoires se font aussi en secret, même du conjoint. (La masturbation publique de Diogène était en cela un acte ouvertement antisocial, d'où le nom de « cynique ».) La sexualité humaine est « cachée » tandis que les sexualités animales sont des sexualités publiques. Cette « publicité » animale de l'acte amoureux a une nécessité : une fonction excitatoire et une fonction de modélisation qui semblent avoir disparu avec l'humanité.

Nous savons en effet qu'il n'existe pas d'instinct sexuel, au sens formel du terme, que l'ensemble des comportements sont progressivement appris par imitation, renforcement et expérience, tant dans le monde animal que dans l'espèce humaine. En milieu naturel, les jeunes ont ainsi assisté à de nombreuses copulations avant de tenter leur première expérience et l'on sait combien la sexualité sera difficile, voire impossible, à un jeune chimpanzé isolé des congénères et remis dans son groupe à la puberté. Il tente maladroitement de s'accoupler sans y parvenir car il n'a pas acquis les comportements d'approche, le schéma corporel de l'autre, les codes sociaux en vigueur dans sa société. Il en va de même pour l'espèce humaine avec, chez certains adolescents beaucoup de difficultés dans les débuts de leur sexualité. Enfin, combien de jeunes couples ne parviennent pas à réaliser, pendant des années, un acte que l'on pense si naturel. C'est ce que nous appelons le « mariage non consommé », cause fréquente de difficultés conjugales.

Les copulations multiples et « publiques » du monde animal participent enfin à l'excitation nécessaire à l'accouplement. C'est le cas des grands rassemblements nuptiaux qui, chez les oiseaux, font copuler plusieurs centaines, voire milliers, d'animaux ensemble. L'incitation phéromonale, les stimulations vocales, les possibles synchronisations hormonales concourent au fait que la majorité des animaux s'accouplent, augmentant ainsi certainement la capacité fécondante du groupe. Il n'est pas exclu que la pratique récemment plus libre des boîtes échangistes ait cette même fonction sur les sexualités endormies, affaiblies ou vieillissantes, en permettant l'excitation par les nombreuses stimulations sensorielles inhabituelles que sont la vue de la nudité et du coït, les odeurs de corps et de sperme mêlées, les cris d'excitation et de jouissance…

On peut en dire tout autant de deux autres pratiques que les humains cachent quand le monde animal les fait au vu et au su de tous : il s'agit des fonctions d'excrétion, urinaire et fécale. Ces trois pratiques – sexuelle, urinaire, fécale – sont ainsi frappées de secret et d'intimité dans toutes les cultures humaines. Or elles prennent leur source dans le même carrefour ano-génital, un lieu hautement stratégique pour la préservation de l'individu et de l'espèce puisque s'y concentrent les fonctions d'excrétion et de reproduction. On peut aussi remarquer que cette région, surtout très « sensible » chez la femelle, est protégée chez tous les mammifères par un appendice caudal, la « queue » en termes populaires, qui disparaît uniquement chez les grands singes hominoïdes – chimpanzé, gorille, gibbon, orang-outan – et l'homme. Quelle en est la fonction au-delà de sa nature esthétique ? La queue constitue entre autres une protection de la région ano-génitale, un cache-sexe naturel en quelque sorte. Du moins est-ce un « protège-sexe », car la femelle la relève instinctivement ou volontairement pour déféquer et copuler, c'est-à-dire qu'elle est naturellement une protection contre le viol qui, par ailleurs, ne se pose pas dans les mêmes termes que chez l'humain.

Pour quelle raison la queue a-t-elle disparu chez les grands singes hominoïdes depuis vingt millions d'années ? Nous pouvons seulement remarquer que la bipédie et le redressement de la stature chez les premiers humains ont rendu la vulve féminine accessible et donc vulnérable puisque n'étant plus protégée par aucun pagne naturel ni position défensive. Ce nouveau facteur, associé à la disponibilité sexuelle permanente des hominidés, a pu contribuer à la fragilisation de la femelle et notamment permettre le viol, rare dans le monde animal.

La vie quotidienne des sociétés humaines, qu'elles soient traditionnelles ou modernes, ne laisse que peu de place à l'intimité et aux pratiques sexuelles. Allgeier estime de 1 à 2 % le temps moyen de leur vie consacré aux activités sexuelles par les Occidentaux actuels. Il est évident que ce temps varie selon les âges de la vie, selon l'état de célibat ou de concubinage, selon l'ancienneté du couple… De très nombreuses tâches, occupations, et combien de centres d'intérêt, entrent en compétition avec l'expression des pulsions intimes. Ne serait-ce que dans le couple, la synchronisation des désirs mutuels et des disponibilités de chacun restreint la possibilité d'accouplement. Les règles morales, que nous venons de développer, la présence des proches, notamment des enfants, réduit aussi la possibilité de l'expression des désirs intimes. Le lieu où s'exprime le désir est encore souvent un frein à son expression dans la mesure où le sexe ne peut se réaliser habituellement n'importe où !

Ces empêchements à l'amour étaient si nombreux dans la société traditionnelle que la sexualité ne durait souvent que peu de temps dans un couple régulier ; il en va cependant de même dans les sociétés modernes, plus libérées, où les conditions ne sont pas souvent réunies pour laisser libre cours aux désirs et aux pulsions, ce qui a souvent pour conséquence de les refouler, voire de les étouffer. L'une des caractéristiques spécifiques de la sexualité humaine est ainsi très certainement son caractère refoulé, voire contraint.

L'homosexualité (OUI)

Dans *Les Lois*, Platon condamne les rapports entre individus de même sexe parce qu'ils n'ont pas pour but la procréation et que les animaux les ignorent. Le très large tabou qui touche l'homosexualité dans toutes les sociétés humaines est assurément attaché au caractère non reproductif des actes entre deux personnes de même sexe, mais également au fait que l'on n'en connaissait pas d'exemple animal. Dans ce contexte, l'homosexualité apparaît donc comme un caractère humain anormal, puisque « contre nature ».

Ces anathèmes contre l'homosexualité ont été proférés à une époque où l'on avait peu idée des comportements intimes en milieu naturel. Leur meilleure connaissance a amené d'une part des éléments, souvent analogiques, pour tenter de prouver une homosexualité animale, d'une autre pour certifier qu'elle n'existait pas, du moins au sens où ce terme est entendu dans l'espèce humaine.

Les arguments en faveur d'une possible homosexualité animale ont été en partie développés précédemment, faisant état d'interactions intimes entre animaux de même sexe, souvent dans des conditions particulières de l'environnement ayant provoqué un déséquilibre numérique entre mâles et femelles et amenant les individus du sexe majoritaire à s'exciter entre eux en l'absence suffisante de partenaires de l'autre sexe.

Cette « sexualité de circonstance » existe dans l'espèce humaine, nous la nommons *homosexualité compensatrice*, de nombreux exemples en sont connus dans l'histoire : hommes ou femmes en milieu carcéral, marins au cours des longues traversées, religieuses en couvent, c'est-à-dire dans des circonstances qui séparent artificiellement mâles et femelles, mais aucun des détenus ayant des comportements sexuels avec un individu de même sexe ne se dit « homosexuel », le plus souvent ils s'en défendent ! Peut-être aurions-nous la même réponse si nous interrogions et comprenions nos congénères animaux. L'une des plus grandes difficultés avec l'humain est sa propension à interpréter. Que savons-nous des comportements animaux tant que nous ne leur avons pas demandé ce qu'ils ressentaient ?

Le deuxième argument souvent avancé pour affirmer l'homosexualité animale s'appuie sur les rituels de soumission chez les primates dans lesquels certains mâles, lors d'une querelle avec un mâle dominant, adoptent une posture réceptive « femelle » pour mimer la soumission et provoquer l'apaisement du dominant. Notre tendance humaine à interpréter pourrait effectivement inférer ce comportement à de l'homosexualité si l'on ne prenait pas en compte la valeur très différente de la sexualité pour le monde primate : pour nous, Occidentaux contemporains, pour qui le sexe est très peu procréatif et relève du monde intime, un tel comportement est assimilable à de l'homosexualité alors qu'en milieu primate il est du domaine relationnel public et fait partie des interactions sociales codifiées sans réelle valeur sexuelle. Nous pouvons cependant qualifier ces interactions d'« homoérotiques » – c'est-à-dire d'excitation, et non de sexualité, avec un individu de même sexe – pour bien les distinguer de l'homosexualité qu'elles ne sont manifestement pas.

Un troisième argument est constitué par les tentatives d'accouplement de mâles, ou surtout de femelles entre elles en période ovulatoire. Ce comportement est bien connu chez les femelles de macaques rhésus qui tentent l'accouplement entre elles en période préovulatoire de leur cycle menstruel, comportement qui disparaît après l'ovulation. On oublie de dire que ces tentatives avec un individu de même sexe en période ovulatoire ne sont en général pas un comportement exclusif et que les mêmes femelles font également des tentatives avec des mâles ou même des objets inanimés. On pourrait plutôt parler d'un « comportement hypersexuel », qui incite une femelle en chaleur à rechercher toute source d'apaisement de son excitation. Nous n'utilisons d'ailleurs le terme de « tentative d'accouplement » que par analogie, car on ne voit pas comment deux femelles pourraient s'accoupler, ni même deux mâles ! La pénétration sodomique entre mâles n'a en réalité jamais été observée dans le monde animal, ce sont des postures mimétiques qui nous y font penser et nos fantasmes humains qui nous font l'imaginer !

Le psychologue américain Frank Beach précise combien pour lui de tels comportements sont des manifestations de la hiérarchie et non du désir sexuel. Les relations interindividuelles de domination/soumission s'expriment de diverses manières, mais quand cette expression prend la forme de l'approche sexuelle, elle tend à suivre le principe de la complémentarité stimulus/réponse. Si un mâle aborde ainsi un autre mâle de façon dominante (en mimant par exemple de le saillir et en effectuant des mouvements coïtaux du bassin), le second répond en empruntant une posture sexuelle de dominé (soumission). Par contre, si le même mâle adopte une position « femelle », le second tentera de le saillir. Il semble ainsi s'agir d'une symbolique comportementale empruntant l'image de l'accouplement pour signifier dominance et soumission. Là encore notre interprétation humaine qui parle de comportement homosexuel est un peu rapide, car ce simple rapprochement de deux individus de même sexe est tout de même très différent de ce que, dans l'espèce humaine, nous nommons « homosexualité », dont la définition est une tendance permanente à l'accouplement avec le même sexe, ce qui n'est jamais retrouvé en milieu naturel. Là encore nous parlerons plutôt de conduites homoérotiques.

Pendant les nombreuses années où Jane Goodall et son équipe ont vécu avec les chimpanzés de Gombe Stream au Kenya, elle précise bien : « Nous n'avons jamais vu quelque chose qui puisse ressembler à de l'homosexualité chez les chimpanzés. Il est certain qu'un mâle peut en monter un autre dans des instants de tension ou de surexcitation [...] mais il n'y a pas introduction et [...] même si nous avons encore beaucoup à apprendre sur ces types de comportements, ils ne sous-entendent absolument pas l'homosexualité. Le chimpanzé n'agit ainsi que dans des moments d'énervement et il touchera ou caressera les organes génitaux d'une femelle dans les mêmes circonstances. »

Il semble que le cas particulier du bonobo soit un peu différent. Frans de Waal a montré que de tels comportements entre individus de même sexe sont fréquents dans des périodes de grande excitation où il semble ne pas y avoir beaucoup de différence entre les partenaires possibles, c'est-à-dire que l'intérêt pour le sexe fait fi de l'objet sexuel et donc de l'orientation de l'individu vers un type de partenaire possible. L'hypothèse actuelle de la sociologie des genres va dans ce sens, soutenant que l'orientation sexuelle est un apprentissage social. On ne peut cependant pas douter du déterminisme naturel à s'accoupler préférentiellement avec un partenaire de l'autre sexe. On peut par contre supposer que l'humain – et peut-être ici aussi le bonobo et le chimpanzé – s'est suffisamment libéré de sa modélisation naturelle, pour que certains individus aujourd'hui, s'affranchissant de leurs valeurs culturelles, puissent s'accoupler librement avec quelque objet sexuel que ce soit. À l'opposé du schéma des sociétés traditionnelles, nous sommes ici dans les nouvelles constructions de l'individu occidental, autonome de son ascendance tout autant que de sa descendance et apparemment libre de ses valeurs personnelles, de ses choix, de ses interdits. Est-ce une tendance pour le futur de l'humanité ?

En tout cas, peut-être pourrions-nous dire que le bonobo, à l'instar de l'homme, semble un être pansexué – Freud aurait dit « pervers polymorphe » – que le sexe intéresse déjà beaucoup plus que la plupart des autres espèces mammifères et primates, bien que sa valeur symbolique soit vraisemblablement très différente de ce qu'elle représente pour les humains. Peut-être l'intérêt pour le sexe est-il en passe de devenir l'un des moteurs de l'évolution, le bonobo et l'homme en étant les tendances actuelles.

La prostitution (OUI)

Si la prostitution est communément appelée le « plus vieux métier du monde », c'est parce qu'il semble, aux yeux de tous, qu'elle ait pris naissance avec l'humanité. Très curieusement, cette opinion séculaire semble vraie car nous ne trouvons rien de comparable en milieu naturel. Si la promiscuité, les accouplements multiples et les pratiques marginales aujourd'hui utilisées par la prostitution peuvent se retrouver dans le monde animal, rien ne semble comparable chez nos cousins primates.

Si l'on s'en tient à l'étymologie du mot, « prostitué » vient du latin *prostituere*, qui signifie « exposer », car la prostitution est une exposition du corps et du sexe sur la place publique, par l'intermédiaire, ici, d'une transaction économique. Dès l'origine, la prostitution est définie comme la vente du corps d'une personne au but de la sexualité, sans discrimination, affect ni plaisir. Les premières mentions de la prostitution apparaissent dès les premières concentrations urbaines, au Moyen-Orient, il y a 7 000 à 10 000 ans. On a souvent prétendu qu'à l'origine la prostitution était liée aux religions, et l'on a ainsi parlé de « prostitution sacrée ». Il est certain que nous avons le témoignage, dans des textes très anciens, de déesses de l'Amour, telle Ishtar à Sumer dont les prêtresses se livraient à des accouplements rituels. Est-ce ce que nous nommons aujourd'hui *prostitution* ? Aucune trace, tout au moins, de transaction financière. Et puis n'existait-il pas déjà des pratiques commerciales du corps et du sexe dont la trace ne nous serait pas parvenue ? Nous ne pouvons répondre à cela, mais nous avons de nombreux arguments pour penser que la prostitution, sous des formes que nous ne connaissons pas, a certainement pris naissance bien plus tôt que dans cette période néolithique du Moyen-Orient.

Qu'est-ce, en effet, que la prostitution ? C'est un sexe monnayé à l'usage des déshérités qui n'y ont pas accès. Or cet état de fait existe peu dans la nature, sinon dans les grands harems polygynes – chez les cerfs, chez les morses, chez les gorilles –, mais les pulsions sexuelles des plus jeunes, ces déshérités du sexe, sont naturellement réprimées par la présence du mâle dominant, ce qui exclut le besoin de femelle pour ces jeunes mâles maintenus en état prépubère par une castration naturelle !

Au seuil de l'humanité s'est accomplie une formidable révolution, un changement dans les relations entre mâles et femelles, dont nous n'avons aucune trace sinon le fait que l'ordre des dominances sexuées des primates s'est inversé. (Chez les primates, c'est en réalité la réceptivité sexuelle intermittente des femelles qui limite la réalisation des mâles.) Car si les femelles sont détentrices de leur disponibilité sexuelle dans le monde primate, cette liberté disparaît dès le début de l'humanité avec, d'une certaine façon, la prise de possession des femelles par les mâles, constituant le fondement révolutionnaire du nouvel ordre humain. Dans ce monde animal qui nous est proche, une femelle ne fait en général pas allégeance à un mâle. Chaque individu est autonome, et le mâle attend que la femelle lui dise sa disponibilité.

Dès lors, cette autonomie de la relation à l'autre et de la disponibilité sexuelle est abolie par la prise de possession des mâles – Freud dira « du père » – sur les jeunes femelles et leur descendance. Certains s'en approprient plusieurs, d'autres dominent les rivaux pour l'accès aux femelles. D'autres enfin apparaissent comme des déshérités du sexe, n'ayant que difficilement, ou jamais, accès aux femelles. La prostitution est certainement née de ce « besoin de sexe inassouvi » des mâles déshérités. Dans un deuxième temps, et dans la plupart des sociétés, la prostituée deviendra un complément naturel de l'épouse génitrice, pour des fonctions différentes : la première pour le sexe et le plaisir, la seconde pour la filiation certaine, ce qui nécessite qu'elle soit protégée des convoitises des autres mâles. Le sexe prostitué est ainsi devenu une nécessité des humains lorsqu'ils ont pris conscience du lien de causalité entre copulation et naissance, c'est-à-dire conscience de la paternité. Mariage, interdit d'adultère et prostitution sont dès lors très fortement liés, dans toutes les sociétés de ce qui constitue l'humanité.

« La prostitution s'est développée depuis l'Antiquité dans les zones d'urbanisation au cœur des sociétés marchandes, nous dit Malka Marcovich. Elle reste un phénomène lié à la traite des femmes et à leur mise à disposition pour la sexualité masculine qui est réduite à une fonction essentiellement mécanique et biologique. » Le sexe marchand ne serait alors qu'une modalité de la domination masculine, certainement conséquence d'une hypothétique polygynie originelle générant de nombreux déshérités du sexe.

Deuxième hypothèse : la guerre comme origine de la prostitution. Martine Costes-Péplinski remarque que la prostitution des femmes, et des hommes, apparaît en même temps que la guerre et l'esclavage, avec l'appropriation des terres, l'autorisation d'accumuler, le délitement du groupe, l'adoption de l'argent comme garant des transactions, et de la loi écrite pour la transmission des liens et des biens. En cela, les plus faibles socialement devront payer de leur corps, à la guerre ou dans la prostitution, ce que ni l'argent ni le droit ne leur accorde : protection, nourriture, abri. Martine Costes-Péplinski fait ainsi du sacrifice des corps une contrepartie de l'appropriation des terres et des pouvoirs. Nous sommes dans la même perspective de la relation marchande du corps.

« Que les femmes fussent déjà trafiquées il y a 5 000 ans en Mésopotamie, poursuit Malka Marcovich, enfermées dans les *dicterions* à Athènes au VIe siècle av. J.-C., dans les *bourdeaux* du Moyen Âge, dans les maisons closes à partir du XIXe siècle, ou dans les Eros Centers, vitrines et autres lieux d'exploitation de la prostitution contemporaine, elles ont toujours été intégrées comme objet marchand dans l'organisation sociale et économique des États. »

Si l'on interroge maintenant le monde animal sur les prémices possibles de la prostitution, nous devons redéfinir le terme car il n'est pas adéquat et nous pourrions alors, peut-être, parler d'« accouplement sur sollicitation marchande ». Quelques exemples « amusants » peuvent être rappelés dans les observations des éthologues sur les groupes primates. C'est par exemple Flo, cette jeune chimpanzé observée pendant des années par Jane Goodall, qui, dans une succession d'accouplements à son initiative, reçoit des gratifications ou cadeaux de la part de certains d'entre eux et par exemple des bananes qu'elle affectionne tout particulièrement : « Après s'être emparé de plusieurs bananes mais avant d'en avoir goûté une seule bouchée, Goliath se dressa debout avec tous ses poils hérissés, regarda Flo et se balança d'un pied sur l'autre. Lorsque Flo saisit quelques bananes, Goliath leva un bras et sa main pleine de bananes dessina dans l'air un geste impérieux. Flo s'accroupit à terre, offrit à Goliath son postérieur rose, et il la couvrit avec la nonchalance typique des chimpanzés, le buste droit, la main pleine de fruits posée sur le dos de Flo, l'autre appuyée sur le sol à côté de lui. » Cette scène donne l'impression d'un échange sexe contre banane.

En ce qui concerne les pratiques érotiques, les accouplements multiples des grands groupes multimâles/multifemelles, comme les chimpanzés, font curieusement penser aux passes successives d'une prostituée. En période de rut, une jeune guenon peut s'accoupler successivement avec une dizaine de partenaires qui « font la queue » pour obtenir ses faveurs, dans une sorte de clin d'œil à Jacques Brel : « Au suivant ! » Il n'est pas neutre de rappeler ici que cette capacité des femelles primates à l'accouplement multiple est possible par la particularité de nos très proches cousins et de nous-mêmes, d'avoir une période réfractaire à la suite de l'éjaculation très rapide du mâle, dont la fonction est de permettre l'accouplement immédiat d'un second partenaire. En effet, la détumescence, et donc l'impuissance, qui suit l'éjaculation oblige naturellement le mâle que nous sommes, à se retirer, ce qui handicape beaucoup les femelles humaines contemporaines dans leur désir de rapport prolongé, mais qui facilite, en milieu primate, les accouplements successifs, toujours à l'instar de Flo observée par Jane Goodall : « Le lendemain matin, Flo arriva de très bonne heure. Ses amants de la veille l'accompagnaient ; de nouveau ils lui firent la cour et s'accouplèrent successivement avec elle avant de manger leurs bananes. »

Il ne fait aucun doute que la prostitution est une caractéristique sexuelle des humains, certainement en lien avec la domination masculine qui, dès qu'elle s'est exercée, a favorisé certains et négligé d'autres.

Le viol (OUI… mais)

Gérard Lopez précise ce que nous entendons aujourd'hui par viol : « Le viol n'est pas la caricature monstrueuse d'un rapport sexuel, mais l'expression d'une volonté de domination sexiste, un déni d'altérité qui atteint dans sa plus stricte intimité la personne violée. Il est un crime réprimé par le code pénal. » Et il poursuit : « Le viol est d'une extrême fréquence, l'enquête ENVEFF, réalisée en 1999 sur un échantillon de 6 970 femmes âgées de 20 à 59 ans, permet de déduire qu'entre 50 000 et 90 000 viols ont été commis en France cette année-là. » Il précise encore que cette enquête ne prend en compte ni les hommes violés, ni les adolescentes, ni les femmes de plus de 59 ans. La proportion d'intrusion intime à l'encontre de la volonté du sujet est considérable – la plupart des statistiques s'accordent à dire qu'environ 8 % des femmes ont subi au moins un viol ou une tentative de viol au cours de leur vie – mais ne se produit en très grande majorité (plus de 95 %) que dans le sens des hommes envers les femmes.

Sur le plan psychologique, le viol est une attaque identitaire, une effraction narcissique qui provoque un traumatisme d'autant plus important que la réaction émotionnelle aura été intense. La répétition des viols – comme dans la pédophilie ou l'inceste – est un facteur aggravant susceptible de déstructurer gravement et durablement la personnalité de la victime. La proportion des viols, quelles qu'en soient les modalités, n'augmente pas avec l'évolution des sociétés, elle est surtout mieux connue et les signalements sont plus fréquents. Malheureusement, et comme nous allons le préciser, le viol existe depuis le début de l'humanité, il est un facteur de déstabilisation et de destruction de l'individu. C'est une agression volontaire, il est une arme de guerre, il est un crime contre « l'humanité de la personne ».

L'histoire nous montre combien la violence sexuelle a accompagné toutes les poussées guerrières des humains dans une sorte de légitimité que la plupart des sociétés ont validée ! Car si le viol est réprimé et puni d'amende dans la Bible par exemple, dans ce même texte il n'est pas considéré comme un délit en temps de guerre. Le viol est alors un moyen d'humilier le vaincu mais aussi de laisser la signature du vainqueur dans le ventre des femmes, avec les terribles blessures intimes qu'elles en vivent par la suite. Dès l'Antiquité, le viol est une pratique habituelle qui accompagne le pillage des villes et le massacre des hommes. Gengis Khan disait qu'il « n'avait pas connu de plus grand plaisir que celui de violer les femmes et les filles de ses ennemis vaincus ». On ne trouve qu'Alexandre le Grand pour avoir tenté de protéger certaines femmes de la violence masculine.

Le viol qui semble légitime dans les guerres de reconquêtes pourrait presque s'intituler « rançon du succès » ! On parle encore en termes marchands dans la mesure où ces guerres sont un apanage et une innovation de l'humanité – on n'en retrouve que chez les chimpanzés –, inventées pour et par les hommes, dont une monnaie d'échange est encore la femme, qui reste trop souvent un bien inaliénable de l'homme, son dominateur.

Plus près de nous, en 1945 lors de la chute du IIIe Reich, on estime que plus de deux millions de femmes allemandes ont été violées par l'armée soviétique. L'occupation alliée n'a pas non plus été exempte de cette vengeance barbare. Les exemples sont multiples et si répétitifs que l'on peut malheureusement y voir un acte profondément ancré dans des pulsions humaines « antinaturelles » pour être si permanentes et semble-t-il inéluctables. En 1992, plus de 20 000 femmes bosniaques ont été violées par les milices serbes et, au Kosovo, dans certains villages, 30 à 50 % des femmes ! Amnesty International rapporte encore qu'au Rwanda 300 000 à 500 000 femmes ont été violées durant le génocide de 1994, soit environ 20 % des femmes en âge d'enfanter. Le viol de guerre est alors un instrument d'épuration ethnique entraînant en général l'exclusion de la femme et de son enfant du groupe dont ils font partie.

Si nous jetons un regard anthropologique sur le viol à travers les sociétés et surtout sur sa répression selon les cultures, nous sommes tout de même frappés de remarquer que le viol est toujours condamné, en général de façon sévère et parfois de mort, parce qu'il atteint à la propriété d'autrui. Dans de nombreuses populations africaines, le viol, considéré comme une effraction de territoire, peut être réparé par le paiement d'une amende à la partie offensée. Ce dédommagement efface alors le préjudice causé non pas à la jeune fille, mais au père ou à la famille de la victime. Dans cette mesure, le viol reconnaît, une nouvelle fois, la propriété des hommes sur les femmes et les arrangements que les premiers peuvent trouver entre eux lorsqu'il y a offense ou délit.

On perçoit encore cette notion de propriété lorsque l'on remarque que dans de très nombreuses sociétés traditionnelles, le viol ou le rapt, perpétré dans des conditions bien définies, s'inscrit dans les rituels préconjugaux. Le viol fait alors partie de l'initiation prénuptiale. L'hymen étant une preuve de la virginité, la fille est « donnée » par sa famille à son mari qui en a alors toute jouissance et, en premier lieu, droit de défloration et de viol, c'est-à-dire droit à la consommation sans consentement.

Cette notion de propriété existait encore chez nous, de façon presque identique, il y a peu de temps puisque, légalement, le viol n'existait pas entre mari et femme. La règle du « devoir conjugal » était un évident témoignage de l'acceptation tacite par les femmes de leur possession par les hommes. La récente condamnation du viol dans le mariage, effective en France dans le nouveau code civil, se heurte à beaucoup d'opposition de la part d'hommes qui ne comprennent ni n'acceptent cet état de fait du « consentement nécessaire » !

Nous avons montré combien le viol (sauf quelques cas chez les orangs-outans) n'existait pas dans la nature, au sens premier du terme, car les règles de l'approche du congénère et de la levée des défenses interpersonnelles s'y opposent. En effet, en raison de la période de chaleur des mammifères, il s'agit plutôt d'une période de disponibilité de la femelle qui l'amène à solliciter l'approche des mâles. Nous sommes dans le schéma inverse de celui de l'humanité où c'est en général le mâle qui s'approche de la femelle convoitée. Un deuxième argument plaide pour l'absence de viol dans la nature du fait de la présence, chez les mammifères, d'un opercule protecteur de la zone génitale chez la femelle : la queue s'opposant mécaniquement à la pénétration. On peut cependant remarquer la disparition de cet appendice caudal protecteur chez les grands singes que sont chimpanzé, gorille, orang-outan, nos proches cousins, notre origine. Et avec chez eux déjà quelques dérapages.

On peut donc supposer l'origine du viol dès l'origine de l'humanité – avec quelques possibles prémices primates – et en lien avec cette domination masculine, certainement imposée par la force, dont le viol a pu être l'un des instruments les plus efficaces. On sait combien la femelle déjà fragile l'est plus encore lors du viol collectif. Le viol est assurément l'un des premiers comportements humains, si ce n'est le premier !

L'inceste (OUI)

S'il existe une valeur humaine – je dis bien « valeur humaine » – qui nécessite d'être relativisée, c'est évidemment l'inceste, notion commune à l'ensemble de l'humanité mais de façon si différente d'une société à l'autre que les lois des uns répriment les pratiques autorisées par les autres. Si j'écris « valeur humaine », ce n'est pas pour provoquer mais pour mieux comprendre ce que nous entendons par inceste : interdisons-nous le mariage entre frère et sœur ou acceptons-nous l'union de deux cousins pas trop éloignés ? Quelle en est la différence et pourquoi une telle frontière ? Un débat scientifique qui reste tabou.

Oui, l'évitement de l'inceste existe en milieu animal, et de façon bien plus efficace que dans l'espèce humaine. En cela, il n'y a pas de discussion : l'inceste est un trait spécifique à l'humain. Mais deux questions se posent : pourquoi évitement de l'inceste en milieu animal ? Et pourquoi prohibition à l'origine de l'humanité ? Enfin, pourquoi l'inceste est-il toujours prohibé aujourd'hui ? Certainement pas pour les raisons qui ont présidé à son établissement et qui ne sont plus de mise.

Alors pourquoi cet interdit persiste-t-il ? Et pour quelles autres raisons ?

La prévalence de l'inceste est ainsi difficile à évaluer dans la mesure où les critères sont très différents d'une culture à l'autre, certaines sociétés parlant d'inceste à partir du deuxième degré de parenté, d'autres l'étendant au quatrième degré, d'autres enfin jusqu'au douzième !

En 1951, dans l'importante étude de Ford et Beach sur un très grand nombre de cultures humaines, le tabou de l'inceste s'étendait bien plus largement que dans les sociétés occidentales contemporaines où il correspond en général aux relations avec les parents proches, frères, sœurs, enfants, cousins, oncles, tantes et beaux-parents. Cohen, en 1978, avait ainsi remarqué que les tabous les plus stricts étaient énoncés dans les sociétés les moins complexes et que l'interdit réduit aux premiers degrés de parenté se rencontrait dans les sociétés modernes apparemment plus évoluées. Les sociologues l'observent aussi dans certaines cités de banlieue.

Dans *Sexually Victimized Children*, en 1979, David Finkelhor interrogea des étudiants sur les contacts sexuels dans l'enfance. Contrairement à l'idée répandue comme quoi le rapport entre un père et sa fille serait l'acte incestueux le plus fréquent, il montra très clairement que, si seulement 4 % des femmes de son étude disaient avoir eu des contacts sexuels avec leur père, 39 % des femmes et 21 % des hommes témoignèrent de contacts sexuels avec un frère ou une sœur. Cette promiscuité de l'enfance, si elle n'est pas rare, est rarement considérée par leurs acteurs comme négative, à l'opposé des relations intimes avec les parents. En ce qui concerne les contacts sexuels avec la mère, ils sont apparemment extrêmement rares (l'étude de Finkelhor n'en rapporte que 1 cas sur près de 800 individus). Enfin, si la très grande majorité des relations incestueuses sont hétérosexuelles, diverses études rapportent entre 5 et 15 % de contacts incestueux homosexuels.

Le drame de l'inceste n'est pas tant la consommation, plus ou moins complète, de l'intimité entre deux proches parents – car il existe des unions incestueuses réussies entre adultes – mais du fait de l'intrusion d'une sexualité adulte dans la construction d'un être humain en cours de développement, brisant si souvent les étapes de cette construction et l'humanité de ce petit être en devenir. Si l'inceste est réprimable – et il doit l'être –, c'est essentiellement parce qu'il s'agit d'un acte pédophilique. On pourrait d'ailleurs plaider la non-distinction entre inceste et pédophilie, dans la mesure où – les experts le savent bien – le pédophile est à 80 % un adulte connu de l'enfant et souvent faisant partie de son entourage proche. À ce titre les parents, plus ou moins éloignés, en font partie. L'abolition de la distinction inceste/pédophilie aurait le grand avantage de ne pas minimiser les actes pédophiles – comme des sous-incestes –, car ils sont autant incestueux en raison de la valeur parentale de ces proches de l'enfant : instituteurs, psychologues, éducateurs, voisins, amis de la famille…

Il existe bien entendu une différence entre inceste et pédophilie, dans la mesure où l'enfant « incesté » n'a plus aucune possibilité de recours vers les adultes sécures que sont les parents, puisqu'ils sont acteurs et parfois complices du crime.

Nous sommes aujourd'hui devant le paradoxe suivant : si l'évitement de l'inceste n'est pas spécifiquement humain, le crime incestueux l'est et avec lui son cortège de vies brisées, de traumas infantiles aux conséquences permanentes, de familles détruites ou déstabilisées par un secret aux conséquences imprévisibles.

Les raisons majeures de la prohibition de l'inceste dans l'espèce humaine sont très certainement liées à l'origine des rapports hommes/femmes et à la domination masculine qui s'est imposée dans l'histoire de l'humanité. C'est en effet la loi du père – ou des pères – qui a ainsi « mis la main » sur les alliances pour le maintien du pouvoir par l'échange des femmes et, en premier lieu, de ses filles contre des territoires, des liens sociaux, de l'argent. C'est à ce titre, et à cette seule condition, que le père s'interdit de « consommer » sa fille pour la donner en mariage contre dot et alliance. Au-delà de la règle animale de l'évitement de l'inceste – certainement nécessaire au brassage des populations pour la diversité des gènes –, cette règle humaine est plutôt une règle liée à la domination des mâles qui ne tenait que parce que duraient les compensations (dot et alliance). Celles-ci ont progressivement disparu au fil de la démocratisation des sociétés. Il serait bon aujourd'hui de la repenser en lui donnant un contenu légal – et peut-être moral – que personne n'a énoncé depuis des siècles. C'est peut-être la raison de la poursuite, presque irrépressible, de la consommation des petites filles par leurs pères et assimilés sous le nom d'inceste. Nos sociétés contemporaines ont une réflexion majeure à faire sur l'évolution à donner à l'un des fondements les plus profonds des sociétés humaines. Mais qui en a conscience ?

Les perversions sexuelles (NON)

Que pourrions-nous appeler *perversion* dans le monde animal ? Il semble évident que l'on ne peut utiliser les mêmes termes entre humanité et animalité lorsque l'on parle de comportements pouvant donner lieu à un jugement moral. Mais, qu'en savons-nous, nous les humains qui ne communiquons pas avec ces êtres si proches, dont les comportements nous ressemblent ? Il est évident qu'ils ont une psychologie, qu'ils pensent, et pourquoi pas comme nous ? Leurs sociétés sont structurées, organisées avec des règles complexes, connues de tous et transmises par l'éducation. Quelles sont-elles ? Nul ne le sait, nous en avons compris certaines mais le fond de leur pensée nous échappe et, comme le disait Wittgenstein, « si les lions pouvaient parler, nous ne pourrions les comprendre ». Peut-être ont-ils des règles morales qui portent en germe nos interdits premiers. Leur ressemblance avec l'humanité est si troublante que pendant des siècles nous nous sommes interdit de les étudier de peur de nous reconnaître.

Si nous envisageons les perversions au sens classique du terme, c'est-à-dire comme liées à un jugement moral, il semble évident qu'elles sont spécifiques des humains, à moins – comme nous venons de l'évoquer – que des interdits règnent dans le monde primate, par exemple en ce qui concerne la sexualité. Et ça ne nous paraît pas du tout impossible !

Si nous envisageons par contre ce terme au sens commun, c'est-à-dire libéré de tout jugement moral, les perversions perdent le sens déviant que la morale classique leur attribuait : c'est l'évolution que nous connaissons depuis peu dans la clinique psychologique où nous avons abandonné le terme de *perversion* – trop connoté de jugement dans une société libérée au plan sexuel – pour celui de *paraphilie*, c'est-à-dire « façon d'aimer autrement ». Les paraphilies constituent aujourd'hui un large regroupement de comportements que nous pourrions qualifier de « variantes de l'amour » ou « pratiques marginales du sexe ». Il s'agit d'habitudes comportementales ou de traits de caractère amenant certains sujets à se comporter d'une façon inhabituelle pour obtenir l'excitation nécessaire à la jouissance. Parmi ces comportements : le voyeurisme, l'exhibitionnisme, le fétichisme, le frotteurisme, etc. Or, si nous nous tournons vers le monde animal, tous ces comportements se retrouvent chez nos proches parents dans leur vie quotidienne : ils font l'amour au grand jour, se montrent, s'exhibent, se touchent, se frottent, se reniflent, se regardent. C'est d'ailleurs la première fonction des comportements sexuels que d'être transmis par modèle.

À l'opposé, les sociétés humaines ont, certainement dès l'origine, interdit l'apprentissage de la sexualité par imitation, fragilisant par là même la transmission des comportements qui ne peut l'être que sur un mode naturel.

Le proche modèle animal que sont les grands singes nous offre un tableau affligeant au regard de la morale traditionnelle pour laquelle la plupart de leurs comportements « naturels » seraient jugés « pervers » et condamnables. Ce qui nous amène à penser que le naturel est évidemment pervers, comme le remarquait Freud chez le jeune enfant avant toute culture, qu'il qualifiait de « pervers polymorphe ».

Les fantasmes érotiques (OUI, mais...)

Le *fantasme* est une « scène imaginaire qui trahit, sous une forme travestie, les *désirs* inavoués ou refoulés du sujet ». Ce fantasme dont Freud distingue la part consciente de la part inconsciente, est l'objet spécifique de la psychanalyse qui tente de mettre au jour son contenu latent. Dans l'acception commune, le fantasme est un scénario imaginaire présent à l'esprit du sujet, porteur de désir et support d'excitation. Le sens populaire assimile cependant souvent les fantasmes aux *fantasmes érotiques*.

La psychanalyse recense un nombre limité de fantasmes, ce sont les *fantasmes originaires* qui semblent organiser la vie intérieure, quelles que soient les expériences personnelles du sujet. Pour Freud, ils constitueraient « un patrimoine transmis phylogénétiquement », mettant en scène « ce qui aurait pu dans la préhistoire de l'humanité participer à la réalité de fait et, à ce titre, ils entrent dans le cadre de la réalité psychique ». Ces fantasmes se rapportent tous aux origines de l'individu : scène originaire du coït parental, fantasmes de séduction, fantasmes de castration… En revanche, la psychanalyse aborde très peu les fantasmes érotiques, qui sont rarement librement évoqués, même dans une cure analytique.

La sexo-analyse quant à elle, qui travaille plus spécifiquement sur la réalisation sexuelle et les fantasmes érotiques, distingue six types de fantasmes organisés autour du *fantasme central*, « dont le contenu possède la plus grande force érogénique dans la vie actuelle du sujet ». Ce fantasme peut être un fantasme primaire ou en être une construction secondaire, plus ou moins consciente, destinée à alimenter le désir et l'excitation. Ce fantasme central – profond, très personnel – est enfin souvent masqué par les fantasmes érotiques conscients.

Dans ce tissu complexe d'images, d'émotions, de sensations qui alimentent le comportement érotique, il est souvent difficile de faire la part de ce qui est premier dans le déclenchement de l'excitation. Cette expression fantasmatique est extrêmement personnelle. Certains sujets, hommes ou femmes, disent ne jamais avoir de fantasmes conscients. On peut alors en supposer le contenu refoulé. D'autres, par contre, sont assaillis d'images ou de sensations qu'ils ne comprennent pas. D'autres enfin ont appris à les utiliser pour déclencher et maintenir l'excitation sexuelle. Il semble que ce soit une fonction naturelle de ces scénarios imaginaires que de permettre l'entretien de l'excitation sexuelle.

Cette activité fantasmatique humaine semblerait ne pas exister dans le monde animal où l'on a plutôt l'impression d'une chaîne de déclenchement des comportements sur le mode stimulus/réponse. Mais cela n'est-il pas l'effet de notre représentation d'un monde animal « mécanique » ? Si les pratiques érotiques sont largement répandues chez nos proches parents chimpanzés et bonobos, pourquoi n'accepterions-nous pas qu'ils aient des fantasmes érotiques en lien avec leurs comportements extrêmement variés sur le plan de l'intimité sexuelle ? Nous leur savons un raisonnement très complexe, nous leur savons la capacité d'inférer des pensées à un interlocuteur, pourquoi n'auraient-ils pas également des fantasmes et des fantasmes érotiques ? Tous ceux qui ont vécu en grande proximité avec des grands singes, connaissent leur sensibilité, leur intelligence et ont peu d'objections à leur prêter des capacités inconscientes, à leur imaginer une vie intérieure et, pourquoi pas, des fantasmes personnels et des scénarios érotiques dans leur vie intime.

Les pratiques érotiques (NON)

Il n'est pas difficile de répondre à cette question, depuis que des anthropologues se sont intéressés à la vie intime et sexuelle des grands singes. Frans de Waal a très largement documenté les pratiques sexuelles chez les bonobos, en montrant la variété, la fréquence et la variabilité des comportements individuels. Nous connaissons depuis peu (moins d'un siècle) cette variété chez les humains, c'est-à-dire depuis les deux grands rapports d'Alfred Kinsey sur la sexualité des hommes (1948) et des femmes (1953). Ces deux enquêtes fondamentales ont, pour la première fois dans l'humanité, tenté de connaître les comportements intimes de l'homme, de la femme, du couple. De nombreuses autres études ont suivi avec notamment, en France, le rapport Simon sur *Le Comportement sexuel des Français*, en 1970, le rapport Spira, *Les Comportements sexuels en France*, en 1992 et celui de Nathalie Bajos, en 2006.

Ces différentes enquêtes ne sont pas toutes comparables, leurs méthodologies étant très différentes (longs entretiens semi-directifs chez Kinsey ou même chez Simon, enquête par téléphone chez Spira et Bajos). Certaines réponses, par exemple, ne laissent pas de nous interroger sur leur validité ou sur leur conformité à l'image que l'on se fait de la sexualité. Même si l'enquête est anonyme, on sait cependant combien les comportements intimes, personnels ou de couple, ne se déclarent pas comme toute conduite de la vie quotidienne. Il en va encore plus des difficultés intimes ou sexuelles qui sont souvent niées, gommées, minimisées.

Quoi qu'il en soit, si l'on compare les nombreuses études qui ont été réalisées dans de nombreux pays occidentaux depuis les dernières décennies, nous pouvons observer des tendances générales comme l'augmentation du nombre de partenaires au cours de la vie chez les hommes comme chez les femmes, une plus grande précocité du premier rapport sexuel, la vraisemblable augmentation des pratiques érotiques dans le couple. Si ces dernières sont maintenant plus facilement déclarées, on sait combien elles étaient absentes de la vie conjugale jusque dans le milieu du XXe siècle, en raison des interdits sociaux et religieux qui qualifiaient les comportements érotiques de « pervers » et les condamnaient car ne faisant pas partie des pratiques fécondantes. Il est cependant évident, et à toutes les époques, qu'une part, certainement très marginale, des hommes et des femmes a toujours usé de liberté et d'érotisme. Mais ce n'était pas la pratique de la majorité.

Il semble ainsi, dans toutes les sociétés humaines, que les impératifs de fécondité aient orienté le comportement intime vers un coït masculin bref et fécondant, laissant de côté l'épanouissement et la jouissance de leurs partenaires femmes. Volonté de domination ou de castration des hommes envers les femmes ? Ce n'est pas impossible, car l'acte bref est certainement, pour tout homme, le plus jouissif dans la mesure où l'orgasme est très fortement lié à l'éjaculation. Un coït rapide sera ainsi accompagné de plaisir pour un homme tandis qu'il pourra être douloureux, violent ou insatisfaisant pour une femme. Quoi de plus dominateur !

À l'encontre de ce raisonnement, il nous faut rappeler qu'il a toujours existé dans l'humanité des traditions érotiques, en général initiatiques et réservées à un petit nombre (Sumer, tantrisme et quelques ethnies océaniennes…), donc, encore une fois, marquées d'un pouvoir de domination des initiés sur les non-initiés.

On peut faire le parallèle avec le monde animal, en grande partie dénué de pratiques érotiques, puisque le coït se limite en général à un accouplement rapide (dix secondes chez le chimpanzé commun). À l'opposé, on peut rappeler les pratiques érotiques plus largement répandues chez les orangs-outans dans la mesure où cette espèce connaît peu de prédateurs et jouit ainsi de longs temps d'intimité corporelle permettant au mâle et à la femelle de ne pas craindre l'interruption du coït.

La durée du coït (NON)

L'image que véhiculent les médias occidentaux actuels de la sexualité du couple est largement dominée par la notion de performance : impératif de jouissance, nécessité de l'orgasme, variété des positions, durée du coït… Cette « fausse » représentation de l'intimité s'impose comme une « normalité » terroriste qui a été, à de nombreuses reprises, dénoncée. Parmi ces critères, la durée du coït semble une condition apparemment imposée par l'exigence féminine de la jouissance multiple. En effet, l'idée que certaines femmes ne jouissent que tardivement imposerait aux hommes de faire durer le coït. Certains semblent facilement y parvenir, d'autres plus difficilement, d'autres jamais ! Pour les médias contemporains, à l'instar du porno, le « bon amant » serait un homme capable de vivre sa sexualité sans émotion, d'agir sur commande, de suivre les désirs de sa partenaire et notamment de poursuivre le coït indéfiniment.

Pour la majorité des hommes, cette « épreuve » semble impossible ! La sexualité est, en effet, très liée aux affects et aux émotions, ce qui la rend fragile dans son maintien comme dans l'incertitude de son issue.

Dans la majorité des cultures, la durée du coït est une notion absente des textes qui en témoignent. Il n'est pas non plus fait état d'éjaculation précoce, dans la mesure où ce critère n'a pas l'importance qu'il revêt chez nous, sinon comme un facteur positif de fécondité ! On peut ainsi rappeler que dans plusieurs cultures, il a existé des concours d'éjaculation. Qui croyez-vous qui triomphait ? Bien évidemment le plus rapide, car c'était un critère de vigueur, de bonne santé, de fécondité.

On peut d'ailleurs souligner qu'aujourd'hui les éjaculateurs retardés, ou anéjaculateurs, ces hommes qui peuvent faire durer le coït 30 à 45 minutes, voire plusieurs heures, consultent des médecins pour un problème de fécondité, et non de sexualité, puisqu'ils peuvent difficilement éjaculer dans le vagin de leur partenaire. Ils ne se plaignent nullement d'un trouble sexuel – à part dans l'impossibilité totale d'éjaculer – car ce comportement est aujourd'hui socialement très valorisé.

Nous nous trouvons ici dans une perspective dans laquelle l'allongement de la durée du coït ne sert en aucune manière à la fécondation mais uniquement à la dimension érotique du rapport intime, alors qu'en milieu traditionnel l'éjaculation rapide a été certainement le comportement le plus répandu dans toutes les sociétés. Nous pouvons ainsi affirmer que nos grands-parents et arrière-grands-parents étaient en grande majorité des éjaculateurs rapides, la dimension érotique du couple existant peu, le plaisir féminin n'étant en général pas reconnu.

Chez nos proches parents, la durée du coït est toujours extrêmement brève comme chez les bonobos (15 secondes), les chimpanzés (7 à 10 secondes), ou les gorilles (1 minute). On connaît cependant quelques exceptions, comme le coït parfois très long des orangs-outans (15 à 20 minutes), pouvant s'expliquer par la non-concurrence avec des rivaux, ce qui n'est pas le cas chez les chimpanzés où un partenaire « chasse » l'autre dans une succession de plusieurs coïts.

On peut enfin dénoncer l'imposition du modèle normatif d'un coït longue durée à l'image du très négatif « modèle porno », dans la mesure où ce cinéma – substitut des bordels – a inconsciemment sélectionné pour les scènes intimes des sujets (acteurs) présentant une pathologie fonctionnelle (l'anéjaculation ou impossibilité à éjaculer dans le vagin d'une femme). En effet, le casting de tels films a évidemment mis de côté les éjaculateurs rapides qui ne feraient qu'interrompre le tournage (!) et privilégié ceux qui pouvaient coïter indéfiniment dans une sorte d'indifférence émotionnelle. C'est le cas des anéjaculateurs que l'on reconnaît à une autre caractéristique devenue, sans que quiconque le sache, le point d'orgue d'une séance interminable : l'homme se retire et éjacule en quelques secondes sur la partenaire, comportement spécifique de l'anéjaculateur qui n'a aucune difficulté à jouir par masturbation !

La variété des positions (NON)

Si l'on s'en réfère aux récents rapports sur la sexualité (Kinsey, Simon, Spira), les attitudes intimes des hommes et des femmes présentent des variations qui paraissent cependant moins fréquentes qu'on peut l'imaginer car, en très grande majorité, chaque couple prend des habitudes en raison des particularités morphologiques de l'un ou de l'autre, des habitudes comportementales prises par chacun depuis le début de la sexualité, des désirs dans l'accès à la jouissance… Chaque préférence étant encore limitée par les préférences de l'autre, les couples adoptent très vite des comportements souvent stéréotypés, répétitifs ou quasi identiques lors de leurs rapports intimes. En 1948, Kinsey affirmait que 70 % de la population n'avait jamais tenté une autre position que celle du missionnaire, certainement suivant le stéréotype de l'homme actif et de la femme réceptive.

La sodomie, qui a été essayée en France par 37,3 % des femmes et 45,1 % des hommes, est cependant un comportement rare en pratique quotidienne, seulement 3 % des couples l'ayant utilisé lors de leur dernier rapport ! On pourrait en dire tout autant des pratiques d'excitation sexuelle (fellation, cunnilingus) qui sont des variantes érotiques souvent marginalisées par la majorité des couples au quotidien.

La variété des positions, qui est une caractéristique, et un fantasme, de la sexualité occidentale contemporaine, est peu admise dans le monde traditionnel. *Éros noir*, le très juste livre de Boris de Rachewiltz, montre combien la sexualité, en milieu traditionnel africain, est suffisamment codifiée pour qu'elle accepte peu de variantes.

Dans le reste du monde, les pratiques traditionnelles sont en général toujours définies par la culture qui interdit telle ou telle variante et en premier lieu la sodomie qui est évidemment une pratique contre nature car non fécondante.

La variété des positions sexuelles est certainement un facteur récent né des pratiques érotiques occidentales destinées à réaliser le fantasme contemporain d'une sexualité conjugale de longue durée. Cette sexualité nécessite en effet un renouvellement des facteurs d'excitation, ce que ne permet pas le sexe conventionnel peu érotique des sociétés de la tradition.

La variété des positions de l'amour n'est cependant pas une notion nouvelle puisque nous l'observons chez nos cousins les plus érotiques, elle a certainement été secondairement limitée par les règles humaines. Certaines espèces semblent à ce propos avoir beaucoup d'inventivité, comme les orangs-outans et les bonobos, qui expérimentent l'accouplement dans toutes ses possibilités anatomiques et morphologiques. Ils connaissent ainsi le coït en face à face, l'accouplement postérieur, la partenaire sur son compagnon, etc.

L'orgasme féminin (NON)

À l'instar du concile de Mâcon qui niait l'existence d'une âme aux femmes, jusque dans les années 1950, certains médecins n'hésitaient pas à affirmer que seul l'homme avait un orgasme ! Confortés dans leur position idéologique machiste, ces mâles peu connaisseurs de la sexualité refusaient aux femmes le droit de vivre le plaisir sexuel. Cette attitude n'est pas très différente de celle de quelques obscurantistes qui refusent encore que les grands singes aient une conscience.

L'orgasme féminin est une réalité de plus en plus largement vécue par les femmes du monde occidental depuis que leurs compagnons respectent leurs désirs et acceptent leur accès au plaisir si différent du leur. Le monde de la tradition a, en général, nié, interdit, ou empêché l'accès des femmes à l'orgasme de la même manière que la connaissance scientifique de la sexualité féminine a, pendant très longtemps, été modélisée par des hommes qui tentaient d'imposer en la femme le modèle masculin. Pendant des siècles, les anatomistes ont représenté le sexe féminin comme un phallus intériorisé ! Il ne semblait pas possible pour eux d'y voir un autre modèle morphologique que celui de l'homme. Freud lui-même a conçu une théorie qui n'était pas si différente : il n'existe qu'un seul sexe, le sexe masculin ! La femme est définie par son manque (castration). L'opposition de psychanalystes femmes comme

Karen Horney, réfutant la « castration féminine », n'y a rien fait. Krafft-Ebing, Freud, Hesnard, Kinsey ont tous été des hommes, pensant et « formatant » la sexualité féminine, jusqu'à William Masters qui a eu ce « coup de génie » de prendre conscience qu'à lui seul, homme, il ne pourrait y parvenir et a fait appel à une femme, Virginia Johnson, pour tenter ensemble de comprendre la sexualité, masculine et féminine, dans leurs complexités.

Le monde de la tradition n'a jamais recherché la jouissance sexuelle, surtout en matière féminine, la sexualité ayant pour but le coït et son accomplissement fécondant par l'éjaculation masculine. Ce rapport traditionnel fécondant était ainsi en général dépourvu de jouissance pour la femme. On pourrait même plutôt évoquer les très nombreuses pratiques d'asservissement de la sexualité féminine à celle de l'homme, ayant pour seul but la jouissance de ce dernier à l'exclusion de celle de sa partenaire. En premier lieu, la double cérémonie, de circoncision pour l'homme et de clitoridectomie pour la femme, qui serait classiquement l'ablation des parties féminines chez l'homme et masculines chez la femme. Or il faut bien préciser qu'elle ne gêne en rien la sexualité masculine mais empêche presque totalement la jouissance de la femme. Ce rituel largement répandu est une soumission supplémentaire de la femme à l'homme, asymétrie des pratiques qui va encore dans le sens de l'interdit de la jouissance féminine dès les débuts de l'humanité.

L'orgasme féminin existe cependant, il est intense, il est multiple, il est très certainement plus puissant et beaucoup plus répétitif que ne peut l'être l'orgasme masculin. C'est certainement l'une des raisons des tentatives masculines de le réduire à néant. La jouissance féminine, avec les conséquences de la dépendance amoureuse qu'elle peut induire chez les mâles, a ainsi pu apparaître, au début de l'humanité, comme un danger, un comportement subversif qu'il fallait contenir voire maîtriser. Ce désir masculin de « contenir » la jouissance féminine est vraisemblablement à l'origine de tous les rites de mutilation du sexe féminin, en vigueur dans la plupart des cultures.

L'excision concerne par exemple encore aujourd'hui plus de cent millions de femmes, originaires de vingt-huit pays d'Afrique subsaharienne, du Moyen-Orient et d'Indonésie, qui en imposent la pratique rituelle. Si la motivation la plus fréquemment invoquée est celle du caractère coutumier, donc rituel et obligatoire, de cette clitoridectomie, une notion de « pureté » motive aussi la destruction du clitoris qui serait responsable de l'hyperexcitabilité sexuelle des femmes ! Revient encore cette notion de dangerosité de la sexualité féminine qui, si elle s'exprimait librement, déstabiliserait la société. Plus contraignante encore, l'excision de type II associe l'ablation du clitoris et des petites lèvres ; celle de type III, répandue au Soudan, ajoute une infibulation, c'est-à-dire une occlusion vulvaire presque complète par suture des grandes ou des petites lèvres. La femme est alors niée dans son intimité, sa sexualité, sa personne. Aucune jouissance n'est possible. Nous sommes dans la négation de l'identité féminine, dans la négation de la femme.

Si la jouissance féminine a très longtemps été mise en doute dans l'espèce humaine, il en va de même pour la sexualité de nos proches parents qui ne pouvait être que mécanique et fécondante. Notre meilleure connaissance de la vie des primates ne laisse aucun doute sur le caractère jouissif de leur sexualité. Des signes extérieurs nous font évidemment penser à un vécu orgasmique mais, là encore, aucun témoignage que nous puissions obtenir de ces proches parents avec qui nous ne partageons aucun langage.

On a cependant récemment observé un *réflexe d'étreinte* chez le macaque, quand la femelle se retourne et plonge son regard dans celui de son partenaire à un moment du coït où son vagin est animé de spasmes, ce qui évoque particulièrement pour nous la physiologie de l'orgasme humain.

Il est difficile d'imaginer que l'orgasme n'aurait été donné qu'aux mâles et cette expérience de la jouissance qu'aux humains. Les prémices que nous en connaissons, nous laissent fortement penser que l'orgasme existe chez les primates, chez les femelles comme chez les mâles. S'il est par contre une particularité humaine, c'est certainement l'orgasme multiple que connaissent certaines femmes lorsque, culturellement, elles en ont entendu parler. Cette capacité à vivre plusieurs orgasmes successifs et progressivement plus rapprochés n'a jamais été montrée dans d'autres espèces que la nôtre. On ne s'est pas non plus posé la question de l'humain. Elle est une caractéristique physiologique certainement présente chez toute femme mais nécessitant d'être découverte, apprise, expérimentée et cultivée. Cela rappelle magistralement que la sexualité humaine n'est qu'une potentialité développée ou non par la culture.

La poitrine féminine (OUI)

Deux signaux érotiques semblent caractériser l'espèce humaine : les fesses et les seins. Le premier est très largement, peut-être universellement, codé comme le signal majeur de l'excitation visuelle, tant pour les hommes que pour les femmes. De très nombreux travaux ont montré combien la rotondité fessière était un signal d'excitation d'autant plus humain que les fesses font défaut aux primates.

En effet, en raison de leurs capacités brachiatrices et de leur absence d'adaptation à la marche, les grands singes n'ont pas de rotondité fessière. Avec le redressement de la stature et la marche bipède, le développement musculaire du haut des cuisses s'est très largement fait, chez l'homme, dans la région fessière. C'est ainsi que la forme arrondie des fesses est l'une des conséquences de la marche bipède et de l'adaptation à la course. C'est en cela que la fesse est le propre de l'homme !

Pourquoi ce signal est-il ensuite devenu signe d'excitation sexuelle ? On peut imaginer que le coït postérieur habituel des primates a codé la zone fessière comme signal d'appel pour la pénétration et que le développement de cette zone chez les humains en a fait un signal prépondérant.

Avec le redressement de la stature et le coït plus habituellement en face à face, il semble que l'évolution a ensuite sélectionné des individus femelles ayant une même particularité sur le devant de la poitrine, c'est-à-dire une rotondité ressemblant au signal excitateur des fesses. C'est la théorie de Desmond Morris, qui pense que les seins sont des « fesses par le devant », ce qui nous semble très probable dans la mesure où la région mammaire s'est développée d'une façon très similaire à celle de la région fessière au point où elles peuvent être totalement confondues. En gros plan, les fesses et les seins peuvent même prêter à confusion, leur signal est identique, et l'un peut avantageusement remplacer l'autre. Cela permet ainsi aux mâles de l'espèce humaine de trouver face à eux un signal d'excitation sexuelle déjà codé dans leur mémoire sensorielle.

Cela renforce encore la dualité de la poitrine féminine aux deux fonctions : nutritive et érotique. On peut cependant remarquer que dans l'espèce humaine occidentale actuelle, la fonction érotique est quasi exclusive, la fonction nutritive n'occupant que quelques mois au total de la vie, et pour certaines femmes, ne se réalisant même jamais.

Il nous faut préciser que dans le monde primate, il n'existe aucune fonction érotique au niveau de la poche mammaire qui sert uniquement à la lactation pendant l'élevage des petits. En dehors de cette période, comme pour de nombreuses femmes peu érotisées en milieu traditionnel, la glande mammaire pend comme deux sacs vides et plats le long de la poitrine. À l'opposé, le caractère globuleux de la poitrine féminine occidentale – en premier chef celle des *play-mate* et des cover-girls – n'a également qu'une seule fonction : l'excitation des mâles pour entretenir l'activité érotique, fonction que la majorité des cultures traditionnelles n'ont jamais reconnue.

L'érection masculine (OUI)

Si l'érection existe chez tous les mâles des mammifères, elle ne prend une taille, une vigueur et une valeur symbolique importante que chez l'homme. Ce curieux phénomène ne cesse de nous interroger, et l'on peut se poser la question de son rôle dans le mécanisme de l'évolution humaine.

En ce qui concerne la taille, le phénomène est suffisamment remarquable pour qu'il ait été noté depuis très longtemps par les anthropologues : l'érection est en moyenne de 3,2 centimètres chez le gorille, 3,8 centimètres chez l'orang-outan, de 7,6 centimètres chez le chimpanzé et de 12,7 centimètres chez l'homme ! Et si l'on extrapole la longueur du pénis en érection à la taille de l'individu, l'homme possède un pénis encore bien plus grand en valeur relative que celui de tous ses parents primates.

Si l'on pense que l'érection d'un gorille de plus de 2,20 mètres de haut ne fait que 3 centimètres de longueur tandis que celle d'un homme de 1,80 mètre peut dépasser 15 centimètres, on est en droit de s'interroger sur la valeur physiologique ou symbolique de cet avatar humain si remarquable. La réponse n'est évidemment pas en termes de fécondité, puisque le petit pénis des gorilles ou des orangs-outans leur permet tout autant de se reproduire. Il n'est certainement pas non plus une résultante du dimorphisme sexuel, car celui-ci est moindre chez les humains qu'il ne l'est par exemple chez les gorilles. Il ne s'agit certainement pas non plus d'une compétence coïtale, puisque les acrobaties sexuelles de l'orang-outan sont notoires alors que la taille de son pénis en érection est relativement faible.

L'hypothèse la plus intéressante est celle d'une coévolution du pénis et du vagin, ce dernier s'étant nettement approfondi et projeté en avant du fait de la bipédie a nécessité un pénis plus long pour le pénétrer (Zwang).

Il semble important de remarquer que ce pénis humain, de taille surprenante, possède deux autres caractéristiques pouvant être en lien avec cette particularité : c'est le seul pénis primate (avec celui du singe araignée d'Amérique du Sud) à ne pas comporter d'os pénien ; de ce fait le mécanisme érectile des corps caverneux atteint certainement son apogée chez l'homme.

Comment expliquer la disparition de l'os pénien, tuteur de l'érection, aide à la pénétration, suppléant certain de l'érection ? La littérature scientifique ne donne aucune réponse à cette question dans la mesure où la science laisse, en général, le sexe de côté ! Ce curieux os pénien, pourtant présent chez tous les mammifères, n'a en effet donné lieu qu'à de très rares publications scientifiques. On ne le trouve mentionné que dans certains manuels d'anatomie comparée, comme celui de Grassé. La physiologie de l'érection animale n'a, elle non plus, fait l'objet d'aucune recherche systématique. Il semble cependant que l'érection des mammifères, et notamment des primates, ne présente en aucune mesure la rigidité du pénis humain.

Trois mécanismes semblent permettre le coït chez les primates : le soutien tutoral de l'os pénien ; une flatulence semi-rigide du pénis qui se développe autour de l'os pénien ; des systèmes annexes d'épines, de ventouses ou de villosités… pour assurer l'intromission et éviter le retrait inopiné.

Le pénis des primates présente ainsi des diverticules et des appendices qui permettent de maintenir un contact permanent avec la cavité vaginale de la femelle. Un mucus visqueux, parfois très épais, permet en outre d'augmenter le contact par un phénomène d'adhésivité. Si l'on prend bien en compte l'ensemble de ces phénomènes, le coït des primates ressemble très peu à celui des humains.

Quand et comment a eu lieu la disparition de l'os pénien ? Cet os, présent chez tous les primates (à l'exception du singe araignée et d'*Homo sapiens*) et qui s'articule avec les deux apophyses pubiennes, est un formidable guide pour une érection qui n'a alors pas besoin d'être très solide. Sa disparition aura nécessité le développement d'un mécanisme érectile extrêmement puissant permettant la rigidité que l'on connaît chez l'homme et rendant alors inutile le tuteur pénien. L'hypothèse la plus évidente est la sélection par les femelles, de quelques mâles ayant par exemple la particularité de posséder un os pénien de petite taille et dont le contact aurait pu être plus favorable à l'accouplement. On peut ainsi avancer une hypothèse très narcissique : peut-être le contact d'un pénis doux et gonflé sans os pénien aura-t-il pu paraître très agréable, encourageant ces femelles à s'accoupler préférentiellement et plus souvent avec ces mâles « plus tendres » ?

Quand ? Les paléontologues pourraient, à notre sens, nous aider à y répondre s'ils avaient conscience de l'intérêt de cette question, c'est-à-dire en recherchant les preuves archéologiques de l'existence d'os péniens chez les espèces intermédiaires que sont les australopithèques, *Homo habilis*, *Homo erectus*... Or aucune mention de cet os fossile, pour deux raisons : tout d'abord parce que n'étant pas recherché il n'est pas trouvé, les anthropologues n'en connaissant pas la forme ; et parce qu'étant de petite taille et le processus de fossilisation étant très sélectif, peu d'os péniens ont pu parvenir jusqu'à nous !

Cette recherche serait néanmoins très utile pour comprendre à partir de quelle étape intermédiaire cet os intime a totalement disparu.

Une même recherche pourrait être faite, beaucoup plus difficile encore, sur un autre avatar de l'anatomie primate : l'os clitoridien. Ce petit fragment osseux, présent à la base du clitoris des femelles mammifères, est peut-être un reste embryologique masculin non développé. On n'en connaît aucune utilité. Il n'a cependant jamais été trouvé dans l'espèce humaine et a donc disparu, comme son homologue masculin.

L'évolution est la plupart du temps extrêmement logique, elle suit les contraintes écologiques, des impératifs fonctionnels ou morphologiques, elle conserve ce qui est utile et accepte la disparition de ce qui ne sert plus. En ce qui concerne l'érection pénienne, pourquoi chercher plusieurs causes à deux mécanismes différents mais qui nous semblent, sinon complémentaires, du moins pouvoir être la conséquence l'un de l'autre : la disparition de l'os pénien et la formidable taille de l'érection masculine.

En effet, bien que l'on n'en connaisse pas la cause, la disparition de l'os pénien peut avoir été à l'origine du développement des corps caverneux chez l'homme. Pour faire face à l'effacement de son tuteur, le pénis préhumain a dû réagir, en matière de contrainte coïtale, en augmentant la pression intrapénienne par un accroissement de la puissance des muscles lisses qui tapissent les cavernes constituant l'organe masculin. Avec la disparition de l'os pénien, la sélection a pu se faire plus exigeante : les individus les plus aptes à pratiquer le coït sans os pénien reproduisant évidemment leurs gènes à l'opposé de ceux qui n'avaient qu'une érection modérée et ne pouvaient pas facilement pénétrer ni se reproduire.

L'augmentation de la pression intracaverneuse et la compétition que durent se livrer les mâles aux pénis les plus solides ont vraisemblablement sélectionné les organes les plus rigides, qui gagnèrent ainsi en volume. L'utilisation récente des IPDE 5, les inhibiteurs des phosphodiestérases de type 5, dont le Viagra est le chef de file, occasionne de même une augmentation du volume et de la longueur de la verge des patients qui n'avaient plus d'érection depuis longtemps.

Dans ces conditions, l'accroissement de la taille et de la circonférence du pénis humain serait une conséquence de la disparition de l'os pénien et du redressement de la stature. Ce lien morphophysiologique permettrait ainsi d'expliquer la grande différence de taille que l'on observe entre le pénis humain et le pénis des autres primates.

C'est enfin la valeur symbolique de ce pénis qui constitue la deuxième énigme de cette évolution. Déjà, chez les primates, le sexe en érection a une valeur symbolique de menace ou de mise à distance d'un adversaire potentiel.

On sait combien les gorilles lancent un tel signal pour prévenir l'intrus et montrer une sorte de « force de dissuasion ». Chez les humains, ce pénis en érection a pris une valeur tout à fait considérable au cours de notre évolution. Présentes dès la préhistoire, à côté de l'imposante statuaire des Vénus paléolithiques, les représentations phalliques dominent l'Antiquité occidentale classique mais aussi l'archéologie de la plupart des civilisations.

Le pénis est aujourd'hui l'obsession des mâles occidentaux qui ne supportent pas la moindre défaillance de leur organe le plus intime.

La jalousie (OUI, mais...)

Certains auteurs comme Wittenberg et Tilson considèrent la jalousie comme l'un des facteurs à l'origine de la monogamie, par exemple lorsque la jalousie des femelles empêche un mâle d'avoir deux femelles en même temps. On pourrait en dire tout autant de la présence et du pouvoir d'un mâle solidifiant le couple en éloignant les rivaux. Mais dans la grande majorité des cas, l'union monogame animale n'est pas exclusive. Chez les femelles monogames des singes du nouveau monde, les accouplements avec des mâles de passage se font à l'insu du partenaire légitime.

La jalousie existe, de façon relative, chez nos proches parents les grands singes, de façon souvent ponctuelle, moins souvent au long cours d'une relation préférentielle. Ce qui caractérise la jalousie des humains, c'est l'idée masculine de possession d'une femelle qui fait de ce trait de caractère l'une des composantes très fréquentes des personnalités masculines.

La jalousie a pu être présentée comme un trait spécifique de la masculinité, possible témoin du sentiment qui a été à l'origine de la prise de possession des femelles par les mâles au début de l'humanité. Freud a pu soutenir que l'hystérie était le trait féminin dominant. Il n'est pas exclu que deux caractères forts aient pu marquer l'origine de l'humanité : la tendance forte des femelles à séduire les mâles et la réaction violente de ces mâles à se sentir dépossédés. La constitution physique et le rapport de force entre mâles et femelles auraient alors instauré l'ordre masculin qui a régné sur l'humanité jusqu'aux trente dernières années.

Le couple (NON)

Si le mariage, quelle que soit sa forme, est présent dans toutes les cultures humaines, le lien amoureux n'est pas un critère pris en compte par la tradition, car l'union sociale est en général décidée par le groupe ou la famille. Ce que nous appelons « couple » dans les sociétés occidentales aujourd'hui n'a essentiellement valeur que pour aujourd'hui et pour nos sociétés. Hier il en allait autrement, demain aussi.

Le couple existe dans la nature, c'est une évidence. Il est, par exemple, une règle majoritaire chez les oiseaux où près de 90 % des espèces vivent en couple ! Il n'existe cependant que très rarement chez les mammifères, avec seulement 4 % des espèces monogames. En cela les humains constituent une particularité lorsqu'ils tentent la vie de couple.

Mais qu'appelle-t-on « couple » ? Il ne s'agit certainement pas du mariage, instauré sous de très nombreuses formes dans l'espèce humaine ; ni du ménage que forment un homme et une femme avec ou sans enfant ; peut-être pas même du concubinage d'un homme, d'une femme, de deux hommes, de deux femmes… Le couple est une notion récente, distincte du mariage et des autres arrangements codifiés par la société et répondant à la définition que nous lui en donnons aujourd'hui en Occident : l'union de deux individus, en général par un lien amoureux, selon la configuration qu'ils ont eux-mêmes choisie.

« Le mariage ne dérive point de la nature », nous dit Balzac dans sa *Physiologie du mariage*. Il reprend ainsi les mots de Napoléon s'adressant au Conseil d'État dans la discussion qui a donné naissance au code civil : « L'homme est l'administrateur de la nature et la société vient se greffer sur elle […]. Le mariage peut donc subir le perfectionnement graduel auquel toutes les choses humaines paraissent soumises. » En grand stratège militaire, Napoléon affirme ainsi la volonté humaine de « maîtriser » la nature en « perfectionnant » le mariage. Il en parle comme d'un progrès technique et l'avenir lui donne raison : depuis deux siècles et à la suite de la Révolution française, le principe de démocratie s'est installé dans la société, dans les relations entre individus puis progressivement au sein du mariage et du couple. La révolution sexuelle et le féminisme en ont été les premières conséquences.

Le mariage humain s'instaure au cours de notre évolution et dans les conséquences immédiates de la prise de pouvoir des femelles par les mâles. Le mariage a été instauré pour sceller cet état de fait. Ses deux grandes fonctions sont alors de créer un lien inaliénable et surtout d'assurer la filiation en condamnant l'adultère. On retrouve cette institution, presque à l'identique, dans tous les groupes humains. Il s'agit de l'union sociale d'un homme et d'une femme, à l'exclusion des proches parents, et renonçant à l'expression des pulsions sexuelles en dehors du couple. Cette seule définition convient à décrire tous les types d'unions, la polygamie n'étant, par exemple, qu'une succession, ou une simultanéité, de plusieurs mariages monogames, car rien ne différencie les sociétés humaines monogames et polygames sinon, chez les premières, une loi qui interdit le remariage sans démariage.

La monogamie est traditionnellement peu répandue chez les humains. L'estimation de Murdock, en 1957, reste une observation de très grand intérêt, que l'on ne peut plus faire aujourd'hui. Sur 557 sociétés humaines, Murdock remarque que 75 % sont de droit polygame, 0,7 % polyandres, le reste, seulement 24,3 %, de tradition monogame. Les proportions n'ont que peu changé aujourd'hui où l'on peut estimer que moins de 30 % des sociétés humaines sont de droit monogame. Il semble cependant que le modèle occidental du couple monogame et de la famille nucléaire tende à augmenter en proportion dans toutes les cultures.

Cette innovation doit bien nous faire prendre conscience de la fragilité de cette construction « sur-naturelle » puisque nous sommes une espèce naturellement polygame qui, aujourd'hui, désire vivre de façon monogame. Nous devons en tirer la leçon pour réussir ce qui est une des entreprises les plus difficiles de l'humanité : le couple.

La fidélité conjugale (NON)

La fidélité conjugale est un caractère attaché à toutes les formes du mariage, à de très rares exceptions près. Cela nous semble bien compréhensible dans la mesure où le mariage a été imposé, dès le début de l'humanité, par les mâles aux femelles, pour s'assurer de leur descendance, c'est-à-dire pour empêcher qu'un autre mâle vienne féconder leur femelle. L'infidélité, ou adultère, a toujours été très sévèrement réprimée ou punie de mort.

Si l'on accepte la fidélité conjugale comme une valeur morale prônée par la plupart des civilisations, nous ne pouvons cependant pas dire qu'elle est spécifiquement humaine puisque de nombreux exemples nous montrent un tel attachement indéfectible, souvent par-delà la mort, dans le monde animal. Il est évident que la majorité de ces exemples s'observent chez les oiseaux, dans la mesure où ils cultivent très largement la notion de conjugalité.

Si notre vision contemporaine semble plus tolérante en matière de fidélité sexuelle, acceptant des unions à la fidélité relative, ce critère reste néanmoins la principale caractéristique du couple amoureux contemporain.

Chapitre 2

CULTURE ET SOCIÉTÉS

Aux origines de la sexualité humaine

À l'image de l'origine de l'humain, il n'a certainement jamais existé un premier sexe, mais une transformation progressive de notre sexualité primate devenue humaine. Les caractères anatomiques, physiologiques, comportementaux ont évolué pour constituer ce que nous appelons la « sexualité humaine », qui est d'ailleurs extrêmement diverse dans ses formes, ses valeurs, ses attitudes, selon les époques et les cultures.

Comment appréhender cette diversité sinon par des « clichés », instants photographiques de la sexualité à un moment et un lieu donnés ? C'est ce que nous pouvons faire dans un premier temps pour comprendre les constantes humaines au-delà de la grande variété de ses formes. Aucune trace de sexe dans les premiers millions d'années de l'hominisation, l'os pénien d'Adam ni l'os clitoridien (il a pu réellement exister !) de Lucy n'ayant jamais été retrouvés. Ce n'est que vers la fin du paléolithique supérieur (20 000 à 30 000 ans), chez *Homo sapiens*, que nous découvrons l'importance des repères sexués dans une société déjà très complexe. Des lectures relativement différentes avaient été faites par deux très grands préhistoriens, André Leroi-Gourhan et Annette Laming-Emperaire, en 1962 et 1964, d'une symbolique sexuée des représentations pariétales organisées autour du couple bison/cheval pour Leroi-Gourhan et du couple cheval/bison pour Laming-Emperaire. Ces deux typologies montrent bien l'existence d'un dessein symbolique dans les représentations des grottes ornées du paléolithique et certainement l'existence de polarités, sinon de dualité, entre les sexes.

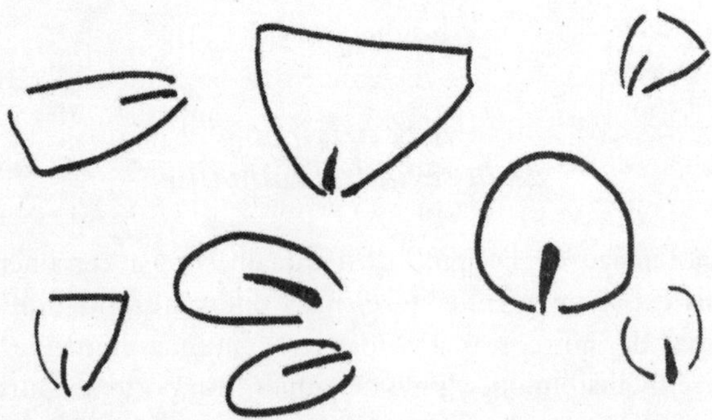

Figure 1. Vulves stylisées sur blocs calcaires (gisements aurignaciens proches des Eyzies). (*Dessins P. B.*)

Ce sont ensuite des représentations directes des sexes, féminins et masculins, et des formes féminines et masculines, que nos proches ancêtres du paléolithique ont obsessionnellement représentées sur les parois des abris et des grottes qu'ils visitaient. C'est tout d'abord cette multitude d'incisions triangulaires, parfois rondes ou ovales, mais toujours très identifiables par la fente verticale tracée en leur milieu comme la marque indélébile de la fente vulvaire. Ces silhouettes du sexe féminin, ces vulves incisées dans la roche, gravées sur un bloc calcaire ou la paroi d'un abri sont la manifestation évidente de l'importance de la région génitale féminine pour ces populations de la dernière période glaciaire (fig. 1). Fécondité ou sexualité ? Qui peut le dire ? Nous pencherions plutôt vers le sexe en tant qu'objet fascinant, attractif, certainement pour les mâles, dans la mesure où la grossesse est très rarement représentée : on n'en connaît que deux ou trois figurations possibles, comme la « femme au renne » de Laugerie-Basse. Il n'est d'ailleurs aucunement certain qu'un lien ait pu alors être fait entre le coït et une naissance neuf mois plus tard, la reconnaissance de la paternité étant certainement beaucoup plus récente dans l'histoire humaine.

Ces très nombreuses vulves féminines, quelquefois réalistes sans toutefois montrer les détails anatomiques des petites lèvres, semblent plutôt être d'ordre symbolique. Gilles Delluc, qui les a minutieusement étudiées, en a décrit la grande diversité, de la simple fente vulvaire au large triangle pubien et au dessin plus complexe des hanches et des cuisses prolongées par des jambes en fuseau. Denis Vialou précise, quant à lui, combien cet organe génital se prête aisément à la géométrisation.

Autre attracteur sexuel masculin, la silhouette de la femme apparaît de façon très constante, parfois innombrable, dans les abris gravettiens ou sur des plaques de calcaires, jusqu'au magdalénien (10 000 à 17 000 ans). Ces figures schématiques (fig. 2) représentent un torse filiforme d'où émerge le creux des reins, la silhouette des fesses et le début des cuisses qui se rejoignent, signal sexuel très connu pour être le premier attracteur masculin, et largement répandu dans le monde mammifère pour stimuler l'érection du mâle. C'est en réalité l'hyperlordose

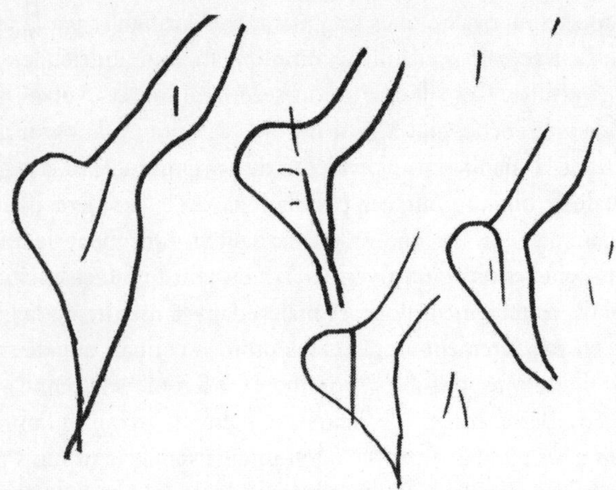

Figure 2. Silhouettes féminines sur blocs calcaires (La Roche, Dordogne). (*Dessins P. B.*)

de la femelle (la forte courbure des reins) qui constitue le signal majeur déclenchant l'excitation du mâle.

De très nombreuses statuettes féminines au sexe incisé et à l'hyperlordose marquée, ayant pu parfois faire parler de stéatopygie (existence d'une lourde masse graisseuse fessière comme chez les Bochimans), se retrouvent dans tout l'art pariétal occidental, de l'Ukraine à l'Espagne, du gravettien au magdalénien. Il s'agit pour une part de représentations de femmes multipares, c'est-à-dire ayant déjà engendré plusieurs enfants, d'autre part d'images symboliques accentuant vraisemblablement les formes ou les combinant avec celles du sexe masculin comme c'est le cas à Savignano, et même sur la très célèbre statuette de Lespugue qui peut être considérée comme l'association symbolique d'un double pénis.

Si le sexe et la silhouette de la femme sont extrêmement répandus dans l'iconographie préhistorique occidentale, la représentation du sexe masculin y est rarissime comme les représentations masculines sexuées. Quelques phallus apparaissent sur la paroi des abris, à Cosquer, aux Combarelles… ou en tant que représentations mobilières, c'est-à-dire sculptures, comme le gland d'un pénis, incisé d'une fente vulvaire, certainement la plus ancienne représentation du sexe masculin de l'humanité, retrouvée dans l'abri de Laugerie-Basse aux Eyzies. Les figures masculines, toujours très rares, sont alors sexuées, ithyphalliques, c'est-à-dire présentant un sexe en érection. Ce sont les représentations de Saint-Cirq, de La Madeleine ou encore le « satyre » du Portel et, bien sûr, l'homme du Puits de Lascaux dans la très célèbre scène où il semble tomber en arrière alors qu'il est en érection, sous les coups d'un bison furieux ayant lui-même été blessé. Dans son ouvrage sur Lascaux, en 1955, Georges Bataille y verra la scène d'un drame qui aurait profondément marqué les esprits. C'est une hypothèse très vraisemblable si l'on sait que les lésions hautes de la moelle épinière s'accompagnent d'une érection réflexe. Ce chasseur intrépide aura pu être blessé par le bison, ayant provoqué cette érection traumatique certainement marquante pour ses compagnons de chasse.

Cela étant, la sexualité, ou ses symboles, semble avoir marqué nos ancêtres par le caractère attractif des partenaires potentiels, comme en attestent les nombreuses vulves qui semblent indiquer l'importance des pulsions masculines, mais aussi par la valeur symbolique que la sexualité commence déjà à prendre. Nous ne pouvons pas parler du comportement sexuel de nos premiers parents, car nous n'en avons pas d'éléments tangibles, mais nous pouvons affirmer l'existence, dès l'aube de l'humanité, d'un érotisme certain dont témoignent ces représentations (fig. 3). Nous ne pouvons que rappeler une définition générale de l'érotisme qui est la *dimension humaine de la sexualité*, consistant à susciter et à maintenir le désir du partenaire.

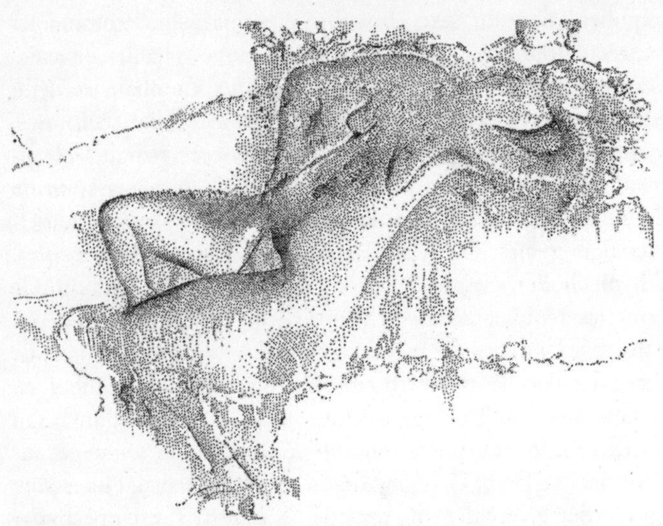

Figure 3. Femme lascive allongée, grotte de la Magdelaine (Tarn-et-Garonne). (*D'après S. Giedion, 1964.*)

Dès le néolithique, l'homme devint plus sédentaire avec l'apparition des premiers regroupements de population et déjà quelques métropoles dans le bassin de la Mésopotamie. Dans cet immense melting-pot du Tigre et de l'Euphrate, les Assyriens, les Babyloniens et les Sumériens développèrent une civilisation dominée par les dieux de la nature, de la vie et de la fertilité. À Sumer, les premiers symboles désignant l'homme et la femme étaient de simples dessins de leurs organes génitaux. Les rites de fertilité au cours desquels s'accouplaient un prêtre et une prêtresse devaient assurer la richesse des moissons à chaque nouvelle saison. Très près de là, le temple d'Ishtar, la déesse de l'amour, était consacré au sexe dans sa réalisation la plus concrète. De nombreuses tablettes incitant à faire l'amour et à transcender l'impuissance ont été retrouvées dans les fouilles archéologiques. Elles nous rapportent des rituels incantatoires pour guérir l'impuissance : « Que ton pénis soit bandé comme la corde d'une harpe de sorte qu'il ne puisse sortir de son sexe. » « Copule !... N'aie pas peur ! Il te faut une érection ! Ne t'en fais pas ! Ceci est l'incantation d'Ishtar, la déesse de l'amour » (Biggs, 1967). Le rituel consistait pour l'homme à prendre l'aspect d'un jeune chevreuil sexuellement excité, à s'imaginer être un bélier en chaleur, à chevaucher corps à corps, et à réciter sept fois de suite cette incantation pour retrouver la puissance sexuelle : « Excite-toi ! Sois en érection ! Sois excité comme un cerf ! Sois en érection comme un taureau sauvage ! À la façon d'un bouc, fais-moi six fois l'amour ! », disait la prêtresse. La déesse ne parlait que d'une voix, celle de l'érotisme, pour retrouver la puissance sexuelle. Dès 3000 avant J.-C., la réalisation sexuelle était déjà un objet de préoccupation des hommes car le sexe est un signe de puissance, de réussite, de richesse. Nous sommes dans la fonction symbolique de la sexualité qui fait du pénis, organe génital, un phallus, symbole hautement masculin de la virilité.

C'est l'époque où le pourtour de la Méditerranée vénère ces femmes gravides et fertiles que l'on a dénommées « déesses mères », mais dont nous ne connaissons pas directement le contexte cultuel dans la mesure où nous n'en avons pas les traces écrites. On ne peut que remarquer l'importance et la fréquence des cultes de fertilité, cultes phalliques, déesses mères, rites agricoles de fertilité... Cette déesse du sexe, de l'amour et de la fertilité prit successivement plusieurs dénominations : Ishtar, Isis, Cybèle, Aphrodite.

Si la femme a eu très rapidement un statut important de par son rôle de mère, porteuse et éleveuse, toutes les sociétés de l'origine étaient dominées par les hommes dont la femme constituait un bien inaliénable. Par le mariage, l'épouse devenait la propriété de son mari, situation totalement nouvelle et humaine par rapport au statut des femelles du monde primate qui sont libres et autonomes, décidant de leur propre sexualité. En quelques millions d'années, l'ordre naturel s'est inversé au profit des mâles de l'espèce humaine qui vont conserver cette domination jusque dans les années 1970 en Occident, où la progressive démocratie dans le couple amènera un statut de relative égalité entre les mâles et les femelles, non totalement encore acquis aujourd'hui.

Cet ordre masculin, magistralement développé par Pierre Bourdieu dans sa *Domination masculine*, donnait aux mâles une totale impunité là où les femelles étaient immédiatement condamnées. Chez les Hébreux anciens, l'adultère était puni de mort mais cette sentence ne s'appliquait qu'à la femme. L'homme qui commettait le même « crime » avec une femme mariée était simplement accusé de violation du droit de propriété de son mari. Il devait être puni, mais pas de mort.

Dans un tel système, qui était quasi généralisé à l'ensemble de l'humanité, toute fille était la propriété de son père qui décidait de son mariage en fonction des alliances qu'il désirait contracter. Ce bien inaliénable était alors jalousement conservé jusqu'au mariage, c'est-à-dire que le père s'abstenait de « consommer » sa fille, ce qui est certainement l'une des raisons humaines les plus tangibles pour comprendre l'interdit de l'inceste. Celle-ci devenait alors une réelle monnaie d'échange puisque le mari prenait femme contre une dot dont le montant était déterminé par le propriétaire de ladite fille, son père. L'Ancien Testament atteste de cette propriété et de sa valeur marchande lorsque, par exemple, il précise qu'en cas de viol, le violeur pouvait être exonéré en rétribuant le père et en épousant la fille.

Toute l'histoire de l'Occident chrétien témoignera ensuite de la soumission des femmes aux hommes par le moyen de l'Église et du droit. La femme était une sorcière, séductrice, menaçant par ses charmes l'intégrité et la spiritualité de l'homme. Elle était responsable des épidémies et des sorts lancés à son conjoint dès que celui-ci avait une défaillance. Elle était enfin bien inférieure à l'homme puisque n'ayant pas d'âme, selon la conclusion du concile de Mâcon en 585. Les attitudes les plus négatives furent engagées envers les femmes, créatures diaboliques qui entraînaient l'homme dans le péché. Les procès en sorcellerie se poursuivirent jusqu'à la fin du XVIIIe siècle. On peut y voir ici le dessein sadique et inconscient des sociétés occidentales dominées par les hommes, de maîtriser la sexualité féminine et sa capacité à la jouissance, certainement très subversive pour les hommes et leur désir. La crainte de ces derniers était d'ailleurs plus d'une infidélité de la part de l'épouse que de toute autre subversion féminine. Mais une chape de plomb a marqué pendant des millénaires l'expression libre de la sexualité féminine.

Le XIXe siècle, certainement très rigoureux dans la haute société anglaise victorienne, fut marqué par l'expansion des grandes métropoles et, avec elles, le développement de la prostitution, c'est-à-dire d'une sexualité parallèle monétisée qui séparait très clairement sexualité et fécondité, l'épouse domestique fécondante au foyer et la maîtresse extérieure pour la volupté. C'est à la fin du XIXe siècle, avec les premières réflexions scientifiques sur la sexualité, par Henry Havelock Ellis en Angleterre puis Sigmund Freud à Vienne, que le statut de la sexualité et l'asymétrie des rôles conjugaux vont progressivement évoluer jusqu'à aujourd'hui.

De nombreux mythes sont venus défendre le caractère naturel de la domination masculine en véhiculant l'idée du singe satyre, à l'opposé de notre connaissance actuelle du monde primate qui montre la disponibilité des femelles et l'absence de domination des mâles. Dès le Moyen Âge, le singe est accusé de toutes les luxures et perversions, il est un emblème de la virilité, comme s'il fallait disculper l'homme de sa traîtrise envers les femmes. On les représente munis d'organes génitaux très développés avec la réputation d'aimer les femmes et de les séduire. Au XVIe siècle, Edward Topsell raconte une scène extraordinaire où des marins échoués sur une île au large des Indes furent accueillis par des sortes de singes au poil rouge dotés d'une queue-de-cheval : « Les marins les virent se ruer sur les femmes qui se trouvaient à bord. Effrayés, les hommes d'équipage débarquèrent l'une d'entre elles et la déposèrent au milieu des singes. Ces êtres lubriques se livrèrent alors sur elle à des obscénités révoltantes » (cité par Morris, 1967).

Les histoires de singes satyres sont extrêmement répandues de par le monde, les Dajaks de Bornéo prétendent que leurs femmes sont parfois enlevées par les orangs-outans ; en Angola on racontait que les singes surprenaient les femmes et les enlevaient pour en jouir ; c'est enfin le mythe de King Kong, magnifiquement porté à l'écran par Merian C. Cooper en 1933, dans lequel le primate géant, Kong, qui fait huit mètres de haut, tombe amoureux d'Ann Darrow et la protégera jusqu'à la mort. Cette persistante légende du primate séducteur n'est-elle pas là pour justifier un ordre illicite imposé par les mâles sur les femelles à l'aube de l'humanité ?

Comme si une pulsion naturelle irrépressible animait les mâles. Une façon indirecte de justifier l'injustifiable.

Une lecture éthologique : Desmond Morris

C'est au zoo de Londres et à travers plusieurs publications emblématiques, notamment *Le Singe nu* suivi du *Couple nu*, que Desmond Morris nous propose une lecture originale et très personnelle de l'évolution sexuelle de l'humain : « Quelles que fussent les pressions subies par nos lointains ancêtres, il n'en demeure pas moins qu'ils se sont transformés en bipèdes en dépit d'une évidente perte de vélocité. Et cela a affecté leur corps sur beaucoup de points. Le singe poilu est devenu l'homme nu. L'échine est devenue le dos. Les angles du cou et du bassin se sont radicalement modifiés. Les extrémités des pattes de devant ont pris la forme de mains préhensiles capables non seulement de porter mais aussi de manipuler et de faire des gestes. Une morphologie originale se développait, différente de tout ce qui avait existé auparavant et formidablement efficace » (*Magie du corps*).

Dans cette fulgurante vision évolutive, Desmond Morris nous rappelle les fonctions essentielles de ce corps humain très peu différent de son origine primate, notamment en ce qui concerne les attracteurs sexuels : « Les sécrétions fraîches des aisselles sont des stimuli sexuels. » Cette odeur axillaire est un signal attracteur pour la femelle et de nombreuses coutumes soulignent cette fonction, que ce soit un mouchoir placé sous le bras que le jeune homme faisait sentir à sa cavalière, que ce soient les chemises porteuses d'odeurs stimulant les élans de l'amour, que ce soient enfin les bras levés des danses rituelles qui diffusent leurs effluves amoureux. Viennent ensuite les odeurs de sexe que dégagent les organes génitaux des femmes autant que ceux des hommes. Ces deux stimuli s'accompagnent de signaux visuels particulièrement efficaces : « Lorsque nos lointains ancêtres commencèrent à se promener sur leurs pattes arrière, ils offrirent inévitablement à leurs compagnons une vue sur tout leur corps. » Dès lors, les sexes se faisaient face, dès lors il devint impossible de s'approcher d'un autre adulte sans que cette approche ait une valeur sexuelle. Dès lors les mâles et les femelles se couvrirent le bas du ventre d'un cache-sexe qu'ils nommèrent le « pagne ». Ce dernier tente tant bien que mal de cacher la toison pubienne qui, chez la femme, dissimule en partie la fente génitale, et d'où émerge, chez l'homme, le pénis. Ces poils pubiens qui apparaissent à la puberté (« pubien » et « puberté » tirent leur étymologie du latin *puber* signifiant « poil ») sous l'influence des hormones sexuelles et jouent le rôle d'un signal visuel fort, indicateur de maturité sexuelle. Certains ont attribué à la toison génitale, le rôle d'« amortisseur » du coït, lors des poussées fortes d'une relation violente ! On pourrait leur objecter que l'on n'observe pas de traumatismes génitaux chez les femmes ou les hommes épilés, ce que de nombreuses cultures pratiquent traditionnellement. La fonction la plus unanimement reconnue semble être, comme pour la pilosité des aisselles, de capter et de concentrer les odeurs sexuelles, chargées d'androgènes et puissants stimulants du partenaire. On a ainsi parlé de « piège à odeur », rappelant la célèbre apostrophe de Napoléon à Joséphine : « Ne te lave pas, j'arrive ! »

« Chez la femme debout, on ne voit rien ! » disait non sans humour le célèbre Bichat. Il voulait dire par là que le sexe de la femme ne laisse rien voir de son anatomie interne sinon, en position assise, parfois l'ouverture des nymphes et éventuellement une partie du clitoris. Ce sexe intériorisé n'a pas fini de faire couler de l'encre, il a pendant des siècles été imaginé par les savants comme un sexe masculin intériorisé. Que pouvait-il être d'autre, dans l'imaginaire de ces hommes qui dominaient la société, sinon un même organe que le leur en position cachée ? D'autres firent l'hypothèse de la castration, mais à n'en pas douter la femme ne pouvait avoir un autre sexe que le leur, comme le formula plus tard Sigmund Freud : « Il n'y a qu'un sexe, le sexe mâle », les hommes le présentent, les femmes en sont privées.

À l'opposé du sexe intérieur et discret de la femme, celui de l'homme s'expose avec arrogance, il est le fait d'un immense pénis, par comparaison avec ceux des primates, et de deux gros testicules. Si la verge au repos semble fripée sur elle-même, ne dépassant pas 8 à 10 centimètres pour un diamètre de 3, elle prend des proportions surprenantes en érection, 15 à 17 centimètres en moyenne (28 et même 33 centimètres chez certains phénomènes !) (Ford). Quelle surprenante évolution du petit pénis primate à la turgescence relativement faible maintenue par un os pénien directionnel, à cet imposant organe extrêmement rigide qui ne nécessite aucune aide intérieure. Nul doute que les sensations progressivement différentes qui ont dû accompagner l'évolution de cet organe à l'aube de l'humanité, ont été un puissant facteur de sélection des mâles les plus habiles et aux sensations les plus conséquentes par des femelles en chaleur qui les ont choisis et ont ainsi sélectionné ce caractère nouveau comme emblème de l'humanité.

Deux puissants attracteurs ont alors dirigé ces premiers mâles vers les femelles de leur choix : les fesses et les seins. La forme hémisphérique des fesses féminines est un signal sexuel permanent que l'on retrouve largement chez les mammifères et les primates, notamment en raison de la position postérieure du coït. Au cours de notre évolution, ce signal s'est particulièrement amplifié, la marche debout augmentant le volume des fessiers qui constituent cette rotondité permanente très attractive pour les mâles. L'augmentation d'un dépôt graisseux accentue encore la lordose lombaire qui est le signal le plus pertinent de cette excitation. « Pour les hommes comme pour les femmes, la beauté des fesses a depuis longtemps une signification profonde », ajoute Desmond Morris.

Mais son hypothèse la plus originale est certainement celle de l'évolution du thorax féminin faisant des seins des « fesses par le devant », comme pour transposer un signal ancestral, celui des fesses, sur le devant du corps, maintenant que les partenaires se font face dans le coït.

La poitrine féminine a deux évidentes fonctions : lactatrice et érotique. La plate poche mammaire des femelles des primates atteste combien seule la première fonction, de lactation, est présente chez eux. « Les "seins" des femelles singes, nous rappelle Desmond Morris, ont une fonction purement parentale. Ceux de la femme sont tout différents. Bien qu'ils augmentent un peu de volume quand ils sont pleins de lait, ils demeurent protubérants et bien dessinés depuis l'adolescence dans toutes les situations. » Les seins agissent ainsi comme un signal sexuel fort sur le devant du corps, là où les femelles primates affichent leurs signaux sexuels dans leur région postérieure. Les seins ne sont en réalité qu'une conséquence accessoire de la bipédie.

Un regard sociobiologique : Sarah B. Hrdy

On a souvent critiqué les théories en fonction des *a priori* idéologiques supposés de leur auteur. En ce qui concerne l'évolution, les idéologies vont bon train. Bien que le principe même de l'évolution animale soit admis par toute la communauté scientifique, quelques obscurs créationnistes continuent de soutenir l'idée de la création par Dieu des espèces, indépendamment les unes des autres, niant l'évidence de toutes les observations biologiques (*Cf.* P. Picq, *Lucy et l'obscurantisme*).

L'étape suivante, ou sociobiologie, est une généralisation de la théorie de l'évolution à la lecture des sociétés animales et humaines. Cette théorie créée par le biologiste anglais William D. Hamilton fut plus largement popularisée par l'Américain Edward O. Wilson dans son ouvrage intitulé *Sociobiologie : la nouvelle synthèse*, en 1975. Il fut très vite l'objet de puissantes critiques, notamment de la sociologie qui y voyait une concurrence insupportable à expliquer le social par un fondement biologique. La sociobiologie nous permet cependant aujourd'hui une lecture intéressante et plus pertinente de l'évolution des sociétés animales et humaines. Autre mouvement d'idées, philosophique et politique au départ, le féminisme transforma les rapports entre hommes et femmes tout au long du XXe siècle par des luttes sociales puis par un mouvement intellectuel aux multiples retombées dans la société. Très critiqué par un conservatisme masculin obsolète, il eut progressivement droit de cité, mais suscite aujourd'hui encore de fortes critiques de la part d'hommes qui estiment que la guerre des sexes est terminée et qu'il n'y a donc plus de raison pour les femmes d'afficher leur « féminisme ».

Alors, lorsqu'une brillante anthropologue a fait une lecture originale et novatrice de l'hominisation en prenant position, à contresens de nombreuses idées reçues, contre la domination masculine dont elle ne retrouve aucune trace chez les primates, les critiques ont fusé pour démonter sa théorie en la taxant de féministe et de sociobiologiste. Il s'agit pourtant d'un des éclairages les plus pertinents pour comprendre cette transition entre le monde primate et l'humanité.

Sarah Blaffer Hrdy a longtemps travaillé sur une population de singes asiatiques, le langur, sous la direction de Roberts L. Trivers, l'un des théoriciens de la sociobiologie. Elle est professeur émérite d'anthropologie à l'Université de Californie. Mais c'est essentiellement par son ouvrage intitulé en anglais *The Woman that Never Evolved* (en français, *Des guenons et des femmes*), paru en 1981, qu'elle a fait connaître un point de vue négligé de tous, mais formidablement important pour comprendre les débuts de l'humanité : il existe des différences comportementales entre mâles et femelles qui n'ont jamais été prises en compte par les anthropologues, notamment en ce qui concerne leurs rôles répétitifs dans la société. « Les hypothèses concernant la nature biologique des hommes et des femmes, nous dit Sarah Hrdy, ont souvent été utilisées pour justifier le statut d'infériorité et de soumission des femmes et le double système de valeurs qui a cours en matière de morale sexuelle. On admet que les hommes sont par nature plus aptes à mener à bien ce qui concerne la civilisation, les femmes ce qui concerne la perpétuation de l'espèce ; que les hommes sont les membres actifs et rationnels de la société, cependant que les femmes sont passives, fécondes et nourricières. » Par de solides arguments anthropologiques et primatologiques, Sarah Hrdy remet en cause les stéréotypes qui font des femmes les inférieures des hommes, du moins à l'origine de l'humanité. Elle souligne combien, pendant des années, les travaux biologiques ont constamment renforcé cette idée de la supériorité masculine, mais également combien les études de terrain ont été si souvent réalisées en fonction de tels préjugés. « Les experts qui ont étudié la différence des sexes chez les primates se sont appuyés, avec des résultats déplorables, sur les stéréotypes de la primate femelle construits au début des années 1960. » (*Cf.* P. Picq, *Nouvelle histoire de l'homme.*)

En reprenant la plupart des travaux anthropologiques de l'époque, Sarah Hrdy a montré combien la figure centrale du groupe primate ne pouvait être, pour ses collègues masculins, qu'un mâle dominant, et que la compétition ne pouvait également être qu'un attribut du sexe fort. Or il existe des dominances femelles, des relations complexes dans lesquelles la hiérarchie des femelles entre elles est un facteur essentiel de la structure du groupe, et des compétitions, bien entendu, entre les femelles, qui n'avaient jusqu'alors jamais été observées, car jamais imaginées !

Sarah Hrdy nous amène tout d'abord à prendre conscience du caractère quasi universel des asymétries sexuelles chez les primates. Les asymétries sexuelles sont, tant biologiques que sociologiques, des différences qui existent entre mâles et femelles, différences de taille, d'aspect physique, de comportement, de valeurs, de répartition des tâches… Il n'en va pas ainsi dans toutes les espèces puisque la majorité des espèces dites « monogames » présentent beaucoup moins d'asymétries sexuelles.

Ces asymétries existent autant chez les humains que dans le monde primate, à un détail près que l'ordre semble être inversé en ce qui concerne notamment la domination d'un sexe par l'autre. « C'est une idée parmi les membres de notre espèce, poursuit Sarah Hrdy, que d'estimer que les mâles dominent les femelles [...]. Chez les autres espèces de primates, les femelles ont beaucoup plus de pouvoirs qu'il n'est généralement admis. » Si, comme elle le souligne, les mâles ont, en général, l'avantage sur les femelles dans les conflits directs, la plupart du temps les deux sexes coexistent sans interaction. Leurs hiérarchies sont séparées, les mâles affrontant les mâles, les femelles affrontant les femelles. Il est évident que lorsqu'un mâle et une femelle convoitent un même objet, la force physique du mâle l'emportera en général.

Les relations entre mâles et femelles sont cependant assez différentes entre les groupes polygynes (un mâle et plusieurs femelles), caractérisés par une importante asymétrie sexuelle de la taille et des proportions du corps, et les rares primates monogames (essentiellement du nouveau monde) sans asymétrie de taille, le mâle et la femelle étant quasiment identiques. Cette différence de morphologie entre les monogames et les polygynes s'explique par la compétition, au cours des générations, entre les mâles pour contrôler les femelles (compétition intrasexuelle) ayant contribué à sélectionner les individus les plus forts, plus grands, plus costauds ! À ce titre, nous n'avons aucune difficulté à distinguer dans l'espèce humaine, les mâles des femelles, nous sommes donc à l'origine une espèce polygyne, en aucun cas monogame ! D'ailleurs, seulement un tiers de l'humanité est constitué de sociétés dites « monogames », les autres étant de droit polygame, c'est-à-dire aucune loi n'empêchant le remariage sans démariage. Preuve encore de la domination masculine : ce remariage n'est en général permis qu'aux hommes ! (*Cf.* P. Brenot, *Inventer le couple*.)

Il existe donc, selon les espèces, une domination habituelle des mâles lorsque le rapport de force est engagé, mais en général aucune confrontation puisque le couple et la famille n'existent pas et que vivent séparément d'un côté les femelles avec leurs petits, de l'autre les mâles comme des électrons libres. Chez certaines espèces de prosimiens vivant en groupe, la domination des femelles est typique. Chez le lémurien de Madagascar, la domination des mâles par les femelles est légendaire. Chez les indris, les femelles donnent facilement des gifles aux mâles et les chassent d'un endroit qu'elles convoitent. Il en va donc différemment, selon les espèces et les groupes, mais on ne peut inférer l'idée générale de domination des mâles à l'ensemble du monde primate.

C'est surtout au niveau du comportement sexuel que nous trouvons les observations les plus intéressantes concernant ces rapports de dominance. Nos cousins primates n'ont rien à envier de notre comportement sexuel, leur intimité étant beaucoup plus complexe que nous ne l'imaginions. Les caresses, les regards prolongés au cours de l'acte d'amour, les sourires, les baisers, le comportement de flirt existent de façon partielle chez les uns, plus largement chez d'autres. Une sexualité humaine en germe. Comme les femelles humaines connaissent un accroissement du désir lors du pic ovulaire, les femelles primates en chaleur sont extrêmement actives sur le plan sexuel ; parfois, chez les babouins, plusieurs dizaines d'accouplements par jour avec quelques mâles différents. Mais, bien qu'à cette période du rut, les mâles soient nombreux à s'approcher des femelles, c'est en général toujours à l'initiative de la femelle que se fera le coït. Chez l'orang-outan, ce sont toujours les femelles qui font les avances. Elles s'approchent du mâle préféré et s'accouplent donc selon leur disponibilité.

Retenons essentiellement que, dans le monde primate polygyne, qui est le nôtre, bien que les mâles soient toujours physiquement plus puissants que la femelle et dominants en ce qui concerne l'affrontement direct, c'est en général la femelle qui dit sa disponibilité et décide de sa sexualité : « Car la femelle est l'ultime arbitre du *moment* où elle s'accouple, du nombre de fois où elle le fait et avec qui. C'est particulièrement vrai des primates : le viol y est inconnu, sauf chez les êtres humains et chez l'un des grands singes, l'orang-outan. » Si nous regardons l'espèce humaine, l'ordre de l'intimité y est totalement inversé puisque c'est en général le mâle qui fait ses avances, qui demande et qui, parfois, décide contre l'avis de sa partenaire. Dès que l'on inverse à nouveau cette dominance et que la femelle humaine prend l'initiative intimiste, la sexualité est toujours plus épanouie.

L'œil du philosophe : Michel Foucault

Philosophe au Collège de France, Michel Foucault s'est longuement penché sur l'évolution de la sexualité et sa répression, pour faire une *Histoire de la sexualité*, à travers trois ouvrages successifs sous-titrés *La Volonté de savoir* (1976), *L'Usage des plaisirs* (1984) et *Le Souci de soi* (1984). La psychanalyse nous a enseigné que le premier savoir était certainement celui du sexe, savoir son sexe, savoir ce qu'il en est du sexe, savoir comment et pourquoi le sexe. C'est le propos de Michel Foucault qui s'attaque aux résistances du savoir et à la répression qui ont marqué le discours sur la sexualité dans les trois derniers siècles. « Au début du XVIIe siècle encore, une certaine franchise avait cours, dit-on. Les pratiques ne cherchaient guère le secret ; les mots se disaient sans réticence excessive, et les choses sans trop de déguisement ; on avait, avec l'illicite, une familiarité tolérante », jusqu'à ce que deux siècles de logique boiteuse, d'hypocrisie bourgeoise, de répression victorienne, jettent une chape de plomb sur l'expression libre de la plus naturelle des pulsions. Foucault s'insurge devant la répression du sexe dont il repère historiquement les moments significatifs et surtout les intentions qui la sous-tendent. Pourquoi a-t-on associé pendant si longtemps le sexe et le péché ? Pourquoi culpabilisons-nous tant en pensant au sexe ? Comment en sommes-nous venus à imaginer que nous étions coupables du sexe ?

Aujourd'hui où la parole est plus libre et les comportements consentis, il nous est difficile d'imaginer les périodes, encore très récentes, de répression du sexuel au cours desquelles la censure sévissait et où l'interdit était si profondément ancré en soi qu'il semblait naturel de dénoncer les outrances et les outrages. Parler et vivre le sexe librement n'est qu'une réalité très récente, là où l'intime devait être gardé secret, réprimé, interdit. Foucault pose la question historique du mécanisme de la répression : « L'interdit, la censure, la dénégation sont-ils bien les formes selon lesquelles le pouvoir s'exerce ? » En analysant ce mécanisme du pouvoir répressif, il met en évidence la puissance des pulsions socialement réprouvées qui, malgré tous les interdits, réussissent tout de même à s'exprimer.

À côté du déni et de la répression, Foucault observe un mécanisme d'« incitation croissante » à parler du sexe et la multiplication des discours sur le sexe. À cette répression organisée, répond le discours d'une réelle *science de la sexualité.* Foucault voit poindre cet intérêt à travers le discours médical, insistant, indiscret, voyeur, involontairement naïf et parfois volontairement mensonger. Sous prétexte d'impératifs hygiéniques, ces nouveaux théoriciens de l'asepsie promettent d'éliminer les tares, les dégénérés, les bâtards. Un discours hygiéniste sur le sexe apparaît, discours savant mais paradoxal qui occulte la dimension vraie de la sexualité.

Foucault observe alors deux grands courants qui ont tenté de « produire la vérité du sexe », d'un côté les nombreuses sociétés – Chine, Japon, Inde, Rome – qui se sont dotées d'un *ars erotica* tirant sa source dans l'expérience érotique et le plaisir ; et celles – dont notre civilisation judéo-chrétienne en premier lieu – qui se sont interdit l'*ars erotica* et ont développé une *science du sexe*, « forme de pouvoir-savoir rigoureusement opposée à l'art des initiations et au secret magistral ».

Michel Foucault dénonce ce retrait occidental du corps, du désir, de l'érotisme, par le moyen répressif de l'*aveu*, rituel issu de la technique de la confession, habituel dans les procédures criminelles, et ici appliqué au domaine le plus intime et qui réclame le plus de liberté : l'amour. Deux mondes s'opposent sous la plume de Michel Foucault : un monde de la liberté où le sexe est érotisme ; et un monde de la répression où le sexe est aveu. Cette marque indélébile du pouvoir religieux sur les pulsions intimes est manifeste à toutes les époques, avec quelques fluctuations en raison de l'alternance des pouvoirs. L'Antiquité a connu de longues périodes de licence, suivies de répression, le Moyen Âge également, le XIIe siècle fut ensuite plus libéral que d'autres, plus de contraintes dans les trois derniers siècles et aujourd'hui, période qu'a très peu connue Foucault, une plus grande acceptation de la sexualité dans sa dimension relationnelle et son libre exercice.

Michel Foucault nous a surtout permis de comprendre l'importance du sexe comme enjeu politique car « d'un côté il relève des disciplines du corps : dressage, intensification et distribution des forces, ajustement et économie des énergies. De l'autre il relève de la régulation des populations, par tous les effets globaux qu'il induit ». Selon les siècles, on s'est servi du sexe comme d'une carotte ou d'un bâton, on l'a valorisé ou diabolisé, mais la plupart du temps réprimé car c'est l'un des ressorts de l'âme humaine que de maîtriser et contrôler les pulsions pour obtenir le pouvoir. Ce que les hommes tentent, avec plus ou moins de succès, sur les femmes depuis le début de l'humanité.

Chapitre 3

DE FREUD À LA SEXOLOGIE

Au cours du XIXe siècle en Europe, la révolution industrielle a vu l'extension des grandes métropoles, Rome, Londres, Paris, Berlin et le développement d'une classe moyenne donnant un rôle plus important aux individus, c'est-à-dire aux hommes et aux femmes. La société traditionnelle était encore forte avec le poids et l'autorité de la famille, mais la notion d'individu, essentiellement pour les hommes, commençait à émerger. La fin du XIXe siècle verra aussi la naissance de la revendication féministe, c'est-à-dire de l'aspiration à l'existence des femmes.

Dans cette Europe du XIXe siècle, la pensée chrétienne sera très moraliste, voire répressive, notamment en Angleterre avec la grande période que l'on a appelée « victorienne », qui commença bien avant le sacre de Victoria, en 1837. La morale victorienne validait l'ordre nouveau masculin, actif et industriel. À l'opposé, la femme devait être passive, accueillante et ménagère. Le XIXe siècle sera un siècle de rigueur dans tous les domaines, politique, social, artistique, littéraire…

Cette très forte domination des hommes sera violemment dénoncée par le philosophe John Stuart Mill dans son essai *L'Asservissement des femmes*, en 1869 : « La relation qui existe entre le mari et la femme est tout à fait identique à celle qui existe entre un seigneur et son vassal, à cette différence près que la femme est tenue à une obéissance bien plus grande que l'était le vassal [...]. On retrouve chez le mâle le même culte de soi que chez le souverain ou le seigneur féodal [...] il n'est rien que les hommes apprennent aussi facilement que ce culte d'eux-mêmes. Il en a toujours été ainsi pour toutes les personnes et toutes les classes privilégiées. » Oscar Wilde ajoute non sans humour : « En Angleterre, rien n'est fait pour les femmes, pas même les hommes ! »

Le droit était alors du côté des hommes, les devoirs du côté des femmes qui ne pouvaient que les accepter. Cette « moralité publique de façade » s'accommodait cependant très librement, pour les hommes, d'une sexualité souterraine, condamnée, mais ouvertement connue : pornographie, prostitution et relations extraconjugales. C'était la grande époque du développement de la prostitution dans les capitales industrielles que sont Londres et Paris, où les professionnelles étaient extrêmement nombreuses : Londres en dénombrait quelque 80 000, et plus de 150 000 femmes étaient officiellement déclarées comme prostituées auprès de la préfecture de Paris en 1870. La prostitution était alors un moyen de survie pour de nombreuses femmes sans instruction ni famille. Elle était un exutoire pulsionnel pour la majorité des hommes mariés à une femme dont on avait « castré » les pulsions pour en faire des « éleveuses » d'enfants.

Il a toujours existé des hommes et des femmes ouverts à la sensualité et des couples épanouis, mais dans le climat rigoriste victorien du monde anglo-saxon ou l'univers catholique moraliste de la France du XIXe siècle, celles qui étaient animées de désir devaient cacher leur intérêt pour la sexualité car elles se trouvaient marginalisées si elles montraient la moindre excitation sexuelle. Ce climat de répression, de méfiance et de suspicion durera pendant la première moitié du XXe siècle au point où les femmes se réfugiaient dans une attitude défensive asexuée et les hommes n'osaient pas entreprendre des compagnes réticentes au plan de l'intimité. Cet état de fait amènera même certains médecins à qualifier les femmes d'« insensibles » et à prétendre que la jouissance féminine n'existait pas !

C'est dans ce climat de refoulement moralisateur que vont se succéder les trois révolutions sexuelles successives qui permettront la liberté morale et sexuelle que nous connaissons aujourd'hui.

La révolution freudienne

En 1905, cinq ans après le manifeste de la psychanalyse que représentait *L'Interprétation des rêves*, Freud publie ses *Trois essais sur la théorie de la sexualité*. Il y expose pour la première fois ses conceptions sur la sexualité infantile, les transformations de la puberté et ce que Freud appelait les « aberrations sexuelles » : homosexualité, pédophilie, zoophilie, sodomie, fétichisme et perversion…

Ce court texte des *Trois essais* constitue l'essentiel de ce que Freud écrira sur la sexualité, quelques articles ultérieurs seront réunis après sa mort sous le titre *La Vie sexuelle*. Il aura néanmoins l'effet d'une bombe dans le ciel serein et pudibond du début du XXe siècle. Freud met l'Occident devant des évidences qu'il se refuse à voir, en affirmant que l'enfant a une sexualité, que l'homosexualité existe et que les perversions sont monnaie courante.

« Il est généralement admis que la pulsion sexuelle fait défaut à l'enfance et ne s'éveille que dans la période de la puberté. C'est là une erreur lourde de conséquences, puisque nous lui devons l'ignorance où nous sommes des conditions fondamentales de la vie sexuelle. » C'est dans ce premier texte qu'il affirme l'existence d'une « pulsion sexuelle » au sens de ce qu'il appellera la *libido*. Cette pulsion, pour Freud, se manifeste d'abord sur le mode de l'oralité par le suçotement chez le nourrisson, puis la succion du sein maternel ou de parties du corps de la mère ou de son corps propre, constituant les prémices de l'autoérotisme. Les lèvres de l'enfant jouent alors le rôle de *zone érogène* et l'excitation, apaisée par la succion, engendre une sensation de plaisir qui fait de cette activité buccale un véritable prototype de la sexualité. La satisfaction érotique de l'acte buccal deviendra très vite distincte de la satisfaction nutritive et la bouche aura, dès lors, deux fonctions : une fonction alimentaire vitale et une fonction érotique qu'elle ne cessera plus d'avoir, que ce soit au cours du baiser ou des jeux amoureux.

Freud décrit ensuite les autres étapes de la maturation psychosexuelle telle qu'il la conçoit : la phase orale laisse place à une phase anale non moins investie d'excitabilité érogène dans cette période populairement dite du « pipi-caca » : « Les enfants qui utilisent l'excitabilité érogène de la zone anale se trahissent parce qu'ils retiennent leurs matières fécales, jusqu'à ce que l'accumulation de ces matières produise des contractions musculaires violentes, et que, passant par le sphincter anal, elles provoquent sur la muqueuse une vive excitation. » C'est ensuite la phase génitale d'investissement des organes sexuels, chez le garçon comme chez la petite fille : « L'activité sexuelle de cette zone érogène que constitue l'appareil génital forme le début de ce qui sera plus tard la vie sexuelle normale. » Il décrira enfin des phases de masturbation infantile puis ce qu'il a appelé la *période de latence*, qui est aujourd'hui remise en cause, en dehors de la psychanalyse.

L'un des aspects les plus originaux de la théorie freudienne est de concevoir une unité psychosexuelle : le développement de la sexualité est indissociable du développement psychique, de la construction de la personnalité et de la vie intérieure. « À cette même époque où la vie sexuelle de l'enfant atteint son premier degré d'épanouissement – de la troisième à la cinquième année – on voit apparaître les débuts d'une activité provoquée par la pulsion de rechercher et de savoir. » Cette *pulsion de savoir* correspond en partie, pour Freud, à une sublimation de la libido. Connaissance et sexualité semblent des vases communicants : « L'enfant s'attache aux problèmes sexuels avec une intensité imprévue et l'on peut même dire que ce sont là des problèmes qui éveillent son intelligence. »

Une autre conception freudienne, qui va marquer le XXe siècle et éveiller de nombreuses réactions, est sa conception phallocentrique de l'existence d'un seul sexe : « L'hypothèse d'un seul et même appareil génital (de l'organe mâle chez tous les hommes) est la première des théories sexuelles infantiles, curieuses à étudier et fécondes en conséquences. Peu importe pour l'enfant que la biologie confirme son préjugé en reconnaissant dans le clitoris de la femme un réel substitut du pénis. La petite fille, par contre, ne se refuse pas à accepter et reconnaître l'existence d'un sexe différent du sien, une fois qu'elle a aperçu l'organe génital du garçon ; elle est sujette à l'envie du pénis qui la porte au désir, si important plus tard, d'être à son tour un garçon. » C'est la théorie du *complexe de castration* chez le garçon et de *l'envie du pénis* chez la fille, théorie freudienne très contestée notamment par de nombreuses femmes psychanalystes, mais qui cependant ne subira aucune modification jusqu'à présent. On ne modifie pas impunément la parole du maître !

Enfin, Freud fera de l'enfant un « pervers polymorphe » comme une prédisposition à toutes les perversions qui seraient « quelque chose de profond et de généralement humain ». Pour Freud, cela semble une évidence : « Il est intéressant de constater que l'enfant, par suite d'une séduction, peut devenir un pervers polymorphe et être amené à toutes sortes de transgressions. Il y est donc prédisposé. » Cette image séductrice et perverse du jeune enfant cristallisera les nombreuses critiques portées contre Freud qui sera qualifié de « pansexuel », c'est-à-dire susceptible de voir du sexe partout !

Cette révolution avait été annoncée, quelques années plus tôt, par Henry Havelock Ellis dont les *Études de psychologie sexuelle,* publiées de 1886 à 1928, ont assurément servi de base à la réflexion et à la théorie freudiennes. Havelock Ellis fut le point de départ de la recherche moderne sur la sexualité dans la mesure de son œuvre immense et remarquable qui influença toutes les théories ultérieures, couvrant autant l'anatomie et la physiologie que la psychologie sexuelle dont il est l'un des fondateurs. Il est en outre l'inventeur du concept d'*autoérotisme.* Ses *Études de psychologie sexuelle* abordent très librement l'homosexualité, qu'il tentait d'inclure dans la large palette des comportements sexuels normaux. Ellis eut enfin une vision très moderne de la sexualité en réhabilitant la masturbation comme un acte normal de la vie sexuelle, à l'encontre de la majorité de ses contemporains.

Ce sont ensuite des psychiatres et analystes allemands qui développèrent l'École des sciences sexuelles de Berlin à laquelle Freud contribua à ses débuts. Elle constitua le véritable début de la sexologie scientifique, c'est-à-dire de la connaissance moderne de la sexualité humaine.

Bien que la théorie freudienne fût révolutionnaire en 1905, permettant, pour la première fois, de comprendre l'importance des pulsions et de la vie sexuelle, ses idées, justes en leur temps, ne le sont plus toutes aujourd'hui. Cependant, du fait de la personnalité de Freud et de l'intérêt du courant de la psychanalyse, de nombreuses idées fausses ont pris valeur de vérité dans leur acception populaire et semblent ne plus pouvoir être démenties. C'est notamment le cas des conceptions freudiennes concernant la sexualité féminine et sa castration, ou encore la période de latence. Cette deuxième idée a rapidement été battue en brèche par des anthropologues, montrant de quelle façon elle n'existait pas dans toutes les populations humaines, qu'elle était vraisemblablement l'« effet d'une époque » où garçons et filles étaient séparés pendant la durée de leur scolarité. La mixité a profondément changé notre vision de cette maturation sexuelle avec une montée progressive, mais permanente, de l'intérêt des garçons et des filles prépubères pour la sexualité (*cf.* P. Brenot, *Le Sexe et l'Amour*).

En ce qui concerne la sexualité féminine, la psychanalyse est restée très figée sur des concepts freudiens que personne n'ose remettre en cause. L'opposition vaginales/clitoridiennes, c'est-à-dire entre des femmes jouissant du clitoris qui seraient immatures et les « vraies » femmes qui seraient vaginales, conception première de Freud, ne correspond en rien à la réalité de la maturation sexuelle telle que nous l'observons. Les femmes qui jouissent du clitoris ne sont en rien immatures ! Certaines psychanalystes femmes, Marie Bonaparte et Marie Robinson par exemple, suivirent à la lettre la pensée de Freud, affirmant que la « vraie » femme adulte a toujours des orgasmes vaginaux tandis que celle qui ne jouit que du clitoris souffre d'une forme de frigidité, allant même, comme Marie Bonaparte, jusqu'à se faire opérer à plusieurs reprises pour tenter de ressentir l'orgasme vaginal ! D'autres analystes femmes, plus progressistes, comme Karen Horney ou en France Joyce McDougall, oseront battre en brèche ces idées d'un autre temps, mais elles ne seront pas écoutées. C'est le problème actuel de la psychanalyse : la pensée freudienne est souvent respectée de façon monolithique alors que Freud lui-même avait bien précisé dans la conclusion de ses *Trois essais* le peu de connaissances qu'il avait quant aux processus biologiques de la sexualité et la nécessité d'adapter par la suite la théorie aux nouvelles connaissances.

La révolution kinséenne

La publication en 1948 du sulfureux rapport Kinsey sur la sexualité masculine, puis en 1953 sur la sexualité féminine, assena un deuxième « coup de massue » à l'Occident, inconscient des refoulements de sa sexualité. Kinsey dévoilait, pour la première fois de l'histoire, une photographie très précise et indécente du comportement sexuel humain. Les réactions en furent considérables et contrastées : enthousiasme de la part des Occidentaux progressistes désirant une plus large libération des mœurs, et déchaînement haineux d'une Amérique pudibonde qui voyait en Kinsey l'expression moderne et personnifiée du diable !

Rien dans ses origines ne préparait Alfred Kinsey à ce rôle catalyseur des espoirs de toute une génération de l'après-guerre. Kinsey était professeur de zoologie à l'Université d'Indiana lorsque, dans les années 1930, on lui demanda de donner un cours sur le mariage et la famille. Devant les nombreuses questions de ses étudiants auxquelles il ne savait pas répondre, il se tourna vers ses collègues médecins et psychologues mais s'aperçut, à sa grande surprise, qu'ils n'en connaissaient pas plus que lui ! La sexualité, taboue depuis des générations, n'avait suscité aucune recherche que ce soit sur le plan de la médecine, de la physiologie ou de la psychologie. Tout restait à faire !

Animé d'une énergie hors du commun, Alfred Kinsey entreprit de décrire et de comprendre le comportement sexuel humain. Il venait de terminer l'étude taxonomique de cent cinquante mille individus d'une seule espèce de guêpe, il fit le projet, quelque peu utopique, d'analyser statistiquement le comportement sexuel de cent mille humains !

Le travail de Kinsey ne fut pas de tout repos. Confronté au climat hostile de cette Amérique puritaine dont il voulait connaître l'intimité, il constitua une équipe de médecins, biologistes et statisticiens, qui formèrent l'Institute for Sex Reasearch de Bloomington. L'opposition vint tout d'abord du milieu médical, qui les accusa de médecine illégale, puis de la police et du FBI qui, sur dénonciation, menèrent des enquêtes sur la moralité de l'objet de leur étude. Il y eut ensuite des menaces politiques et judiciaires, un harcèlement permanent de la part des collègues de l'Université d'Indiana et des pressions constantes envers leurs soutiens, politiques et financiers, afin d'interrompre une recherche dont le but semblait contraire aux bonnes mœurs, et surtout d'en empêcher la publication. La Fondation Rockefeller, qui avait accordé d'importants crédits financiers à Kinsey, lui retira alors son appui, mais sa ténacité permit que la recherche se poursuive malgré cette manifeste opposition. La poursuite de cette recherche et la publication du rapport Kinsey doivent sans doute beaucoup au second conflit mondial qui détourna l'attention de cette querelle d'arrière-garde et permit à son équipe de poursuivre son travail qui sera édité trois ans après la fin de la guerre.

La publication du rapport Kinsey fut un événement considérable en 1948, tant aux États-Unis qu'en Europe où il fut traduit dans la plupart des langues. En France, où le livre fut un succès de librairie, le rapport se présentait sous la forme d'un énorme ouvrage de plus de mille pages revêtu d'un bandeau affirmant : « TOUTE LA VILLE EN PARLE ! » Les révélations de Kinsey firent en effet l'objet de discussions polémiques, réactions enthousiastes de la part des libéraux, agressives de la part des conservateurs, car chacun des points de ce rapport était sujet à réveiller les consciences.

Pendant les neuf ans que dura l'enquête, l'équipe de Kinsey recueillit la biographie sexuelle détaillée de 12 214 hommes américains qui décrivirent dans le détail l'histoire de leur vie sexuelle et leurs pratiques intimes. Comme Freud, Kinsey décrit les débuts très précoces de la sexualité chez l'enfant puis sa maturation chez l'adolescent. L'originalité de ce rapport sera de faire un lien entre le comportement sexuel et le milieu social ou religieux dans lequel il s'exprime, ouvrant la voie très nouvelle d'une sociologie de la sexualité. Enfin, la mise en évidence des pratiques sexuelles intimes sera certainement le point le plus marquant, le plus bouleversant ou révoltant, de cette enquête.

Kinsey recense systématiquement les activités sexuelles précoces dont il décrit six sources principales d'excitation : l'autostimulation, les rêves nocturnes, les attouchements hétérosexuels, les relations hétérosexuelles, les relations homosexuelles et les rapports avec les animaux. Cette description minutieuse et la relative fréquence de ces sources d'excitation contribuèrent à dédramatiser les comportements sexuels et notamment la masturbation qui était encore largement condamnée. Kinsey sera le premier à affirmer le caractère physiologique normal de la maturation sexuelle et l'importance des activités sexuelles prépubères : « Il n'est pas improbable que presque tous les garçons ont eu une certaine activité sexuelle avec d'autres garçons ou avec des filles antérieurement à leur adolescence. Mais un quinzième environ seulement des filles se livre à des pratiques de cette sorte. La plupart de ces activités sexuelles de la préadolescence se situent de huit à quatorze ans… »

Le rapport Kinsey constitue le premier travail d'enquête sur la sexualité humaine. Avec Kinsey commence la période d'observation et de connaissance de la sexualité.

Kinsey, qui découvrit progressivement sa propre homosexualité au cours de ce travail, a mis en évidence l'orientation jusqu'alors condamnée de l'homosexualité, ce qui sera certainement le point majeur de l'intérêt et des critiques portés à ce rapport. Kinsey parlera de ce qu'il appelle la fréquence et la banalisation des pratiques homosexuelles à la préadolescence, qu'il confondra avec l'homoérotisme (apprentissage et apprivoisement des réactions sexuelles avec un sujet de même sexe, qui fait alors moins peur qu'un individu de l'autre sexe) : « Dans l'ensemble, l'activité homosexuelle se rencontre dans nos dossiers plus fréquemment, a lieu plus souvent et de façon plus spécifique chez l'enfant que l'activité hétérosexuelle chez le préadolescent. » L'homme Kinsey est alors pris de fascination devant des comportements qu'il se connaît et qu'il dédramatise en prenant conscience de leur existence ou même, selon lui, de leur fréquence : « La moitié environ des mâles plus âgés (48 %) et deux tiers environ (60 %) des garçons se souviennent avoir eu une activité homosexuelle dans les années de leur préadolescence. » Ce que Kinsey appelle une « pulsion naturelle » dans les groupes multimâles adolescents se stabilise ensuite à un pourcentage très inférieur et toujours selon ses critères : 4 % des adultes mâles seraient pour lui exclusivement homosexuels et 46 % ayant des pratiques à la fois hétéro- et homosexuelles, ce qu'il qualifiera de bisexualité, comportement qui correspond à son vécu personnel d'abord très inhibé, puis séduit et marié à l'une de ses étudiantes, enfin découvrant son attirance masculine envers son plus proche collaborateur. Kinsey est à la fois l'inventeur du concept de bisexualité et le premier à mettre en évidence la réalité de l'homosexualité et son importance dans la société américaine.

Kinsey avait en partie majoré cette proportion en tenant pour homosexuel tout sujet, homme ou femme, ayant des pensées ou des fantasmes vers quelqu'un de même sexe, ce qui est habituel chez les hétérosexuels, mais qu'il ne savait pas. Quoi qu'il en soit, cet état de fait constaté par Kinsey contribuera à déculpabiliser la population homosexuelle et à permettre à la population américaine puis, à travers les traductions de ce texte, aux populations européennes de mieux accepter la réalité de l'homosexualité. Elle permettra également au mouvement homosexuel américain de se constituer en lobby, c'est-à-dire en une force sociale et politique qui donnera naissance au mouvement gay, et que tous les gouvernements respecteront jusqu'à ce que, à la période du sida, des enquêtes systématiques sur les populations à risque (notamment le rapport Guttmacher, à partir de 1993) en montrent la proportion relativement plus modeste (autour de 1 à 2 % pour l'homosexualité masculine).

La vision de Kinsey sera très novatrice par son observation directe des comportements sexuels dans l'enfance, ce qui avait été suggéré par Freud qui, dans ses *Trois essais sur la théorie de la sexualité* en 1905, avait parlé d'une précocité insoupçonnée de la sexualité chez les enfants dans les premières années : « On trouve quelques observations relatives à des actes de sexualité prématurée chez les petits enfants, érections, masturbations, et même simulacre du coït – mais toujours cités comme cas exceptionnels, extraordinaires, des exemples repoussants de dépravation précoce. » Freud mentionne même le témoignage d'un auteur qui a observé des comportements sexuels très précoces, à l'âge de 3 ou 4 ans !

Nous étions en 1905 et l'intérêt pour la sexualité n'était aucunement le même qu'aujourd'hui. Freud ne fondait pas sa réflexion sur une expérimentation ou sur l'observation de la réalité, mais inférait sa théorie des témoignages que les adultes lui donnaient de leur vie infantile. Lorsqu'il commencera son travail, en 1938, Kinsey s'attachera, contrairement à Freud, à montrer la réalité des comportements sexuels. Il va ainsi décrire les premières excitations érotiques et l'obtention des premiers orgasmes chez l'enfant dans la première année : première masturbation à l'âge de 2 mois, premiers orgasmes observés à l'âge de 5 mois. Son observation de la sexualité infantile, préadolescente et adolescente, est l'un des chapitres les plus importants du rapport Kinsey. En pur zoologue naturaliste qu'il était, Kinsey va s'attacher à montrer la continuité des activités sexuelles de la naissance à l'âge adulte. Il « gomme » ainsi la phase de latence freudienne des pulsions sexuelles. Son observation et son questionnement sur l'érotisme des préadolescents mettent en évidence une activité sexuelle à tous les âges de la vie et l'expérience de l'orgasme dès l'âge de 2 mois : « Chez un bébé ou tout autre jeune mâle, l'orgasme est la réplique exacte de l'orgasme chez l'adulte, abstraction faite de l'absence d'éjaculation. » Dans la population de préadolescents étudiée par Kinsey, plus de la moitié des garçons étaient parvenus au paroxysme de l'orgasme à l'âge de 7 ans et les deux tiers à l'âge de 12 ans.

Cette mise en évidence, par Freud tout d'abord puis par Kinsey, de la précocité des activités sexuelles humaines constituera une véritable révolution dans les modes de pensée et les comportements au milieu du XXe siècle. La sexualité cessait d'être marginalisée dans les perversions et confinée dans l'intimité de l'alcôve, puisque même les enfants avaient une sexualité normale dès les premières années de la vie.

Le travail de Kinsey fut également révélateur de la grande variété des comportements sexuels et de leur modulation par l'apprentissage et les valeurs sociales. Le comportement sexuel de l'homme est tout autant le résultat de son organisation biopsychologique que du climat sociologique dans lequel il s'exprime. La systématique zoologique de Kinsey va orienter un travail rigoureux pour examiner les corrélations existant entre les différents paramètres du comportement sexuel et les critères de l'analyse sociologique : le niveau d'instruction, les catégories socioprofessionnelles, la situation familiale, l'appartenance religieuse… C'est la partie la plus considérable du rapport Kinsey qui mettra en évidence des aspects souvent peu connus de la sexualité humaine : par exemple en ce qui concerne la pratique de la masturbation. Kinsey remarque que la fréquence masturbatoire est le caractère le mieux corrélé avec le niveau d'instruction ! À tous les âges de la vie, la masturbation est plus pratiquée par les plus instruits, qu'ils soient célibataires ou mariés : « Si l'on examine les catégories de travailleurs, les intellectuels sont ceux qui se masturbent le plus souvent. » Le même lien statistique se retrouve en ce qui concerne les « pollutions nocturnes » : « Entre 16 et 20 ans, 91 % des étudiants connaissent des pollutions nocturnes, alors que pour la même période, 56 % des élèves ayant suivi les cours des écoles primaires y sont sujets. » Ce terme un peu ancien aujourd'hui de « pollution nocturne » traduisait les éjaculations inconscientes ou intempestives à une époque où la plupart des comportements sexuels étaient réprimés et mal considérés, notamment la masturbation.

Cette modulation sociologique des comportements sexuels se retrouve dans toutes les pratiques, hétérosexuelles ou homosexuelles, rapports préconjugaux ou extraconjugaux. C'est l'un des points qui ont été les plus critiqués du rapport Kinsey à qui l'on reprochait le caractère discriminatif et tendancieux, alors qu'il ne faisait qu'une analyse sociologique très fine mais sans concession, puisqu'il sera le premier observateur de la sexualité à oser parler de l'existence et de la fréquence de l'homosexualité, la zoophilie, la prostitution.

Si le premier rapport, sur le comportement sexuel de l'homme, qui paraîtra en 1948, a été révolutionnaire à bien des égards, son second travail sur le comportement sexuel de la femme, paru en 1953, est beaucoup moins connu mais à notre sens plus remarquable car il aborde ce « continent noir », selon le mot de Freud, que représente le sexe féminin et qui était alors impénétré, sinon impénétrable. L'équipe de Kinsey expose dans ce rapport les conclusions de quinze ans de recherches sur près de 6 000 femmes, mais alimenté aussi par d'autres informations dont il précise : « Il est aussi étayé sur une documentation considérable provenant d'autres sources. » Kinsey était un infatigable curieux, bibliophile, collectionneur mais également un grand observateur. Ses sources pour comprendre la sexualité féminine ont certainement été des observations directes dont il a retrouvé le témoignage mais également une vraisemblable étude *in vivo* du comportement sexuel et du coït, par son équipe, qu'il lui était alors impossible d'avouer. C'est ce travail, initié par Kinsey, que poursuivra William Masters quelques années plus tard.

Comme dans son rapport sur le comportement sexuel masculin, Kinsey s'attachera à faire reconnaître l'existence de l'homosexualité féminine et son lien avec le niveau d'instruction (6 % des femmes de niveau primaire, 5 % de niveau secondaire, 10 % de niveau collège, 14 % de niveau universitaire). « Il se peut, précise Kinsey, qu'on admette plus franchement l'homosexualité dans les milieux d'instruction supérieure et qu'on s'en inquiète moins du point de vue social. » On sait combien ses propres pulsions homosexuelles l'interrogeaient et la part personnelle qu'il prit à faire admettre le caractère normal, sinon naturel, de l'homosexualité.

Kinsey va également tenter de réhabiliter la sexualité féminine et d'affirmer l'existence d'un plaisir féminin que de nombreux médecins continuaient à nier (!). Il insiste sur le caractère normal de l'excitation sexuelle féminine (près de 16 % des femmes se souviennent avoir vécu des émotions érotiques avant l'âge de 10 ans), de la masturbation et de l'homosexualité, à une époque où les femmes devaient cacher leur intérêt sexuel de peur d'être qualifiées de « putains » ! C'est ainsi la silhouette très moderne d'une femme sensuelle et épanouie que nous brosse Kinsey.

La révolution mastérienne

Fils spirituel de Kinsey, William Masters était professeur de gynécologie et d'obstétrique à l'école de médecine de l'Université de Washington à Saint Louis du Missouri. Masters commença seul son travail en 1954 avec pour objet d'étudier l'anatomophysiologie des réactions sexuelles humaines. Il s'agissait à l'époque d'un challenge considérable car la sexualité était encore un domaine tabou, exclu du champ de la médecine et même de la société en général.

Masters a commencé ses premières observations « en secret » dans son service de l'université, observations directes des réactions sexuelles obtenues d'abord par masturbation avec quelques volontaires, mais très vite, dans les deux premières années de son étude, sur des prostituées qu'il rétribuait. Sa méthode a été celle de l'observation directe par des moyens physiques, des mesures physiologiques ou électrophysiologiques, enfin par l'enregistrement cinématographique. De nouveaux moyens techniques ont contribué à permettre cette connaissance des réactions sexuelles, comme l'enregistrement de l'électrocardiogramme pour suivre les variations du rythme cardiaque au cours de l'acte sexuel, de l'électromyogramme avec des électrodes intra-utérines pour mesurer la mise en tension des différentes parties de l'appareil génital, mais également la radiographie avec des produits de contraste pour objectiver les mouvements utérins. Enfin, l'observation, chez la femme, de l'intimité du cycle sexuel artificiel (c'est ainsi qu'il appela le cycle sexuel par masturbation) a été rendu possible par l'utilisation d'un colposcope très particulier permettant l'observation des modifications de la muqueuse à l'intérieur du vagin. Masters fera même fabriquer des pénis en plastique d'une parfaite transparence et d'excellente qualité optique pour observer les modifications génitales au cours de la phase d'excitation sexuelle. La méthode et les moyens techniques étaient là, l'observation de l'intimité sexuelle pouvait commencer, mais il manquait le plus important : la manière d'analyser, de comprendre et de se représenter ces données si intimes du comportement sexuel humain.

C'est ici que Masters eut le trait de génie qui avait manqué à ses prédécesseurs. Jusqu'ici tous les observateurs de la sexualité féminine n'avaient été que des hommes avec la lecture très particulière que peut donner un œil masculin de cette « étrangeté » que représente l'autre sexe. Freud avait ainsi imaginé qu'il n'y avait qu'un seul sexe, le masculin, et que l'autre partie de l'humanité en était dépourvue. Kinsey avait avancé vers cette connaissance mais en reconnaissant que la sexualité féminine était difficile à appréhender. William Masters s'est très vite rendu compte qu'il ne pourrait jamais, à lui seul, et tout professeur de gynécologie qu'il était, comprendre la sexualité féminine. Qu'il existait très certainement une part « incommunicable » dans la représentation de l'autre sexe et qu'il ne parviendrait pas à ses fins s'il ne travaillait pas avec une femme qui pouvait lui apporter cette lecture différente de l'intimité féminine. C'est ainsi qu'il poursuivra sa recherche en tandem avec Virginia Johnson, une psychologue qui deviendra sa femme, afin de réduire la part inaccessible que nous avons tous de l'autre sexe. Ce point fondamental de la différence des sexes et de l'incommunicabilité de nos représentations sera ensuite clairement démontré par l'équipe qu'ils mirent en place : « Les équipes d'interrogateurs mixtes, nous précise Masters, ont obtenu des sujets étudiés les renseignements nécessaires à la compréhension de la sexualité, d'une façon plus efficace et plus exacte que les équipes exclusivement masculines ou féminines » (*Les Réactions sexuelles*).

William Masters, Virginia Johnson et leur équipe vont ainsi recruter plus de mille individus sur lesquels ils observèrent les réactions de 382 femmes et 312 hommes au cours d'un cycle sexuel artificiel reproduisant pour partie le coït humain. Ce large échantillon permit l'observation de plus de 10 000 cycles sexuels complets sur les onze années que dura cette étude fondamentale. Il faut souligner qu'elle reste, aujourd'hui encore, le seul travail d'observation directe de la sexualité humaine, sur un important échantillon, de l'ensemble de l'histoire de l'humanité. Si des travaux complémentaires ponctuels furent entrepris dans les décennies qui suivirent, aucun travail d'envergure ne sera plus effectué jusqu'à aujourd'hui.

Cette étude fondamentale va d'abord montrer que la sexualité féminine n'est pas un sous-produit de la sexualité de l'homme, qu'elle est plus subtile, plus variée, plus personnelle. Jusqu'alors, les réactions féminines avaient toujours été calquées sur le modèle masculin. Un parti pris proféminin leur a alors été reproché puisque seulement un tiers des résultats de cette étude concerne la sexualité masculine.

Ce travail va ensuite lever un nombre considérable d'idées fausses, essentiellement sur la sexualité féminine qui était jusque-là totalement ignorée : la dilatation vaginale est un phénomène lent et progressif qui nécessite donc un temps de préliminaires avant le début du coït ; le rôle du clitoris comme principal foyer de réponse sensuelle est affirmé ; et surtout il n'existe aucune différence physiologique, ni anatomique, entre les réponses à la stimulation sexuelle du vagin ou du clitoris, c'est-à-dire qu'il n'y a pas de différence fondamentale entre l'orgasme vaginal et l'orgasme clitoridien ; la réalité de l'orgasme multiple (trois à quatre orgasmes successifs chez la femme) ; l'importance, chez la femme, du déclenchement des réactions sexuelles par le système nerveux central et le psychisme, quelle que soit la stimulation sexuelle ; la réponse sexuelle masculine, quant à elle, est plus stéréotypée, mais ressemble aux étapes de l'excitation féminine ; la circoncision, chez l'homme, ne prédispose pas à l'éjaculation précoce ; le plaisir féminin n'est pas influencé par la taille du pénis ; les petits pénis augmentent proportionnellement plus de taille lors de l'érection que les grands ; enfin, chez les sujets âgés, une activité sexuelle satisfaisante et régulière peut être poursuivie sans limite d'âge.

Ce premier, et seul, travail d'observation sur la sexualité humaine met à mal de nombreux mythes et lève bien des idées fausses, en premier lieu, le mythe de la femme construite sur le modèle de l'homme ; celui du clitoris, qui ne serait qu'un minipénis témoignant d'une sexualité infantile ; le mythe des vaginales et des clitoridiennes ; de l'existence d'une andropause... (*Cf.* P. Brenot, *Le Sexe et l'Amour*.)

Si la publication du premier rapport Kinsey, en 1948, a été un véritable « choc » pour l'Occident qui prenait subitement conscience de l'existence et de l'importance de la sexualité, la publication des *Réactions sexuelles* de Masters et Johnson, en 1966 aux États-Unis et 1968 en Europe, fut le point de départ de très nombreuses vocations médicales ou psychologiques à s'occuper des troubles sexuels, fut ainsi le début de la sexologie moderne et le « starter » de l'interrogation populaire sur la sexualité. Nous étions à l'aube d'un changement majeur de nos sociétés, celui du passage d'une société traditionnelle où l'individu n'existe que par le groupe dont il fait partie, aux sociétés modernes caractérisées par l'avènement d'un *sujet* désirant et sexué. La censure qui interdisait encore de parler ouvertement de sexe allait bientôt se lever, la pilule contraceptive dont le principe avait été inventé en 1953 par Gregory Pincus, commençait à être largement utilisée par les femmes, la société s'ouvrait progressivement aux valeurs nouvelles : on allait pouvoir commencer à parler de sexualité.

Chapitre 4

L'ENQUÊTE IMPOSSIBLE

S'il était une règle de toutes les sociétés traditionnelles, de l'Ancien et du Nouveau Monde, que la sexualité soit taboue, et codifiée, que les pulsions soient canalisées et l'intimité vécue dans le secret conjugal, les sociétés occidentales contemporaines semblent avoir pris le contre-pied de ces interdits méticuleusement transmis depuis des millénaires en affichant ouvertement le sexe, ses mots, ses pulsions, en acceptant ses variations et ses dérives, peut-être comme un antidote au désir trop longtemps refoulé.

Le sexe est aujourd'hui à la une de tous les journaux, les corps sont librement dévêtus et valorisés par les arts comme dans les médias, les pulsions intimes peuvent être ouvertement exprimées là où la réserve et la pudeur s'exprimaient il y a seulement quelques décennies. Le rideau de l'hypocrisie s'est-il soudain levé ? Bien peu crient encore au scandale, la majorité suit ce grand mouvement de libération des pulsions et des idées qui soulève tous les voiles sur son passage. Où s'arrêtera-t-il ? s'interrogent certains. Nos sociétés recherchent un équilibre encore instable entre l'expression des pulsions et leur régulation en l'absence de jugement moral et d'interdit majeur. Car voici la fondamentale différence entre les sociétés de la tradition, que nous étions encore il y a peu et qui constituent la très grande majorité de l'humanité actuelle, et les sociétés modernes contemporaines dites « libérales » : la disparition des interdits dans le domaine de la sexualité. Tout n'est cependant pas permis, mais les limites de l'acceptable se sont déplacées et se réduisent aujourd'hui à la protection de l'individu mineur et au consentement personnel. Tout en matière de sexualité est permis, ou possible, dans la mesure de l'acceptation du partenaire, dans la mesure du respect de l'espace public, dans la mesure de la préservation de l'intégrité des mineurs. C'est sur ce dernier point que subsistent de façon totale les interdits sexuels : rien d'intime n'est acceptable entre un adulte et un enfant.

L'évolution a été considérable depuis les années 1970 qui constituent la transition entre société traditionnelle et société moderne jusqu'à aujourd'hui. Les facteurs de cette rupture sociale sont maintenant bien connus : la naissance de l'individu en tant que sujet est l'aboutissement d'un long processus d'individuation, qui a constitué un réel facteur de changement. Le sujet moderne se veut maître de sa vie, responsable de son identité et de sa morale. Il fait des choix personnels là où ses parents et grands-parents acceptaient le choix de la famille et du groupe. Il est animé de cette « irrépressible injonction à être soi », selon la formule de Jean-Claude Kaufmann, qui offre à chacun un destin individuel.

Autre facteur de cette rupture, l'augmentation de l'espérance de vie et, par conséquence, de l'espérance de la vie du couple, est à la fois un révélateur des difficultés conjugales mais également un formidable moteur de rajeunissement des générations. Ce phénomène n'est certainement pas étranger au mouvement du « jeunisme » qui anime aujourd'hui les hommes et les femmes dont l'apparence physique est en réelle rupture avec leurs ascendants de même âge.

Mais l'un des plus grands bouleversements de cette après-Seconde Guerre mondiale a certainement été pour la première fois dans l'histoire de l'humanité, et même de la vie sur la terre, la séparation qui s'est produite entre fécondité et sexualité. Jusqu'alors sexe et fertilité étaient si fortement liés que les individus et les couples étaient confrontés à la difficile question de faire trop ou pas assez d'enfants. Les moyens contraceptifs étaient faibles et très peu fiables tandis que les méthodes pour résoudre l'infertilité étaient quasi inexistantes. Dans la même décennie, entre 1980 et 1990, la pilule contraceptive a été largement popularisée et une part des problèmes d'infertilité résolus.

La contraception libéra évidemment les pulsions retenues par crainte de grossesses non désirées, la société y était alors préparée. L'explosion sexuelle fut considérable. La où tout était interdit, le sexe était maintenant permis. En quelques décennies les attitudes et les comportements sexuels se libérèrent d'un joug millénaire à la recherche d'une autre forme d'équilibre.

C'est ici qu'intervient la manie des humains d'observer et de comprendre. Le sexe se libère, mais nous voudrions savoir comment et pourquoi, connaître l'intimité de chacun pour mieux nous représenter une sexualité qui reste mystérieuse, énigmatique, interrogative. C'est l'*enquête impossible*, car nous ne saurons jamais tout de la sexualité. Peut-être n'en saurons-nous qu'une part illusoire car le sexe restera à jamais incommunicable.

Cette entreprise avait commencé en partie avec Freud, puis avec Kinsey qui mesurait, observait, quantifiait. Les instituts de recherche du monde entier, sociologiques, démographiques, sexologiques, vont alors tenter de pénétrer au cœur de l'intimité des couples, au plus près des fantasmes de chacun pour mettre à nu ce sexe déjà très dévêtu. Ce sont donc des rapports annuels (Guttmacher aux États-Unis), périodiques (Spira et

Bajos en France) qui nous offrent un reflet plus ou moins juste de l'intimité de nos contemporains au seul but, en définitive, de la confronter à notre propre vécu sexuel. Car, n'oublions pas d'avouer que ce qui nous importe le plus, c'est de savoir si nous sommes normaux ou déviants, conformes ou révolutionnaires, par rapport à l'intimité de nos voisins, celle-là même que nous n'avons pas à connaître.

L'incommunicable

Les scientifiques se sont longuement interrogés sur la méthode d'investigation du sexuel. Et, première évidence, on ne déclare pas l'intimité, ou la sexualité, comme on déclare un autre comportement de la vie courante. Une étude anglaise menée il y a près de dix ans sur une population d'une centaine d'individus, leur avait demandé s'ils présentaient des difficultés somatiques (troubles du sommeil, troubles digestifs, céphalées, difficultés sexuelles…) par un questionnaire dont le résultat fut que 4 % d'entre eux semblaient avoir, ou avoir eu, des difficultés dans leur sexualité. Les mêmes sujets ont ensuite été vus en entretien semi-directif, avec un psychologue ou un médecin, et si le taux de troubles du sommeil ou de difficultés digestives ne semblait pas différent, 38 % d'entre eux témoignèrent auprès de ce médecin de difficultés à vivre leur sexualité. Cet exemple très simple montre combien l'intimité sexuelle ne se déclare pas ouvertement, même dans un questionnaire anonyme, car elle représente un investissement personnel qui ne regarde en définitive que soi-même et le conjoint éventuel.

Cette profonde différence de nature nous introduit dans la dimension incommunicable de la sexualité, celle-là même qui ne sera jamais dévoilée par des enquêtes téléphoniques ni des questionnaires anonymes. Nous ne pouvons que multiplier ce genre d'études, en appliquant la loi des grands nombres (plus l'échantillon est important, plus les tendances sont affirmées) et surtout en comparant les études successives sur une même population avec des méthodologies similaires. Mais nous devrons toujours relativiser les résultats qui pourront être biaisés par des sous- ou surdéclarations. On sait combien le déclaratif des hommes sur leurs performances sexuelles est en général majoré tandis que, dans un milieu traditionnel, le déclaratif féminin sur les comportements sexuels est tu ou minoré. Ce qui n'est plus vrai des populations occidentales contemporaines où les hommes et les femmes osent mieux parler de leur intimité.

Les évaluations récentes

En ce qui concerne la sexualité des Français, trois études peuvent être comparées : le *Rapport sur le comportement sexuel des Français* rédigé par Pierre Simon en 1970 ; *Les Comportements sexuels en France* (étude ACSF) sous la direction d'Alfred Spira et Nathalie Bajos en 1992 ; et *La Sexualité en France* (étude CSF) sous la direction de Nathalie Bajos et Michel Bozon en 2006.

Sur près d'un demi-siècle, nous voyons évoluer les grands indices du comportement sexuel, de l'identité à l'orientation en passant par les pratiques intimes. L'identité pose rarement question sinon lorsque le genre adopté semble contraire à l'identité sexuée de l'individu. C'est la grande question du transsexualisme, extrêmement rare dans les faits, mais aujourd'hui connu de tous car les médias ont souvent insisté sur cette question qui nous interroge tous : peut-on changer de sexe ? Suis-je bien dans mon identité sexuée ? Quelle orientation pour un transsexuel ? La question du transsexualisme n'est cependant pas abordée dans ces études.

Les résultats

L'évolution de la sexualité occidentale dans les cinquante dernières années peut se résumer à la lecture du tableau ci-après présentant certaines données de l'étude de Kinsey et des paramètres similaires relevés sur les trois rapports français de Simon, Spira et Bajos. De très nombreuses études, dans d'autres pays occidentaux, montrent des données tout à fait similaires.

Évolution de la sexualité 1948-2006

Résultats en âge, fréquence et pourcentage de la population	Kinsey 1948-1953		Simon 1970		Spira 1992		Bajos 2006	
	Hommes	Femmes	Hommes	Femmes	Hommes	Femmes	Hommes	Femmes
Âge au 1er baiser			16,6	17,5			13,6	14,1
Âge au 1er rapport sexuel			19,2	21,5	(17)	(18)	17,2	17,6
Nombre de partenaires au cours de la vie			11,8	1,8	11,0	3,3	11,6	4,4
Nombre de partenaires au cours des 12 derniers mois					1,2	0,9	1,23	1,1
Pratique homosexuelle ou bisexuelle au cours de la vie	37 (!)	13	5	2	4,1	2,6	4,1	4,0
Pratique homosexuelle ou bisexuelle au cours des 12 derniers mois			1		1,1	0,3	1,5	0,9
Se déclare homosexuel(le)							1,1	0,5
Se déclare bisexuel(le)							1,1	0,8
Masturbation au moins 1 fois au cours de la vie	88	42	73	19	84	42	91,4	60,1

Résultats en âge, fréquence et pourcentage de la population	Kinsey 1948-1953		Simon 1970		Spira 1992		Bajos 2006	
	Hommes	Femmes	Hommes	Femmes	Hommes	Femmes	Hommes	Femmes
Masturb. régulière au cours des 12 derniers mois			24	10	62	37	40,3	17,9*
Fréquence mensuelle des rapports sexuels	(4,8)	(4 à 8)	8,9	8,9	8	7	8,7	8,8
Jamais eu de rapport sexuel			8	8	3,9	5,0	1,4	0,8
Sexuellement inactif au cours des 12 derniers mois			11	20	6,2	12,4	6,6	10,8
Fellation, au moins 1 fois au cours de la vie	(11-60)	(2-38)	(60)	(55)	76	66	83,3	80,4
Cunnilingus, au moins 1 fois au cours de la vie	(11-60)	(3-40)	(60)	(55)	79	75	85,0	85,5
Pénétration anale, au moins 1 fois au cours de la vie			19	14	30	24	45,1	37,3
Prostitution, au moins 1 fois au cours de la vie	69		33		3,3		18,1	
Films pornos, souvent au cours des 12 derniers mois			22	12	52	29	52,1	20,4
Sites pornos, visite habituelle							30,3	3,6
Rencontres sexuelles par Internet							4,6	2,7
Rapports dans des lieux échangistes					(4)	(1)	2,2	0,6
Population étudiée (N)	12 214	5 940	1 250	1 375	8 951	11 104	5 540	6 824

(xx) données proches mais non directement comparables.
* selon les tranches d'âge.
Sources : rapports Kinsey (1948 et 1953) ; Simon *et al.*, 1970 ; Spira et Bajos, 1993 ; Bajos et Bozon, 2008.

L'évolution la plus notable est certainement représentée par la transformation rapide de la sexualité féminine d'un comportement réservé, contraint et souvent refoulé, à une sexualité épanouie dans laquelle la femme peut exprimer ses désirs et agir sa sexualité. Le nombre de partenaires au cours de la vie augmente progressivement, mais si ce chiffre (ligne 3), dans les études françaises, est relativement stable pour les hommes (11,8 ; 11,0 ; 11,6), il est en croissance progressive chez les femmes qui passent de 1,8 partenaire au cours de la vie en 1970 à 3,3 en 1992 et 4,4 en 2006 ! Ce chiffre moyen traduit tout d'abord le fait que jusque dans les années 1970 près de trois quarts des femmes n'avaient qu'un partenaire au cours de leur vie, leur mari, et que progressivement elles ont eu d'autres expériences, tout d'abord avant le mariage puis, maintenant, tout au long de la vie. Cette évolution croissante du nombre de partenaires va de pair avec l'épanouissement sexuel en suivant le critère fondamental de la sexualité humaine qui est « apprentissage » et bénéficie donc de l'expérience. On peut penser que le nombre de partenaires au cours de la vie des femmes et des hommes se rapprochera progressivement sous le fait de l'apprentissage et de l'expérience.

L'asymétrie comportementale entre les hommes et les femmes est notable sur tous les items de ce tableau, les hommes ayant plus de partenaires sur douze mois, pratiquant plus l'autoérotisme ou les manœuvres d'excitation comme la fellation ou le cunnilingus, la pénétration anale, le recours à la prostitution, aux sites et films pornographiques, à l'échangisme… Si elle a très vraisemblablement une forte composante biologique, cette hypersexualité masculine, par comparaison au comportement féminin, est aussi un effet de la culture de la domination masculine, jamais totalement terminée.

L'autoérotisme et la masturbation, qui sont au centre de la maturation et de la pérennité sexuelles, connaissent également cette grande asymétrie : si Kinsey déclarait que 88 % des hommes de son échantillon s'étaient au moins masturbés une fois dans leur vie, et 42 % des femmes (ce chiffre nous semble certainement très surévalué), on observe une profonde continuité dans les données des trois études française. En 1970, où le refoulement sexuel féminin était encore très fort et où la sexualité se résumait surtout au coït conjugal, seulement 19 % des femmes avaient au moins pratiqué une fois dans leur vie la masturbation et seulement 10 % de façon assez régulière. Tandis que les hommes l'avaient au moins connue pour 73 % d'entre eux et fréquemment pratiquée pour 24 %. Nous savons combien la masturbation régulière (ni refoulée ni obligée) est un facteur important de maturation et d'épanouissement sexuel, surtout pour les femmes. En 1992, elles étaient 42 % à déclarer avoir connu la masturbation et 37 % à en avoir la pratique régulière. Cette évolution va dans le sens de l'épanouissement progressif d'une plus grande part de la population féminine, mais il faut encore noter que plus de la moitié des femmes n'avaient jamais eu accès à l'intimité de leur région génitale.

La dernière enquête (2006) montre une proportion plus grande encore de femmes ayant au moins pratiqué la masturbation une fois dans leur vie (60,1 %), mais une proportion très faible de pratique régulière (17,9 %) qui contraste avec l'évolution antérieure. Cela peut être interprété de la façon suivante : les plus jeunes (18 et 20 ans en 2006) ont une bien plus grande liberté sexuelle et une fréquence du coït que n'avaient pas les générations précédentes. Pour beaucoup de jeunes filles, le rapport sexuel leur semble suffisant et pouvoir être un équivalent de la masturbation. C'est une pensée largement répandue que la masturbation serait un ersatz du coït en l'absence du (ou de la) partenaire. Ce n'est cependant pas une réalité physiologique et beaucoup de femmes jeunes qui n'ont pas (ou peu) fait l'apprentissage des réactions avec elles-mêmes ont souvent, par la suite, beaucoup de difficultés à vivre leur sexualité de façon épanouie, notamment l'accès à l'orgasme.

En ce qui concerne les pratiques érotiques de la fellation et du cunnilingus, si elles étaient évidemment très faibles dans l'étude de Kinsey, progressivement plus importantes au fil des décennies, elles sont pratiquées à plus de 80 % par les hommes et les femmes. Les détails de l'étude de Nathalie Bajos en 2006 nous montrent cependant que ces pratiques érotiques ne sont pas monnaie courante dans la sexualité conjugale au quotidien. C'est ici qu'il nous faut rappeler la fonction de l'érotisme : augmenter l'excitation et entretenir le désir. La grande majorité de nos arrière-grands-parents n'avaient pas de pratiques érotiques car elles étaient réservées à la prostitution. Si l'érotisme intime des couples est aujourd'hui plus riche, il doit permettre la pérennité, au fil des ans, d'une sexualité difficile à maintenir au quotidien de la vie moderne.

Nous pourrions en dire tout autant de la pénétration anale, qui n'est plus depuis longtemps une perversion, ni agrémentée de jugement moral, que 45,1 % des hommes et 37,3 % des femmes ont aujourd'hui vécue au moins une fois dans leur vie mais qui n'est en réalité pratiquée que par moins de 5 % des hommes et des femmes dans leurs rapports quotidiens. Une sexualité libre et épanouie dans un couple est aujourd'hui certainement agrémentée d'une grande variété de comportements n'excluant aucune pratique mais n'imposant aucune obligation avec pour toute règle : « Tout peut être vécu entre deux adultes consentants dans la mesure où rien ne gêne l'autre ! »

La fréquence des rapports sexuels nous semble relever d'une convention sociale car, à toutes les époques, on a l'impression que les couples s'accordent pour une sorte de moyenne du « devoir conjugal », comme on l'appelait autrefois, qui se situerait à « deux fois par semaine », autrement dit huit rapports par mois, minimum syndical ! Cela a peu d'importance, car de nombreux couples épanouis font l'amour moins souvent et d'autres, parfois malheureux, le font plus souvent. La fréquence n'est en rien un caractère d'épanouissement de l'individu ou du couple. Elle est plutôt, en terme d'exigence, un facteur que le sujet, homme ou femme, s'impose à lui-même, craignant d'une certaine façon le jugement du partenaire.

Si le dernier rapport (Bajos, 2006) insistait sur l'apparition d'une nouvelle catégorie dite « asexuel(le) », c'est-à-dire « non intéressée par le sexe », nous prenons conscience de l'effet d'annonce de ce pseudo-nouveau genre – venant s'ajouter aux homos, bi, trans –, qui existe en réalité depuis fort longtemps. Les sexuellement inactifs sur les douze derniers mois précédant l'enquête (ligne 13) étaient 11 % des hommes et 20 % des femmes dans le rapport Simon, 6,2 et 12,4 % en 1992 et sensiblement la même proportion, 6,6 % des hommes et 10,8 % des femmes, en 2006. Cette catégorie n'est certainement pas très homogène, elle regroupe des déshérités de la rencontre, des inhibés du comportement, des pathologies psychologiques ou relationnelles. Ce qui les rassemble, c'est aujourd'hui un comportement qui semble à la plupart « anormal » : le fait de ne pas avoir d'activité sexuelle, ou de ne pas paraître en désirer, à une époque où le critère majeur de réussite individuelle et conjugale est constitué par l'épanouissement intime.

L'homosexualité est maintenant assez stable dans la population, très loin de l'estimation optimiste (!) de Kinsey (37 % au moins des hommes et 13 % des femmes avaient eu, selon lui, ce qu'il appelait des « activités homosexuelles » au cours de leur vie), environ 4 % des hommes et des femmes ont vécu un moment d'intimité avec quelqu'un de même sexe au cours de leur vie tandis qu'ils ne sont que 1,5 % des hommes et 0,9 % des femmes à avoir une activité homosexuelle régulière au cours des douze derniers mois. Nous ne sommes plus dans l'exclusion ni la dénonciation d'un crime contre nature, nous sommes dans l'expression libre de l'orientation sexuelle en relation avec la structure de la personnalité. Cela correspond d'ailleurs au déclaratif souligné par le rapport Bajos, puisque 1,1 % des hommes et 0,5 % des femmes se déclarent être homosexuels. La liberté des comportements passe par la libre expression des autres et de soi-même.

Au-delà des critères quantitatifs des comportements sexuels, l'élément qui nous semble plus important en la matière est très certainement le *degré de satisfaction*, c'est-à-dire la façon dont la sexualité est vécue, par les hommes et par les femmes, en fonction de leurs valeurs personnelles et de l'idéal qu'ils se font de l'intimité du couple. Nous sommes dans une période où la sexualité est largement débattue, où certains modèles sont valorisés comme ceux de la performance sexuelle, de l'épanouissement passionnel et amoureux. Mais une époque aussi où chacun se détermine en fonction du décalage ressenti avec cette image socialement idéalisée de la sexualité.

À la question : « Êtes-vous satisfait(e), assez satisfait(e), peu satisfait(e), ou pas du tout satisfait(e) de votre vie sexuelle actuelle ? », les réponses des hommes et des femmes de l'étude de Nathalie Bajos (2006) s'échelonnent avec une grande majorité de « très satisfait » et de « assez satisfait ». Même dans une enquête anonyme, il n'est pas évident de se dire « peu satisfait » (6,7 % des femmes et 8,8 % des hommes) ou « pas du tout satisfait » (3,4 % des femmes et 4,2 % des hommes) de notre vie sexuelle. Mais que peut alors bien vouloir dire « assez satisfait » sinon que la satisfaction intime est incomplète ou qu'elle connaît un décalage avec l'idéal de vie ? Il nous semble que l'épanouissement intime se satisfait peu des demi-mesures, les « très satisfaits » ne représentant alors que 46,8 % des femmes et 37,8 % des hommes.

Les réponses à ce type de questions doivent être interprétées avec beaucoup de prudence. Le déclaratif des difficultés sexuelles en rend compte, puisque sur la même population 35 à 63 % des hommes déclarent avoir eu « au moins parfois » des difficultés sexuelles au cours des douze derniers mois et 47 à 61 % des femmes ! Les deux questions se recoupent mieux pour prendre plutôt en considération qu'environ 40 % des hommes et 50 % des femmes sont vraiment satisfaits de leur vie sexuelle. L'intimité est un domaine complexe et à jamais incommunicable, sinon dans ses grandes lignes que nous pouvons mieux comprendre par la comparaison de telles études statistiques qui nous indiquent les grandes tendances intimes de la population générale et ici la vraisemblable insatisfaction relative de près de la moitié des couples.

L'autre dimension, encore plus difficile à évaluer, est celle de l'attachement amoureux et du lien affectif qui unissent les deux conjoints. L'intimité ne peut se résumer à la satisfaction sexuelle ou au comportement intime, l'amour est aussi sentiment. Mais, plus les facteurs augmentent, plus les sources de tensions sont nombreuses. C'est la gageure des sociétés occidentales contemporaines que de vouloir vivre le fantasme d'un « couple amoureux passionnel de longue durée ».

L'AVENIR DU SEXE

Une nouvelle humanité vient de naître en Occident, tentant de dépasser la nature du sexe et les règles établies au fil de notre évolution et, surtout, de notre histoire récente. Notre époque est marquée par la culture du narcissisme et l'obsession d'une liberté individuelle qui vient souvent pénaliser la liberté du groupe. Parmi les valeurs « montantes », la sexualité, l'épanouissement du couple et la jouissance sont des facteurs d'équilibre individuel mais de possible déséquilibre social, ce pourquoi elles avaient été fortement réprimées au cours de l'histoire de l'humanité. On ne refait pas l'histoire, on ne revient pas en arrière. Cette évolution est aussi celle du progrès humain et de la prise de conscience des individus. C'est aujourd'hui à nous de trouver une place dans ces nouvelles manières d'être ensemble qui n'ont pas encore trouvé leur équilibre ; mais y a-t-il équilibre dans l'évolution ? Avec, en filigrane, la question de son universalité.

L'avenir de notre sexualité ne peut pas se concevoir comme un affranchissement de notre nature, d'autant que nous commençons à peine à en cerner les contours. Nous sortons de quelques millénaires de tabous et de répressions avec l'interdiction d'évoquer notre sexualité et, partant, ses origines, considérées comme honteuses car animales. Ce n'est que depuis quelques décennies qu'on s'autorise à comparer les caractéristiques éthologiques et anatomiques de notre sexualité avec celles des autres espèces de primates, ouvrant la voie à la reconstitution de ses origines et de son évolution. L'avenir de notre sexualité ne consiste pas à retrouver une sorte d'état originel idéalisé, mais à prendre en compte cet héritage évolutif à peine dévoilé. Car c'est au cours de l'histoire récente de l'humanité, depuis le néolithique et l'émergence des grandes religions, que tout a été entrepris pour la brimer. Ce qui a été contraint par la culture peut dorénavant être libéré par les changements sociologiques en cours dans nos sociétés depuis deux générations, et donc évoluer.

L'évolution du couple et de la famille

Le rapide changement dans les relations individuelles qui vient de se produire s'inscrit dans le profond remaniement de la famille qui caractérise l'Occident des dernières décennies. Le mariage, qui était jusqu'alors la forme unique et quasi universelle de lien entre les individus, a progressivement laissé la place à des formes plus modernes d'union, tout d'abord un « refus du mariage », une sorte d'« union sans papier » qui marquait le mouvement contestataire et le passage de la société traditionnelle à la société moderne. Les familles s'effaçaient progressivement devant le désir affirmé des individus. L'union libre, encore appelée le mariage *open*, et le concubinage ont été les premières étapes vers les nouvelles formes d'unions que nous connaissons aujourd'hui : le mariage, le Pacs et surtout le compagnonnage, union de fait acceptée par tous, qui caractérise les successives « tranches de vie » du couple contemporain.

L'instabilité de ces nouvelles architectures conjugales n'est pas sans occasionner drames et déséquilibres pour tous ceux – et ils sont nombreux – qui ne sont pas réellement prêts à assumer une vie adulte faite de rencontres et de séparations. Il y a encore peu, nous parlions de cinq liens forts organisant le couple : un *lien légal*, le mariage ; un *lien confessionnel*, le mariage religieux ; le *lien moral* à l'autre ; un *lien affectif*, amoureux ; un *lien charnel*, le physique de l'amour. Et nous avions l'habitude de dire qu'on faisait couple si au moins trois de ces liens existaient. Aujourd'hui, où le lien légal et le lien confessionnel ont moins de consistance, il semble que le *lien moral* soit l'ancrage le plus fort pour la constitution du couple. L'amour, en effet, dans sa dimension passionnelle et physique, est souvent insuffisant pour maintenir une union de longue durée. Les nouvelles manières d'être ensemble sont alors des compromis entre permanence et renouvellement, initiative amoureuse et renforcement du lien, pour tenter, tant bien que mal, de réaliser le fantasme occidental contemporain du *couple passionnel de longue durée*.

La dimension érotique

Érotisme ! Ce mot, qui faisait hurler d'horreur toutes les âmes bien-pensantes il y a seulement un demi-siècle, est au cœur des aspirations d'un Occident obnubilé par le sexe. L'amour et la passion, qui sont aujourd'hui les critères essentiels de réussite de la vie personnelle, ont besoin d'érotisme pour maintenir intact le désir amoureux. Or quoi de plus fugace et volatile que l'érotisme. Il naît d'une rencontre, il est exacerbé par la magie du moment, mais disparaît tout aussi vite, dès que le temps de la passion est terminé. Les conditions ordinaires de la vie urbaine contiennent tous les ingrédients « tue-l'amour » : l'absence de temps et de disponibilité, la nécessaire régularité quotidienne, l'augmentation considérable de la charge mentale des hommes et des femmes, le poids des responsabilités, la progressive mainmise de l'entreprise et du monde du travail sur la disponibilité individuelle. L'opportunité des vacances exotiques permet parfois un retour momentané de la surprise et de conditions suffisamment nouvelles pour que renaisse l'aiguillon de l'amour. Mais, au quotidien, l'entretien du désir dans le couple est un exercice extrêmement périlleux, certainement à l'origine de ces fatales « tranches de vie » avec des partenaires successifs, alors que nous n'aspirons qu'à la continuité.

La dimension érotique devrait ainsi être la préoccupation permanente de la relation à deux, ferment du désir, entretien du lien affectif et de la pérennité de l'union. Certains y parviennent mieux que d'autres, souvent en raison d'un mode de vie et d'un milieu relationnel qui leur en laisse plus la disponibilité. Le temps est évidemment un premier facteur d'éroticité : temps passé ensemble, temps partagé, temps séparé… La qualité du regard de l'autre et celle de l'imaginaire partagé sont encore des éléments de cette construction nécessaire à la pérennité du couple. Les artifices intimes de l'amour physique seront souvent essentiels car l'érotisme s'apprend, se construit, n'est en rien naturel, surtout sur le long terme. C'est à nous chaque jour d'inventer une relation nouvelle à l'autre avec le piment nécessaire au désir.

Homo, a, bi, trans...

La grande nouveauté des cinquante dernières années a très certainement été l'acceptation des minorités sexuelles, de tout temps condamnées par les cultures traditionnelles. Au premier rang d'entre elles, l'homosexualité qui mettait l'humanité en péril dans un monde fondé sur la fécondité. Toutes les Églises condamnèrent cette pratique « contre nature » qui s'opposait au mariage légal et fertile.

L'acceptation de l'homosexualité constitua l'une des évolutions majeures de la fin du XXe siècle, en Occident. Avec ce nouvel état de tolérance, une possibilité s'offrait alors de reconnaître un ensemble de « marginalités sexuelles » qui n'avaient jamais eu de place dans les sociétés de la tradition. Ainsi a été créé le mouvement des *homo-bi-trans*, associant des revendications identitaires et d'orientations sexuelles souvent très différentes, auxquelles s'est récemment affiliée la classe très hétérogène des *asexuels*, femmes et hommes non intéressés par le sexe. L'intérêt pour la sexualité devient ainsi un critère d'identité, de revendication sociale, et un facteur d'évolution de la société car, dans ce même mouvement, apparaît une revendication légitime à bousculer l'ordre majoritaire de l'hétérosexualisme. Pour de nombreux sociologues, souvent dans une mouvance postféministe, l'hétérosexualité ne serait qu'un effet culturel de la domination masculine imposant comme une norme l'union d'un homme et d'une femme et niant une prétendue bisexualité potentielle de tout individu. Pour ce courant idéologique, l'évolution humaine se ferait vers une progressive abolition des genres et vers une orientation sexuelle librement choisie, sans exclusive ni interdit.

Quoi qu'il en soit, cette plus grande tolérance et acceptation de l'altérité des comportements sexuels est une nouveauté de notre époque, et peut-être de l'espèce *Homo sapiens*, permettant une plus grande liberté de vie à la plupart des individus, quelles que soient leurs attirances, leurs problèmes identitaires, leurs liens affectifs.

Les nouvelles formes de l'amour

Dans le courant de liberté sexuelle qui a suivi la naissance de la société moderne dans les années 1970, les tabous sont aujourd'hui à terre, les interdits se sont levés, les désirs se font jour, les fantasmes aspirent à leur totale réalisation. Une question se pose cependant : faut-il réaliser tous nos fantasmes ? Si le désir naît du corps, le fantasme surgit de l'esprit avec ses perversions et ses excès. Le fantasme de viol, si présent dans l'imaginaire féminin, n'est certainement pas celui d'une violence sexuelle désirée, mais plutôt celui du « ravissement amoureux », de l'enlèvement triomphal. Les fantasmes de *bondage*, de soumission et de flagellation ne sont peut-être pas non plus destinés à une réalisation minutieuse et directe. Ils sont des symboles, facteurs d'érotisme, qui doivent être maniés avec prudence et respect. Les fantasmes pornos ou de sexualité avec des objets sont encore les éléments d'un imaginaire à réaliser avec prudence. Willy Pasini parle de « perversion *soft* », pour signifier l'intérêt de ces excitants de l'amour mais le danger de leur réalisation totale. Quelles limites à cela ? Certainement celles de l'addiction aux stimuli trop intenses qui, ensuite, à l'égal d'une drogue, procurent dépendance et assuétude. La prolifération des images pornographiques en accès libre sur Internet génère aujourd'hui de très nombreuses dépendances sexuelles à des stimuli qui n'existent pas dans la vie courante. Le cas est si fréquent d'une jeune femme bouleversée de découvrir l'attirance de son homme pour les sites pornos alors qu'il ne la touche plus depuis des mois. La réelle beauté physique de cette femme, jeune, aimante et attirante, n'est plus suffisante à procurer l'excitation chez cet homme graduellement habitué à n'être excité que par telle séquence pornographique bien précise, tel artifice, tel détail fétichiste.

La sexualité virtuelle existe. Comme toutes les pratiques intimes, elle n'a un intérêt qu'avec une « pédale douce » et sans exclusive. Cette sexualité virtuelle est une autre forme d'auto-érotisme, de sexe avec soi-même dont un célèbre ami de Freud disait : « Le coït n'est qu'un succédané bien inférieur de la masturbation. »

L'équation impossible

Nous sommes ainsi tous confrontés à cette évolution de la sexualité qui, devenue humaine avec *Homo sapiens*, a trouvé une nouvelle liberté depuis quelques décennies en Occident. L'union est libre, les amours choisies et consenties, les fantasmes fluides, et nous, petits humains, hommes et femmes, sommes souvent « déboussolés » par cette évolution qui manque de repères. Nous sommes condamnés à nous constituer une morale personnelle, des limites et des interdits, pour réaliser l'équation impossible, celle de l'amour et du désir dans la durée de l'union, une union chaque jour plus longue avec l'espérance de vie. Mais l'espérance de vie est-elle une espérance de l'amour et une espérance du sexe ? Ces trois dimensions de la vie, du sexe et de l'amour ne se recouvrent pas complètement. C'est notre intelligence d'être humain qui peut nous permettre d'allier ces dimensions naturellement différentes que notre esprit veut concilier. Du fond de notre histoire s'exprime la *nature* du sexe, aujourd'hui devenue *culture* et demain *intelligence*.

BIBLIOGRAPHIE

Agacinski S., *Politique des sexes et mise au point sur la mixité*, Paris, Seuil, 2001.

Alberoni F., *Le Choc amoureux. Recherches sur l'état naissant de l'amour*, Paris, Ramsay, 1981.

Allgeier A. R. et Allgeier E. R., *Sexual Interactions*, Lexington, Health and Co, 1988 ; traduction française, *La Sexualité humaine,* Bruxelles, De Boeck, 1992.

Badinter E., *XY. De l'identité masculine*, Paris, Odile Jacob, 1992.

Badinter E., *Fausse route*, Paris, Odile Jacob, 2003.

Bajos N. et Bozon M., *La Sexualité en France,* Paris, La Découverte, 2008.

Balzac H. de, *Physiologie du mariage*, Paris, Société d'éditions littéraires et artistiques, 1901.

Barillon J. et Bensussan P., *Le Nouveau Code de la sexualité*, Paris, Odile Jacob, 2007.

Barkow J., Cosmides L. et Tooby J., *The Adapted Mind. Evolutionary Psychology and the Generation of Culture*, Oxford University Press, 1992.

Bataille G., *Lascaux ou la Naissance de l'art*, Paris, Skira, 1955.

Beach F. A. (éd.), *Human Sexuality in Four Perspectives*, Baltimore, The Johns Hopkins University Press, 1976.

Biggs R. D., *Ancient Mesopotamian Potency Incantations*, New York, Locust Valley, 1967.

Bischof N., « Comparative ethology of incest avoidance », *in* Fox R. (éd.), *Biosocial Anthropology*, ASA Studies, Londres, Malaby Press, 1975, 1, p. 37-67.

Boehm C., *Hierarchy in the Forest*, Harvard University Press, 1999.

Bondil P. et Wespes E., « Anatomie et physiologie de l'érection », *Progrès en urologie*, Paris, 1992, 2, 5, p. 721-857.

Bourdieu P., *La Domination masculine*, Paris, Seuil, 1998.

Brenot P. (éd.), *Dictionnaire de la sexualité humaine*, Bordeaux, L'Esprit du Temps, 2004.

Brenot P., « Homo sur-naturalis, l'hominisation dénaturante », *Topique*, 2000, 73, p. 23-35.

Brenot P., « Essai d'interprétation formelle de l'expression paléolithique », *Bull. Soc. anthrop. S. O.*, 1980, 15, 3, p. 121-128.

Brenot P., *Inventer le couple*, Paris, Odile Jacob, 2001.

Brenot P., *La Sexologie*, Paris, PUF, 1994.

Brenot P., *La Violence ordinaire des hommes envers les femmes*, Paris, Odile Jacob, 2008.

Brenot P., *Le Sexe et l'Amour*, Paris, Odile Jacob, 2003.

Brenot P., *Les Mots du sexe*, Bordeaux, L'Esprit du Temps, 1993.

Brenot P., « Stéatopygie et stéatomerie paléolithique », *Bull. Soc. anthrop. S.O.*, 1977, 12, 4, p. 95-109.

Brenot P., « Un culte phallique à sainte Colombe », *Revue S.E.F.C.O.*, 1976, 10, 6, p. 488-493.

Breton A., *L'Amour fou*, Paris, Gallimard, 1976.

Breuil H., *Quatre cents siècles d'art pariétal*, Montignac, 1952.

Buss D., *Les Stratégies de l'amour*, Paris, Inter-Édition, 1994.

Castelain-Meunier C., *Les Métamorphoses du masculin*, Paris, PUF, 2005.

Castro D. (éd.), *Incestes*, Bordeaux, L'Esprit du Temps, 1992.

Chaumier S., *La Déliaison amoureuse. De la fusion romantique au désir d'indépendance*, Paris, Armand Colin, 1999.

Cohen C., *La Femme des origines*, Paris, Belin-Herscher, 2005.

Cohen Y., « The Disappearance of the Incest Taboo », *Human Nature*, 1978, 1, p. 72-78.

Coppens Y., *Le Singe, l'Afrique et l'Homme*, Paris, Fayard, 1983.

Coppens Y., *Histoire de l'homme et changements climatiques*, Paris, Fayard, 2006.

Coppens Y. et Picq P. (éd.), *Le Propre de l'homme. Les origines de l'humanité*, Paris, Fayard, 2001, 2 vol.

Costes-Péplinski M., *Nature, culture, guerre et prostitution*, Paris, L'Harmattan, 2001.

Cyrulnik B. (éd.), *Si les lions pouvaient parler…*, Paris, Gallimard, 1994.

Cyrulnik B., *Les Nourritures affectives*, Paris, Odile Jacob, 1993.

Cyrulnik B., *Parler d'amour au bord du gouffre*, Paris, Odile Jacob, 2004.

Cyrulnik B., *Sous le signe du lien*, Paris, Hachette, 1989.

Darmon P., *Le Tribunal de l'impuissance. Virilité et défaillances conjugales dans l'ancienne France*, Paris, Seuil, 1979.

Darwin C. [1871], *La Filiation de l'homme et la sélection liée au sexe*, Paris, Syllepse, 1999.

Darwin C., *L'Expression des émotions chez l'homme et les animaux*, Paris, Reinwald, 1874.

Delluc G., *Le Sexe au temps des Cro-Magnon*, Périgueux, Pilote 24, 2006.

Desalles J.-L., Picq P. et Victorri B., *Les Origines du langage. Les origines de la culture*, Paris, Le Pommier/La Cité des Sciences, 2001.

Diamond J., *Le Troisième Chimpanzé*, Paris, Gallimard, 2000.

Diderot D., *Le Neveu de Rameau*, Paris, Le Livre de Poche, 1983.

Didier R., « Étude systématique de l'os pénien des mammifères », *Mammalia*, 1956, 20, 3, p. 238-247.

Dixson A. F., *Primate Sexuality*, Oxford University Press, 1998.

Duhard J.-P. et Roussot A., « Le gland pénien sculpté de Laussel (Dordogne) », *Bull. Soc. préhistorique de France*, Paris, 1988, 85, 2, p. 41-44.

Duhard J.-P., *Les Humains ithypalliques dans l'art paléolithique*, Soc. préhist. d'Ariège, 1992, 47, p. 133-159.

Dulaure J.-A., *Des divinités génératrices ou du culte du phallus chez les anciens et les modernes*, Paris, Dentu éditeur, 1805.

Durkheim E., « La prohibition de l'inceste et ses origines », *L'Année sociologique*, 1897, vol. 1, p. 1-70.

Eco U. (dir.), *L'Histoire de la laideur*, Paris, Flammarion, 2007.

Ellis H. H., *Studies in the Psychology of Sex*, 7 vol., New York, 1896-1928 ; traduction française, *Études de psychologie sexuelle*, Paris, Le Livre précieux, 1964, 10 vol.

Fedigan M. L., *Primates Paradigms, Sex Roles and Social Bond*, Montréal, Eden Press, 1982.

Finkelhor D., *Sexually Victimized Children*, ö York, Free Press, 1979.

Fisher H. E., *La Stratégie du sexe*, Paris, Calmann-Lévy, 1983.

Fisher H. E., *Pourquoi nous aimons ?*, Paris, Robert Laffont, 2006.

Ford C. S. et Beach F. A., *Patterns of Sexual Behavior*, 1951 ; traduction française, *Le Comportement sexuel chez l'homme et l'animal*, Paris, Robert Laffont, 1970.

Foucault M., *Histoire de la sexualité*, Paris, Gallimard, 1976-1984, 3 vol.

Fourest G., *La Négresse blonde*, Paris, Messein, 1909.

Freud S. [1905], *Trois essais sur la théorie de la sexualité*, Paris, Gallimard, 1989.

Freud S. [1913], *Totem et tabou*, *in Œuvres complètes*, Paris, PUF, 1998, t. II, p. 362-363.

Freud S., *La Vie sexuelle*, Paris, PUF, 1969.

Frishauer P., *L'Archéologie de la sexualité*, Paris, Stock, 1969.

Geary D., *Hommes, Femmes : l'évolution de la différence sexuelle humaine*, Bruxelles, De Boeck Université, 2003.

Gellman C., « Comportement hétérosexuel », *in* Brenot P. (éd.), *Dictionnaire de la sexualité humaine*, Bordeaux, L'Esprit du Temps, 2004, p. 307-311.

Giedion S., *La Naissance de l'art*, Bruxelles, Éditions la Connaissance, 1964.

Godelier M., *Métamorphoses de la parenté*, Paris, Fayard, 2004.

Goodall J., *In the Shadow of Man*, Londres, Collins, 1970 ; traduction française, *Les Chimpanzés et moi*, Paris, Stock, 1971.

Goodall J., *The Chimpanzees of Gombe*, Harvard University Press, 1986.

Goulliou P., *Pourquoi les Femmes des riches sont belles ?*, Paris, Duculot, 2003.

Gracian B., *L'Homme de cour*, Paris, Ivréa, 1972.

Gracian B., *L'Homme universel*, Paris, Ivréa, 1980.

Grassé P. P., *Traité de zoologie (anatomie, systématique, biologie)*, Paris, Masson, 1949-1951.

Gudin C., *Une histoire naturelle de la séduction*, Paris, Seuil, 2003.

Guillebaud J.-C., *La Tyrannie du plaisir*, Paris, Seuil, 1998.

Guttmacher Institute, www.guttmacher.org.

Héritier F., *Les Deux Sœurs et leur mère*, Paris, Odile Jacob, 1994.

Héritier F., Cyrulnik B., Naouri A., *De l'inceste*, Paris, Odile Jacob, 1994.

Héritier F., *Hommes, femmes, la construction de la différence*, Paris, Le Pommier/La Cité des Sciences, 2003.

Héritier F., *Masculin/féminin I, La pensée de la différence*, Paris, Odile Jacob, 1996.

Héritier F., *Masculin/féminin II. Dissoudre la hiérarchie*, Paris, Odile Jacob, 2002.

Hirigoyen M.-F., *Le Harcèlement moral*, Paris, La Découverte, 1998.

Hrdy S. B., *The Woman that Never Evolved*, Cambridge, Harvard Uni. Press, 1981 ; trad. française, *Des guenons et des femmes*, Paris, Tierce, 1984.

Irigaray L., *Ce sexe qui n'en est pas un*, Paris, Les Éditions de minuit, 1977.

Jacob F., *La logique du vivant, une histoire de l'hérédité*, Paris, Gallimard, 1970.

Jolly A., *Lucy's Legacy. Sex and Intelligence in Human Evolution*, Harvard University Press, 1989.

Kappeler P. et Van Schaik C. (éd.), *Sexual Selection in Primates*, Cambridge University Press, 2004.

Kaufmann J.-C., *La Vie ordinaire*, Paris, Greco, 1989.

Kaufmann J.-C., *Agacements, les petites guerres du couple*, Paris, Armand Colin, 2007.

Kellerhals J., Widmer E. et Levy R., *Mesure et démesure du couple*, Paris, Payot, 2004.

Kinsey A. C., Pomeroy W. B., Martin C. E. et Gebbard P. H., *Sexual Behavior in the Human Female*, Philadelphia, W. B. Saunders, 1953 ; traduction française, *Le Comportement sexuel de la femme*, Paris, Amiot-Dumant, 1954.

Kinsey A. C., Pomeroy W. B., Martin C. E., *Sexual Behavior in the Human Male*, Philadelphia, W. B. Saunders, 1948 ; traduction française, *Le Comportement sexuel de l'homme*, Paris, Éditions du Pavois, 1948.

Kohler W., *L'Intelligence des singes supérieurs*, Paris, PUF, 1935.

Kummer H., *Vies de singes*, Paris, Odile Jacob, 1992.

Laming-Emperaire A., *La Signification de l'art rupestre paléolithique*, Paris, Picard, 1962.

Laplanche J. et Pontalis J.-B., *Vocabulaire de la psychanalyse*, Paris, PUF, 1967.

Lazartigues A., « Inceste », *in* Brenot, P. (éd.), *Dictionnaire de la sexualité humaine*, Bordeaux, L'Esprit du Temps, 2004.

Lemaire J.-G., *Le Couple, sa vie, sa mort,* Paris, Payot, 1979.

Leroi-Gourhan A., *Les Religions de la préhistoire*, Paris, PUF, 1964.

Leroi-Gourhan A., *Préhistoire de l'art occidental*, Paris, Mazenod, 1965.

Lévi-Strauss C., *Les Structures élémentaires de la parenté*, Paris, PUF, 1949.

Lewinsohn R., *Histoire de la vie sexuelle*, Paris, Payot, 1957.

Lewis R., *Pourquoi j'ai mangé mon père*, Arles, Actes Sud, 1990.

Lode T., *La Guerre des sexes chez les animaux*, Paris, Odile Jacob, 2006.

Lopez G., « Viol », *in* Brenot P. (éd.), *Dictionnaire de la sexualité humaine*, Bordeaux, L'Esprit du Temps, 2004.

Lorenz K., *L'Agression, une histoire naturelle du mal*, Paris, Flammarion, 1969.

Löwy I. et Rouch H., *La Distinction entre sexe et genre, une histoire entre biologie et culture*, Paris, L'Harmattan, 2003.

Malinowski B., *La Sexualité et sa répression dans les sociétés primitives*, Paris, Payot, 1976.

Marcovich M., « Prostitution », *in* Brenot P. (éd.), *Dictionnaire de la sexualité humaine*, L'Esprit du Temps, 2004, p. 508-512.

Masters W. H. et Johnson V. E., *Human Sexual Response,* Boston, Little Brown and Co, 1966 ; traduction française, *Les Réactions sexuelles,* Paris, Robert Laffont, 1968.

Mead M., *Male and Female. A Study of Sexes in a Changing World*, New York, William Morrow, 1949.

Mead M., *Mœurs et sexualité en Océanie*, Paris, Plon, 1963.

Merleau-Ponty M., *Structure du comportement*, Paris, PUF, 1942.

Mill J. S. [1869], *L'Asservissement des femmes*, Paris, Payot-Rivages, 2005.

Morris D., *Le Singe nu*, Paris, Grasset, 1968.

Morris D., *Le Zoo humain*, Paris, Grasset, 1970.

Morris D., *Le Couple nu*, Paris, Grasset, 1971.

Morris D., *Magie du corps*, Paris, Grasset, 1985.

Morris R. et Morris D., *Men and Apes*, Londres, Hutchinson & Co, 1966 ; traduction française, *Hommes et singes*, Paris, Stock, 1967.

Mossuz-Lavau J. et Kervasdoué A. de, *Les femmes ne sont pas des hommes comme les autres*, Paris, Odile Jacob, 1997.

Murdock G. P., « World ethnologic sample », *Am. Anthrop.*, 1957, n° 59.

Neuburger R., *Les Nouveaux Couples*, Paris, Odile Jacob, 2002.

Paré A., *Les Dix Livres de chirurgie*, Paris, 1585.

Pasini W., *Éloge de l'intimité*, Paris, Payot, 1991.

Pasini W., *Les Nouveaux Comportements sexuels*, Paris, Odile Jacob, 2003.

Paulis C., « Tabou », *in* Brenot, P. (éd.), *Dictionnaire de la sexualité humaine*, Bordeaux, L'Esprit du Temps, 2004, p. 615-618.

Picq P., *Au commencement était l'homme*, Paris, Odile Jacob, 2003.

Picq P., *Nouvelle histoire de l'homme*, Paris, Perrin, 2005.

Picq P., *Lucy et l'obscurantisme*, Paris, Odile Jacob, 2007.

Picq P., *Les Animaux amoureux* (photos : Éric Travers), Paris, Le Chêne, 2007.

Picq P., *Danser avec l'évolution*, Paris, Le Pommier, 2008.

Picq P., « Préface » *in* Darwin C., *L'Instinct*, Bordeaux, L'Esprit du Temps, 2009.

Picq P. (éd.), *100 000 ans de beauté*, Paris, Gallimard/Babylone, 2009, vol. I.

Picq P. et Botgers N., *Du rififi chez les chimpanzés*, film 52 minutes, Paris, Doc en Stock, diffusion Arte, 1998.

Picq P. et Botgers N., *Le Singe, cet homme*, film 52 minutes, Paris, Doc en Stock, diffusion Arte, 1998.

Picq P., Serres M. et Vincent J.-D., *Qu'est-ce que l'humain ?*, Paris, Le Pommier/La Cité des Sciences, 2003.

Picq P. et Roche H., *Les Premiers Outils. Les origines de la culture*, Paris, Le Pommier/La Cité des Sciences, 2004.

Picq P., Sagart L., Dehaene G. et Lestienne C., *La Plus Belle Histoire du langage*, Paris, Seuil, 2008.

Pierrat E., *Le Sexe et la Loi*, Paris, Arléa, 1996.

Pinker S., *Comprendre la nature humaine*, Paris, Odile Jacob, 2005.

Porot A. (éd.), *Manuel alphabétique de psychiatrie*, Paris, Masson, 1975.

Queneau R., *Petite cosmogonie portative*, Paris, Gallimard, 1950.

Rachewiltz B. de, *Éros noir. Mœurs sexuelles de l'Afrique noire de la préhistoire à nos jours*, Le Terrain vague, Paris, 1993.

Rosset C., *La Lettre aux chimpanzés*, Paris, Gallimard, 1965.

Rousseau J.-J., *Essai sur l'origine des langues,* Genève, 1781.

Schreider E., *La Biologie humaine*, Paris, PUF, 1976.

Shäppi R., *La femme est le propre de l'homme*, Paris, Odile Jacob, 2000.

Simon P. *et al., Rapport sur le comportement sexuel des Français*, Paris, Julliard, 1970.

Singli F. de, *Libres ensemble. L'invidualisme dans la vie commune*, Paris, Nathan, 2000.

Singli F. de, *Sociologie de la famille contemporaine*, Paris, Nathan, 1993.

Spira A. et Bajos N., *Les Comportements sexuels en France*, Paris, La Documentation française, 1993.

Strüm S., *Presque humain. Voyage chez les babouins*, Paris, Eshel, 1990.

Symons D., *Du sexe à la séduction. L'évolution de la sexualité humaine*, Sand, 1994.

Szalay F. et Costello R., « Evolution of permanent œstrus displays in hominids », *Journal of Human Evolution*, 1991, 20, p. 439-464.

Tannahill R., *Sex in History*, 1980 ; traduction française, *Le Sexe dans l'histoire*, Paris, Robert Laffont, 1982.

Tanner N., *On Becoming Human*, Cambridge University Press, 1981.

Taylor T., *La Préhistoire du sexe*, Paris, Bayard, 1998.

Théry I., *Le Démariage, justice et vie privée*, Paris, Odile Jacob, 1993.

Tillion G., *Il était une fois l'ethnographie*, Paris, Seuil, 2000.

Vercors, *Les Animaux dénaturés*, Paris, Albin Michel, 1952.

Vialou D., *La Préhistoire*, Paris, Gallimard, 1991.

Vidal C. et Benoit-Browaeys D., *Cerveau, sexe et pouvoir*, Paris, Belin, 2005.

Vigarello G. (dir.), *Histoire de la beauté*, Paris, Seuil, 2004.

Vincent J.-D., *Biologie des passions*, Paris, Odile Jacob, 1986.

Vincent L., *Comment devient-on amoureux ?*, Paris, Odile Jacob, 2004.

Voltaire, *Candide,* Paris, Larousse, 1939.

Voronoff S. et Dartigues G., *Technique chirurgicale des greffes testiculaires du singe à l'homme*, Paris, Doin, 1923.

Waal F. de, *Le Bon Singe. Les bases naturelles de la morale*, Paris, Bayard, 1995.

Waal F. de, *Bonobo. Le bonheur d'être singe*, Paris, Fayard, 1999.

Waal F. de, *De la réconciliation chez les primates,* Paris, Flammarion, 2002.

Waal F. de, *La Politique du chimpanzé*, Paris, Odile Jacob, 1992.

Welzer-Lang D., *Les Hommes violents*, Paris, Côté Femmes, 1996.

Westermarck E. A., *History of Human Marriage*, Londres, 1891.

Wickler W., *Les Lois naturelles du mariage*, Paris, Flammarion, 1971.

Wilson E. O., *L'Humaine nature. Essai de sociobiologie*, Paris, Stock, 1979.

Wilson E. O., *Sociobiology : the New Synthesis*, Belknap/Harvard University Press, 2000.

Wittenberger J. F. et Tilson R. L., « The evolution of monogamy : hypothesis and evidence », *Ann. Rev. of Ecology and Systematics*, 1980, p. 11.

Zuckermann S., *The Social Life of Monkeys and Apes* ; traduction française, *La Vie sexuelle et sociale des singes*, Paris, Gallimard, 1937.

Zwang G., *Aux origines de la sexualité humaine*, Paris, PUF, 2002.

TABLE

L'AVENIR DU SEXE

Dans la collection « Poches Odile Jacob »

N° 1 : Aldo Naouri, *Les Filles et leurs mères*
N° 2 : Boris Cyrulnik, *Les Nourritures affectives*
N° 3 : Jean-Didier Vincent, *La Chair et le Diable*
N° 4 : Jean François Deniau, *Le Bureau des secrets perdus*
N° 5 : Stephen Hawking, *Trous noirs et Bébés univers*
N° 6 : Claude Hagège, *Le Souffle de la langue*
N° 7 : Claude Olievenstein, *Naissance de la vieillesse*
N° 8 : Édouard Zarifian, *Les Jardiniers de la folie*
N° 9 : Caroline Eliacheff, *À corps et à cris*
N° 10 : François Lelord, Christophe André, *Comment gérer les personnalités difficiles*
N° 11 : Jean-Pierre Changeux, Alain Connes, *Matière à pensée*
N° 12 : Yves Coppens, *Le Genou de Lucy*
N° 13 : Jacques Ruffié, *Le Sexe et la Mort*
N° 14 : François Roustang, *Comment faire rire un paranoïaque ?*
N° 15 : Jean-Claude Duplessy, Pierre Morel, *Gros Temps sur la planète*
N° 16 : François Jacob, *La Souris, la Mouche et l'Homme*
N° 17 : Marie-Frédérique Bacqué, *Le Deuil à vivre*
N° 18 : Gerald M. Edelman, *Biologie de la conscience*
N° 19 : Samuel P. Huntington, *Le Choc des civilisations*
N° 20 : Dan Kiley, *Le Syndrome de Peter Pan*
N° 21 : Willy Pasini, *À quoi sert le couple ?*
N° 22 : Françoise Héritier, Boris Cyrulnik, Aldo Naouri, *De l'inceste*
N° 23 : Tobie Nathan, *Psychanalyse païenne*
N° 24 : Raymond Aubrac, *Où la mémoire s'attarde*
N° 25 : Georges Charpak, Richard L. Garwin, *Feux follets et Champignons nucléaires*
N° 26 : Henry de Lumley, *L'Homme premier*
N° 27 : Alain Ehrenberg, *La Fatigue d'être soi*
N° 28 : Jean-Pierre Changeux, Paul Ricœur, *Ce qui nous fait penser*
N° 29 : André Brahic, *Enfants du Soleil*
N° 30 : David Ruelle, *Hasard et Chaos*
N° 31 : Claude Olievenstein, *Le Non-dit des émotions*
N° 32 : Édouard Zarifian, *Des paradis plein la tête*
N° 33 : Michel Jouvet, *Le Sommeil et le Rêve*
N° 34 : Jean-Baptiste de Foucauld, Denis Piveteau, *Une société en quête de sens*
N° 35 : Jean-Marie Bourre, *La Diététique du cerveau*
N° 36 : François Lelord, *Les Contes d'un psychiatre ordinaire*
N° 37 : Alain Braconnier, *Le Sexe des émotions*

N° 38 : Temple Grandin, *Ma vie d'autiste*
N° 39 : Philippe Taquet, *L'Empreinte des dinosaures*
N° 40 : Antonio R. Damasio, *L'Erreur de Descartes*
N° 41 : Édouard Zarifian, *La Force de guérir*
N° 42 : Yves Coppens, *Pré-ambules*
N° 43 : Claude Fischler, *L'Homnivore*
N° 44 : Brigitte Thévenot, Aldo Naouri, *Questions d'enfants*
N° 45 : Geneviève Delaisi de Parseval, Suzanne Lallemand, *L'Art d'accommoder les bébés*
N° 46 : François Mitterrand, Elie Wiesel, *Mémoire à deux voix*
N° 47 : François Mitterrand, *Mémoires interrompus*
N° 48 : François Mitterrand, *De l'Allemagne, de la France*
N° 49 : Caroline Eliacheff, *Vies privées*
N° 50 : Tobie Nathan, *L'Influence qui guérit*
N° 51 : Éric Albert, Alain Braconnier, *Tout est dans la tête*
N° 52 : Judith Rapoport, *Le garçon qui n'arrêtait pas de se laver*
N° 53 : Michel Cassé, *Du vide et de la création*
N° 54 : Ilya Prigogine, *La Fin des certitudes*
N° 55 : Ginette Raimbault, Caroline Eliacheff, *Les Indomptables*
N° 56 : Marc Abélès, *Un ethnologue à l'Assemblée*
N° 57 : Alicia Lieberman, *La Vie émotionnelle du tout-petit*
N° 58 : Robert Dantzer, *L'Illusion psychosomatique*
N° 59 : Marie-Jo Bonnet, *Les Relations amoureuses entre les femmes*
N° 60 : Irène Théry, *Le Démariage*
N° 61 : Claude Lévi-Strauss, Didier Éribon, *De près et de loin*
N° 62 : François Roustang, *La Fin de la plainte*
N° 63 : Luc Ferry, Jean-Didier Vincent, *Qu'est-ce que l'homme ?*
N° 64 : Aldo Naouri, *Parier sur l'enfant*
N° 65 : Robert Rochefort, *La Société des consommateurs*
N° 66 : John Cleese, Robin Skynner, *Comment être un névrosé heureux*
N° 67 : Boris Cyrulnik, *L'Ensorcellement du monde*
N° 68 : Darian Leader, *À quoi penses-tu ?*
N° 69 : Georges Duby, *L'Histoire continue*
N° 70 : David Lepoutre, *Cœur de banlieue*
N° 71 : Université de tous les savoirs 1, *La Géographie et la Démographie*
N° 72 : Université de tous les savoirs 2, *L'Histoire, la Sociologie et l'Anthropologie*
N° 73 : Université de tous les savoirs 3, *L'Économie, le Travail, l'Entreprise*
N° 74 : Christophe André, François Lelord, *L'Estime de soi*

N° 75 : Université de tous les savoirs 4, *La Vie*
N° 76 : Université de tous les savoirs 5, *Le Cerveau, le Langage, le Sens*
N° 77 : Université de tous les savoirs 6, *La Nature et les Risques*
N° 78 : Boris Cyrulnik, *Un merveilleux malheur*
N° 79 : Université de tous les savoirs 7, *Les Technologies*
N° 80 : Université de tous les savoirs 8, *L'Individu dans la société d'aujourd'hui*
N° 81 : Université de tous les savoirs 9, *Le Pouvoir, L'État, la Politique*
N° 82 : Jean-Didier Vincent, *Biologie des passions*
N° 83 : Université de tous les savoirs 10, *Les Maladies et la Médecine*
N° 84 : Université de tous les savoirs 11, *La Philosophie et l'Éthique*
N° 85 : Université de tous les savoirs 12, *La Société et les Relations sociales*
N° 86 : Roger-Pol Droit, *La Compagnie des philosophes*
N° 87 : Université de tous les savoirs 13, *Les Mathématiques*
N° 88 : Université de tous les savoirs 14, *L'Univers*
N° 89 : Université de tous les savoirs 15, *Le Globe*
N° 90 : Jean-Pierre Changeux, *Raison et Plaisir*
N° 91 : Antonio R. Damasio, *Le Sentiment même de soi*
N° 92 : Université de tous les savoirs 16, *La Physique et les Éléments*
N° 93 : Université de tous les savoirs 17, *Les États de la matière*
N° 94 : Université de tous les savoirs 18, *La Chimie*
N° 95 : Claude Olievenstein, *L'Homme parano*
N° 96 : Université de tous les savoirs 19, *Géopolitique et Mondialisation*
N° 97 : Université de tous les savoirs 20, *L'Art et la Culture*
N° 98 : Claude Hagège, *Halte à la mort des langues*
N° 99 : Jean-Denis Bredin, Thierry Lévy, *Convaincre*
N° 100 : Willy Pasini, *La Force du désir*
N° 101 : Jacques Fricker, *Maigrir en grande forme*
N° 102 : Nicolas Offenstadt, *Les Fusillés de la Grande Guerre*
N° 103 : Catherine Reverzy, *Femmes d'aventure*
N° 104 : Willy Pasini, *Les Casse-pieds*
N° 105 : Roger-Pol Droit, *101 Expériences de philosophie quotidienne*
N° 106 : Jean-Marie Bourre, *La Diététique de la performance*
N° 107 : Jean Cottraux, *La Répétition des scénarios de vie*
N° 108 : Christophe André, Patrice Légeron, *La Peur des autres*

N° 109 : Amartya Sen, *Un nouveau modèle économique*
N° 110 : John D. Barrow, *Pourquoi le monde est-il mathématique ?*
N° 111 : Richard Dawkins, *Le Gène égoïste*
N° 112 : Pierre Fédida, *Des bienfaits de la dépression*
N° 113 : Patrick Légeron, *Le Stress au travail*
N° 114 : François Lelord, Christophe André, *La Force des émotions*
N° 115 : Marc Ferro, *Histoire de France*
N° 116 : Stanislas Dehaene, *La Bosse des maths*
N° 117 : Willy Pasini, Donato Francescato, *Le Courage de changer*
N° 118 : François Heisbourg, *Hyperterrorisme : la nouvelle guerre*
N° 119 : Marc Ferro, *Le Choc de l'Islam*
N° 120 : Régis Debray, *Dieu, un itinéraire*
N° 121 : Georges Charpak, Henri Broch, *Devenez sorciers, devenez savants*
N° 122 : René Frydman, *Dieu, la Médecine et l'Embryon*
N° 123 : Philippe Brenot, *Inventer le couple*
N° 124 : Jean Le Camus, *Le Vrai Rôle du père*
N° 125 : Elisabeth Badinter, *XY*
N° 126 : Elisabeth Badinter, *L'Un est l'Autre*
N° 127 : Laurent Cohen-Tanugi, *L'Europe et l'Amérique au seuil du XXIe siècle*
N° 128 : Aldo Naouri, *Réponses de pédiatre*
N° 129 : Jean-Pierre Changeux, *L'Homme de vérité*
N° 130 : Nicole Jeammet, *Les Violences morales*
N° 131 : Robert Neuburger, *Nouveaux Couples*
N° 132 : Boris Cyrulnik, *Les Vilains Petits Canards*
N° 133 : Christophe André, *Vivre heureux*
N° 134 : François Lelord, *Le Voyage d'Hector*
N° 135 : Alain Braconnier, *Petit ou grand anxieux ?*
N° 136 : Juan Luis Arsuaga, *Le Collier de Néandertal*
N° 137 : Daniel Sibony, *Don de soi ou partage de soi*
N° 138 : Claude Hagège, *L'Enfant aux deux langues*
N° 139 : Roger-Pol Droit, *Dernières Nouvelles des choses*
N° 140 : Willy Pasini, *Être sûr de soi*
N° 141 : Massimo Piattelli Palmarini, *Le Goût des études ou comment l'acquérir*
N° 142 : Michel Godet, *Le Choc de 2006*
N° 143 : Gérard Chaliand, Sophie Mousset, *2 000 ans de chrétientés*
N° 145 : Christian De Duve, *À l'écoute du vivant*

N° 146 : Aldo Naouri, *Le Couple et l'Enfant*
N° 147 : Robert Rochefort, *Vive le papy-boom*
N° 148 : Dominique Desanti, Jean-Toussaint Desanti, *La liberté nous aime encore*
N° 149 : François Roustang, *Il suffit d'un geste*
N° 150 : Howard Buten, *Il y a quelqu'un là-dedans*
N° 151 : Catherine Clément, Tobie Nathan, *Le Divan et le Grigri*
N° 152 : Antonio R. Damasio, *Spinoza avait raison*
N° 153 : Bénédicte de Boysson-Bardies, *Comment la parole vient aux enfants*
N° 154 : Michel Schneider, *Big Mother*
N° 155 : Willy Pasini, *Le Temps d'aimer*
N° 156 : Jean-François Amadieu, *Le Poids des apparences*
N° 157 : Jean Cottraux, *Les Ennemis intérieurs*
N° 158 : Bill Clinton, *Ma Vie*
N° 159 : Marc Jeannerod, *Le Cerveau intime*
N° 160 : David Khayat, *Les Chemins de l'espoir*
N° 161 : Jean Daniel, *La Prison juive*
N° 162 : Marie-Christine Hardy-Baylé, Patrick Hardy, *Maniaco-dépressif*
N° 163 : Boris Cyrulnik, *Le Murmure des fantômes*
N° 164 : Georges Charpak, Roland Omnès, *Soyez savants, devenez prophètes*
N° 165 : Aldo Naouri, *Les Pères et les Mères*
N° 166 : Christophe André, *Psychologie de la peur*
N° 167 : Alain Peyrefitte, *La Société de confiance*
N° 168 : François Ladame, *Les Éternels Adolescents*
N° 169 : Didier Pleux, *De l'enfant roi à l'enfant tyran*
N° 170 : Robert Axelrod, *Comment réussir dans un monde d'égoïstes*
N° 171 : François Millet-Bartoli, *La Crise du milieu de la vie*
N° 172 : Hubert Montagner, *L'Attachement*
N° 173 : Jean-Marie Bourre, *La Nouvelle Diététique du cerveau*
N° 174 : Willy Pasini, *La Jalousie*
N° 175 : Frédéric Fanget, *Oser*
N° 176 : Lucy Vincent, *Comment devient-on amoureux ?*
N° 177 : Jacques Melher, Emmanuel Dupoux, *Naître humain*
N° 178 : Gérard Apfeldorfer, *Les Relations durables*
N° 179 : Bernard Lechevalier, *Le Cerveau de Mozart*
N° 180 : Stella Baruk, *Quelles mathématiques pour l'école ?*

N° 181 : Patrick Lemoine, *Le Mystère du placebo*
N° 182 : Boris Cyrulnik, *Parler d'amour au bord du gouffre*
N° 183 : Alain Braconnier, *Mère et Fils*
N° 184 : Jean-Claude Carrière, *Einstein, s'il vous plaît*
N° 185 : Aldo Naouri, Sylvie Angel, Philippe Gutton, *Les Mères juives*
N° 186 : Jean-Marie Bourre, *La Vérité sur les oméga-3*
N° 187 : Édouard Zarifian, *Le Goût de vivre*
N° 188 : Lucy Vincent, *Petits arrangements avec l'amour*
N° 189 : Jean-Claude Carrière, *Fragilité*
N° 190 : Luc Ferry, *Vaincre les peurs*
N° 191 : Henri Broch, *Gourous, sorciers et savants*
N° 192 : Aldo Naouri, *Adultères*
N° 193 : Violaine Guéritault, *La Fatigue émotionnelle et physique des mères*
N° 194 : Sylvie Angel et Stéphane Clerget, *La Deuxième Chance en amour*
N° 195 : Barbara Donville, *Vaincre l'autisme*
N° 196 : François Roustang, *Savoir attendre*
N° 197 : Alain Braconnier, *Les Filles et les Pères*
N° 198 : Lucy Vincent, *Où est passé l'amour ?*
N° 199 : Claude Hagège, *Combat pour le français*
N° 200 : Boris Cyrulnik, *De chair et d'âme*
N° 201 : Jeanne Siaud-Facchin, *Aider son enfant en difficulté scolaire*
N° 202 : Laurent Cohen, *L'Homme-thermomètre*
N° 203 : François Lelord, *Hector et les secrets de l'amour*
N° 204 : Willy Pasini, *Des hommes à aimer*
N° 205 : Jean-François Gayraud, *Le Monde des mafias*
N° 206 : Claude Béata, *La Psychologie du chien*
N° 207 : Denis Bertholet, *Claude Lévi-Strauss*
N° 208 : Alain Bentolila, *Le Verbe contre la barbarie*
N° 209 : François Lelord, *Le Nouveau Voyage d'Hector*
N° 210 : Pascal Picq, *Lucy et l'obscurantisme*
N° 211 : Marc Ferro, *Le Ressentiment dans l'histoire*
N° 212 : Willy Pasini, *Le Couple amoureux*
N° 213 : Christophe André, François Lelord, *L'Estime de soi*
N° 214 : Lionel Naccache, *Le Nouvel Inconscient*
N° 215 : Christophe André, *Imparfaits, libres et heureux*

N° 216 : Michel Godet, *Le Courage du bon sens*
N° 217 : Daniel Stern, Nadia Bruschweiler, *Naissance d'une mère*
N° 218 : Gérard Apfeldorfer, *Mangez en paix !*
N° 219 : Libby Purves, *Comment ne pas être une mère parfaite*
N° 220 : Gisèle George, *La Confiance en soi de votre enfant*
N° 221 : Libby Purves, *Comment ne pas élever des enfants parfaits*
N° 222 : Claudine Biland, *Psychologie du menteur*
N° 223 : Dr Hervé Grosgogeat, *La Méthode acide-base*
N° 224 : François-Xavier Poudat, *La Dépendance amoureuse*
N° 225 : Barack Obama, *Le Changement*
N° 226 : Aldo Naouri, *Éduquer ses enfants*
N° 227 : Dominique Servant, *Soigner le stress et l'anxiété par soi-même*
N° 228 : Anthony Rowley, *Une histoire mondiale de la table*
N° 229 : Jean-Didier Vincent, *Voyage extraordinaire au centre du cerveau*
N° 230 : Frédéric Fanget, *Affirmez-vous !*
N° 231 : Gisèle George, *Mon enfant s'oppose*
N° 232 : Sylvie Royant-Parola, *Comment retrouver le sommeil par soi-même*
N° 233 : Christian Zaczyck, *Comment avoir de bonnes relations avec les autres*
N° 234 : Jeanne Siaud-Facchin, *L'Enfant surdoué*
N° 235 : Bruno Koeltz, *Comment ne pas tout remettre au lendemain*
N° 236 : Henri Lôo et David Gourion, *Guérir de la dépression*
N° 237 : Henri Lumley, *La Grande Histoire des premiers hommes européens*
N° 238 : Boris Cyrulnik, *Autobiographie d'un épouvantail*
N° 239 : Monique Bydbowski, *Je rêve un enfant*
N° 240 : Willy Pasini, *Les Nouveaux Comportements sexuels*
N° 241 : Dr Jean-Philippe Zermati, *Maigrir sans regrossir. Est-ce possible ?*
N° 242 : Patrick Pageat, *L'Homme et le Chien*
N° 243 : Philippe Brenot, *Le Sexe et l'Amour*
N° 244 : Georges Charpak, *Mémoires d'un déraciné*
N° 245 : Yves Coppens, *L'Histoire de l'Homme*
N° 246 : Boris Cyrulnik, *Je me souviens*
N° 247 : Stéphanie Hahusseau, *Petit guide de l'amour heureux à l'usage des gens (un peu) compliqués*

N° 248 : Jean-Marie Bourre, *Bien manger : vrais et faux dangers*
N° 249 : Jean-Philippe Zermati, *Maigrir sans régime*
N° 250 : François-Xavier Poudat, *Bien vivre sa sexualité*
N° 251 : Stéphanie Hahusseau, *Comment ne pas se gâcher la vie*
N° 252 : Christine Mirabel-Sarron, *La Dépression*
N° 253 : Jean-Pierre Changeux, *Du vrai, du beau, du bien*
N° 254 : Philippe Jeammet, *Pour nos ados, soyons adultes*
N° 255 : Antoine Alaméda, *Les 7 Péchés familiaux*
N° 256 : Alain Renaut, *Découvrir la philosophie 1, le Sujet*
N° 257 : Alain Renaut, *Découvrir la philosophie 2, la Culture*
N° 258 : Alain Renaut, *Découvrir la philosophie 3, la Raison et le Réel*
N° 259 : Alain Renaut, *Découvrir la philosophie 4, la Politique*
N° 260 : Alain Renaut, *Découvrir la philosophie 5, la Morale*
N° 261 : Frédéric Fanget, *Toujours mieux !*
N° 262 : Robert Ladouceur, Lynda Bélanger, Éliane Léger, *Arrêtez de vous faire du souci pour tout et pour rien*
N° 263 : Marie Lion-Julin, *Mères : libérez vos filles*
N° 264 : Willy Pasini, *Les Amours infidèles*
N° 265 : Jean Cottraux, *La Force avec soi*
N° 266 : Olivier de Ladoucette, *Restez jeune, c'est dans la tête*
N° 267 : Jacques Lecomte, *Guérir de son enfance*
N° 268 : Béatrice Millêtre, *Prendre la vie du bon côté*
N° 269 : Francesco et Luca Cavalli-Sforza, *La Science du bonheur*
N° 270 : Marc-Louis Bourgeois, *Manie et dépression*
N° 271 : Thierry Lévy, *Éloge de la barbarie judiciare*
N° 272 : Gilles Godefroy, *L'Aventure des nombres*
N° 273 : Giacomo Rizzolatti, Corrado Sinigaglia, *Les Neurones miroirs*
N° 274 : Laurent Cohen, *Pourquoi les champanzés ne parlent pas*
N° 275 : Stéphanie Hahusseau, *Tristesse, peur, colère*
N° 276 : Élie Hantouche et Vincent Trybou, *Vivre heureux avec des hauts et des bas*
N° 277 : Jacques Fricker, *Être mince et en bonne santé*
N° 278 : Jacques Fricker, *101 conseils pour bien maigrir*
N° 279 : Hervé Grosgogeat, *Ma promesse anti-âge*
N° 280 : Ginette Raimbault, *Lorsque l'enfant disparaît*
N° 281 : François Ansermet, Pierre Magistretti, *À chacun son cerveau*
N° 282 : Yves Coppens, *Le Présent du passé*

N° 283 : Christian De Duve, *Singularités*
N° 284 : Edgar Gunzig, *Que faisiez-vous avant le Big Bang ?*
N° 285 : David Ruelle, *L'Étrange Beauté des mathématiques*
N° 286 : Thierry Lodé, *La Guerre des sexes chez les animaux*
N° 287 : Michel Desjoyeaux, *Coureur des océans*
N° 288 : Anthony Rowley, Fabrice d'Almeida, *Et si on refaisait l'histoire*
N° 289 : Pierre-Jean Rémy, *Karajan*
N° 290 : Jacques Delors, Michel Dollé, *Investir dans le social*
N° 291 : Jean-Didier Vincent, *Casanova, la contagion du plaisir*
N° 292 : Claude Crépault, *Les Fantasmes, l'Érotisme et la Sexualité*
N° 293 : Philippe Brenot, *Les Violences ordinaires des hommes envers les femmes*
N° 297 : Philippe Brenot, *Le Génie et la Folie*
N° 298 : Alexandre Moatti, *Indispensables physiques et mathématiques pour tous*
N° 299 : Jean-Michel Severino et Olivier Ray, *Le Temps de l'Afrique*
N° 300 : François Roustang, *Le Secret de Socrate pour changer la vie*
N° 301 : Maurice Sachot, *L'Invention du Christ*
N° 302 : Vincent Courtillot, *Nouveau Voyage au centre de la Terre*
N° 303 : Peter Reichel, *La Fascination du nazisme*
N° 304 : Alain Braconnier, *Protéger son soi*
N° 305 : Daniel Stern, *Le Journal d'un bébé*
N° 306 : Alain Ehrenberg, *La Société du malaise*
N° 307 : Pascal Picq, *Le Sexe, l'Homme et l'Évolution*
N° 308 : Roger-Pol Droit, *Vivre aujourd'hui avec Socrate, Épicure, Sénèque et tous les autres*

Cet ouvrage a été transcodé et mis en pages
chez Nord Compo (Villeneuve d'Ascq)

Impression réalisée par

La Flèche (Sarthe), le 13-01-2012
N° d'impression : 67523
N° d'édition : 7381-2651-X
Dépôt légal : février 2012

Imprimé en France

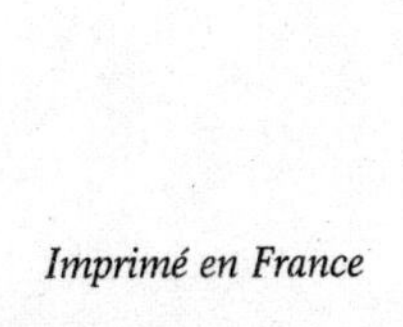

Imprimé en France